The Supply System and Governance Mechanism of Intercity Public Transportation in the GREAT BAY AREA

大湾区城际公共交通的供给体系与治理机制研究

林雄斌　著

图书在版编目(CIP)数据

大湾区城际公共交通的供给体系与治理机制研究/林雄斌著. —北京:北京大学出版社,2021.7

ISBN 978-7-301-32193-5

Ⅰ. ①大… Ⅱ. ①林… Ⅲ. ①城市交通系统—公共交通系统—交通规划—研究—广东、香港、澳门 ②城市交通系统—公共交通系统—交通规划—研究—杭州
Ⅳ. ①TU984.191

中国版本图书馆 CIP 数据核字(2021)第 092792 号

书　　名 大湾区城际公共交通的供给体系与治理机制研究
DAWANQU CHENGJI GONGGONG JIAOTONG DE GONGJI TIXI YU ZHILI JIZHI YANJIU
著作责任者 林雄斌　著
责 任 编 辑 王树通
标 准 书 号 ISBN 978-7-301-32193-5
审　图　号 GS(2021)967 号
出 版 发 行 北京大学出版社
地　　址 北京市海淀区成府路 205 号　100871
网　　址 http://www.pup.cn　新浪微博:@北京大学出版社
电 子 信 箱 zpup@pup.cn
电　　话 邮购部 010-62752015　发行部 010-62750672　编辑部 010-62764976
印　刷　者 天津中印联印务有限公司
经　销　者 新华书店
730 毫米×1020 毫米　16 开本　18 印张　345 千字
2021 年 7 月第 1 版　2021 年 7 月第 1 次印刷
定　　价 75.00 元

本研究得到国家自然科学基金青年基金项目(42001174)、教育部人文社会科学研究青年基金项目(19YJC790074)、浙江省自然科学基金青年基金项目(LQ19D010003)、宁波市自然科学基金项目(2019A610042)的资助。

内 容 提 要

本书基于城市和区域层面交通地理与交通政策的基础理论和前沿进展，在借鉴国外都市区规划委员会实施城际公共交通投资、规划、建设经验的基础上，聚焦我国粤港澳大湾区和长三角一体化地区城际公共交通的典型案例（含城际铁路、市域铁路、巴士公交、综合交通等），采用案例研究和政策分析思路，研究大湾区不同城际公共交通模式的供给体系与治理机制，剖析大湾区多模式城际公共交通规划建设过程与实施效果，评估城际交通供给的政策因素、实施逻辑、影响效果与优化策略，力图为现代化都市圈和交通强国背景下的区域交通供给提供思路和方法。

本书系统论述了粤港澳大湾区和环杭州湾大湾区不同城际公共交通模式的空间规划、融资体制、治理机制和实施效果，对于促进学术交流，推动学科发展具有重要意义。面向未来交通强国战略实施和构建互联互通交通体系的理论与实践需求，本书介绍的理论、方法和实践进展，将有助于我国经济联系紧密地区推动城际公共交通建设，推动城市区域的经济增长，创造显著的社会经济效益。

本书有助于相关专业人员理解和剖析大湾区城际公共交通的供给体系和治理机制，可为人文地理、经济地理、交通地理、城乡规划、交通规划、公共政策、城市财政等专业背景的科研人员以及大专院校的本科生和研究生作为参考书，也可为交通、发改、自然资源与规划、财政等行业部门的管理人员和专业人员等提供参考。

作 者 简 介

林雄斌，男，宁波大学副教授，北京大学理学博士（硕博连读），美国华盛顿大学联合培养博士（国家公派），研究方向为城市与区域规划、交通规划与政策、城市与区域治理。在 *Transportation Research Part D*、*Journal of Transport and Land Use*、*Journal of Transport Geography*、*Transportation Research Record*《城市规划》《地理学报》《地理科学》《地理研究》等期刊发表论文 60 余篇，其中第一作者或通信作者论文 30 余篇。主持国家自然科学基金、国家社会科学基金重大项目子课题、浙江省自然科学基金、教育部人文社会科学研究基金、中国科学技术协会、城市中国计划、北京大学-林肯研究院等资助课题 10 余项，参与国家“十二五”科技支撑计划、国土资源部公益行业项目、国家自然科学基金重点及面上项目等课题 20 余项，曾荣获中国地理学会优秀论文奖、世界交通运输大会优秀论文奖等各类奖项 10 余项。

序

林雄斌博士的著作《大湾区城际公共交通供给体系与治理机制研究》即将在北京大学出版社出版，邀请我作序，我欣然应允。

作为一名青年学者，林雄斌用这本著作表述了自己在一个重要的国家建设议题上的努力和思考。多模式交通基础设施是支持城市区域空间规划与社会经济发展的主导要素之一，尤其对处于快速城镇化的中国相对发达地区而言，大规模交通投资在引领土地开发、产业重构、经济发展与空间重组等方面发挥了积极的作用。自国家积极推动公交优先和公交都市建设以来，顺应城市群作为新型城镇化主体形态以及建设现代化都市圈的战略需求，中央和各级政府都在不断加强城市和区域层面的交通基础设施建设，提升交通可达性和机动性，引导空间和社会经济的绿色、创新与可持续发展。随着《交通强国建设纲要》和《国家综合立体交通网规划纲要》的颁布，构建现代化高质量的综合交通网络，加快建设交通强国，成为新时期推动高质量发展的重要支撑。最近国家正式颁布的《中华人民共和国国民经济和社会发展第十四个五年规划和 2035 年远景目标纲要》也进一步强调加快建设交通强国。

在大规模交通基础设施投资和区域快速发展的背景下，城市化区域的交通模式及其供给体制也呈现了诸多特点。在城市区域化和区域城市化的背景下，城市内部、城市之间和区域之间的交通需求与社会经济联系更加多样化，驱动道路交通、城轨交通和铁路交通等重要部门实现模式创新，以更好地满足不同社会群体、不同空间尺度的交通需求。城市和城际交通出现了多样化的供给体制与机制变动。例如，城际轨道交通的建设逐渐由中央政府主导转变为向地方政府分权、地方政府主导以及向公私合营转变；原本用于承载中长途铁路客运的线路被部分用于都市圈轨道交通服务，出现了国家铁路系统、省与地方政府主导的城际轨道交通、市域与市郊快线、城市地铁共同服务城市群和都市圈客运交通的新格局。为了提升交通网络的运营效率及其对社会经济的引领作用，应该不断加强多种交通模式的一体化融合发展。例如，2017 年国家发展和改革委员会等印发《关于促进市域(郊)铁路发展的指导意见》，提出促进市域(郊)铁路发展及其与其他轨道交通的有机衔接。2019 年的《关于培育发展现代化都市圈的指导意见》和《交通强国建设纲要》进一步强调推进干线铁路、城际铁路、市域(郊)铁路、城市轨道交通的"四网融合",构建都市圈一体化交通网。

林雄斌博士在北京大学求学期间,就开始了在这一领域的学习和探索。这本著作来自他在求学和宁波大学工作期间的多年积累。在深入把握城市和区域城镇化趋势以及多模式交通投资和建设进展的基础上,他充分借鉴了国外城际公共交通投资、规划、建设经验,密切关注并跟踪研究了粤港澳大湾区和长三角地区的城际公共交通的典型案例及其供给体制,采用案例研究和政策分析思路,剖析大湾区不同城际公共交通模式的供给体系与治理机制,探讨多模式城际公共交通的规划建设过程与实施效果,进而总结城际公共交通供给的政策因素、实施逻辑、影响效果与优化策略。

该书有以下几个鲜明特点。一是内容丰富。聚焦粤港澳大湾区和长三角一体化国家战略下的交通投资与空间增长,该书选取了珠三角城际轨道交通、地方政府主导的地铁跨市延伸、城际巴士公交、国家高速铁路的区间供给,以及长三角城市巴士公交、普速铁路公交化运营、市域(郊)铁路供给与运营机制、民营资本主导的城际高铁建设等典型案例,较好地揭示了这些具有一定效度和信度的交通模式的实施过程与实施效果,并说明了案例之间的可能关联。二是研究工作扎实。林雄斌大量使用政策分析与案例研究,依靠实地勘察和关键人物(部门)访谈,他先后在深圳、广州、东莞、惠州、佛山、杭州、宁波、温州等不同城市对交通、铁路、自然资源与规划、地铁集团、规划设计单位等不同部门的管理人员、专业人员开展了多次调研和访谈,并在此基础上撰写案例、分析现象、提炼经验、升华理论。三是该书可读性较强。区别于其他许多交通研究类的著作,该书避开了交通模型和定量分析,关注交通供给侧的制度、政策和具体决策,尤其是相关规划、投融资和建设过程,以及多行动主体推动交通建设的制度结构。

作为一名青年教师,林雄斌博士对城市与区域规划、交通规划与政策等领域的研究有着浓厚的兴趣,取得了很好的研究成果。他勤于积累,广泛阅读,乐于实地调查、部门访谈;他注重理论学习,同时密切关注实践进展,难能可贵。这本书的出版是对他攻读硕士博士,以及工作两三年以来研究成果的总结,希望该书能够得到学界和业界同行多多关注。

杨家文
北京大学深圳研究生院城市规划与设计学院
教授,博士生导师
2021 年 4 月

前　言

2019 年年底，我国常住人口城镇化比例已经超过 60%。随着我国新型城镇化战略的持续推进，预计未来仍将有数亿人口进入城市就业和居住。受到城市工作机会、住房成本及公共服务设施等影响，再加上邻近城市同城化的诉求，都市圈跨市出行规模与需求日益增加。多模式公共交通是我国高密度地区的主导交通形态。随着我国城镇群作为新型城镇化的主体形态不断得到巩固和加强，推进以便捷的公共交通为主导的跨市交通网络建设，将有助于扩大同城化协作的深度与区域竞争力，降低小汽车主导的城际交通模式的负外部性，更好地服务于现代化都市圈的建设。尤其在《关于促进市域（郊）铁路发展的指导意见》（发改基础〔2017〕1173 号）《关于培育发展现代化都市圈的指导意见》（发改规划〔2019〕328 号）《交通强国建设纲要》等一系列国家政策引领下，构建都市圈一体化交通网，推进干线铁路、城际铁路、市域（郊）铁路、城市轨道交通“四网融合”和综合交通运输体系建设已经成为新型城镇化的主流趋势和战略共识。

契合粤港澳大湾区和长三角一体化等国家战略背景，聚焦珠三角和长三角城镇群多模式城际公共交通典型案例，本书采用政策分析思路，将政策要素与府际治理纳入城际公共交通规划与治理，剖析多层级政策因素影响城际公共交通规划、建设与实施效果的机理，评估政策因素的实施逻辑、影响效果与优化策略。在借鉴国外都市区规划委员会实施城际公共交通投资、规划、建设经验的基础上，研究珠三角和长三角城镇群城际公共交通的规划过程、空间治理与实施效果，尤其以城际轨道交通、地铁跨市延伸、国家高速铁路区间运营、市域铁路、巴士公交和综合交通等典型案例为关注点，剖析不同城际公共交通形态的投融资体制、规划建设过程与多层级空间治理机制。研究发现，同城化的重要策略是整合多模式公共交通系统,打造轨道上的都市圈。尽管我国城市区域仍缺乏都市区规划委员会等常规机构来负责城际交通融资和相关政策安排,但多层级政府间正式、非正式制度安排在很大程度上扮演类似角色,在规划、融资、建设和运营跨市交通服务上发挥作用。面向国家新时期国土空间规划体系确立与交通强国建设趋势,本书可为快速城镇化背景下的城际交通投资、空间规划和政策制定提供一定的参考。

林雄斌

2020 年 8 月

目 录

第一篇　理论基础篇

第二篇 珠三角实证篇

第三篇 长三角实证篇

第一篇

理论基础篇

第一章

绪　论

1.1 研究背景

1.1.1 多层次城际公共交通网络成为城镇群地区的主导交通形态

随着城市人口与社会经济集聚现象不断增强，城市功能边界逐渐模糊，呈现"城市区域化"和"区域城市化"并存的特征。随着我国新型城镇化战略的持续推进，预计未来将有数亿人口进入城市就业和居住。在这种较高密度的趋势下，受到工作机会、住房成本及公共服务设施等影响，再加上邻近城市同城化发展的诉求，跨市出行规模与需求日益增加。为了有效应对高密度的负外部性(negative externalities)，公共交通应是我国高密度地区的主导交通形态。尤其伴随着城镇群作为我国新型城镇化的主体形态这一战略不断巩固和加强，推进以便捷的公共交通为主导的跨市交通网络建设，将有助于扩大同城化协作的深度与区域竞争力，并降低小汽车主导的城际交通模式的负面影响。跨政区交通的规划建设对区域一体化的促进作用正在增强，并成为提升城市及区域可持续发展的重要载体。城际交通一体化规划建设会重塑居民出行行为，显著影响各城市交通可达性变化，从而进一步影响区域空间联系格局，导致区域空间重组。在城镇群、都市圈、大湾区等区域一体化背景下，城际交通网络一体化建设仍然是当前各层级政府考虑的重点。2015 年 11 月，国家发展和改革委员会与交通运输部联合印发了《城镇化地区综合交通网规划》，提出我国将加强 21 个城镇化地区内部综合交通网络的建设。至 2020 年，京津冀、长三角、珠三角三大城市群基本建成城际交通网络，相邻核心城市之间、核心城市与周边节点城市之间实现 1 小时通达，且我国城际铁路运营里程将达到 3.6×10^4 km，覆盖 98%的节点城市和近 60%的县市。国家经济和社会发展第十三个五年规划纲要指出在城镇化地区大力发展公共交通，形成多层次的跨市交通网络，高效衔接大中小城市和城镇。《"十三五"现代综合交通运输体系发展规划》进一步强调多层次、便捷化的城际交通网络引领"新型城镇化"的重要性。2019 年，国家发展和改革委员会颁布了《关于培育发展现代化都市圈的指导意见》(发改规划〔2019〕328 号)，强调增强都市圈基础设施连接性和贯通性，推动一体化规划建设，构建以轨道交通为骨干的通勤圈，打造轨道上的都市圈。国家"十四五"规划和 2035 年远景目标纲要也进一步指出建设现代化综合交通运输体系，推进各种运输方式一体化融合发展，提高网络效应和运营效率。由此可见，多层次、便捷化的城际公共交通网络将显著提升城际交通可达性，满足社会经济同城化需求，提升城镇化地区竞争力。

1.1.2 现代化都市圈多模式轨道交通的"多网融合"成为新的趋势

近年来，在《关于促进市域(郊)铁路发展的指导意见》《关于培育发展现代化都市圈的指导意见》《交通强国建设纲要》等国家政策引领下，构建都市圈一体化交通网，推进干线铁路、城际铁路、市域(郊)铁路、城市轨道交通"四网融合"发展已经成为新型城镇化的主流趋势和战略共识。随着全国城镇化的快速推进，大都市发展形成更紧密的社会经济联系，城市功能不断外溢，逐渐突破地域限制，向现代化都市圈和城市群空间转型，通勤圈迅速拓展。多模式轨道交通规划、融资、建设和运营"一张网"是充分发挥轨道交通对城市发展经济效益和社会效益的基础。例如，《关于培育发展现代化都市圈的指导意见》明确提出，统筹考虑都市圈轨道交通网络布局，构建以轨道交通为骨干的通勤圈，打造轨道上的都市圈。尤其是通过推动干线铁路、城际铁路、市域(郊)铁路、城市轨道交通"四网融合"，探索都市圈轨道交通运营管理"一张网"，推动中心城市、周边城市(镇)、新城新区等轨道交通有效衔接，构建以 1 小时通勤圈为基本范围的城镇化空间形态。2019 年 9 月，中共中央、国务院印发《交通强国建设纲要》，明确提出构建便捷顺畅的城市群一体化交通网，推进干线铁路、城际铁路、市域(郊)铁路、城市轨道交通融合发展。在我国社会经济高度发达的长三角地区，随着长三角一体化上升为国家战略，国家对长三角一体化发展提出了更高要求。2019 年 12 月，中共中央、国务院印发《长江三角洲区域一体化发展规划纲要》，明确提出构建互联互通、分工合作、管理协同的基础设施体系，加快建设集高速铁路、普速铁路、城际铁路、市域(郊)铁路、城市轨道交通于一体的现代轨道交通运输体系和高品质快速轨道交通网，共建轨道上的长三角。2020 年 4 月，国家发展和改革委员会、交通运输部颁布《长江三角洲地区交通运输更高质量一体化发展规划》，强调构建一体化交通设施网络、一体化运输服务能力、一体化协同体制机制，建设以轨道交通为骨干的一体化交通网络，形成干线铁路、城际铁路、市域（郊）铁路、城市轨道交通等一体衔接的都市圈通勤交通网。

1.1.3 动态化“空间-政策”特征显著影响城际公共交通的发展效果

城际公共交通包含城际（高速）铁路、城际轨道交通、城际巴士公交等不同交通模式，一体化、便捷化的城际公共交通实现涉及规划、投资、建设、运营等多个环节。对于跨越单个城市政府的区域性交通建设而言，这些环节的政策体制、管理制度和“府际治理”（intergovernmental governance）等往往决定了城际公共交通发展的效果。动态化“空间-政策”特征显著影响城际公共交通的发展效果。从长远的角度来看，如能形成良性循环的城际交通规划与治理政策，则能更好地应对城际公共交通发展存在的问题，如站点选址、交通周边土地开发调整、交通运营亏损融资等，并及时采取有效的改善措施。我国城际交通发展呈现出的“断头路”“站点选址博弈”“单边政府融资不到位”等问题已经充分说明了这一点（叶林，赵琦，2015）。在美国、加拿大、欧洲、日本等国家和地区已经建立了“都市区规划委员会”（Metropolitan Planning Organization，简称 MPO）等常规管理机构，对跨越单个城市的交通规划、投资进行统一管理，并协调地方政府进行规划调整，以保障城际公共交通发展的效果。受到地方保护主义及我国现有政策的约束，我国城际公共交通发展仍面临着融资体制、规划管理制度、多层级政府互动关系等相关体制障碍。面对城镇群大规模城际公共交通投资、规划和建设的需求，如何更好协调多样化政策和“府际治理”，更好地推进城际公共交通投资、规划与沿线土地开发，以增强交通投资的社会经济效益，满足城际交通需求，将成为新一轮都市圈城际公共交通投资和规划面临的特点问题。

1.1.4 粤港澳大湾区城际公共交通规划与治理政策演进

珠三角城镇群是我国工业化发展快速、社会经济发达与对外开放程度较高的地区，包含广州市、深圳市、珠海市、佛山市、惠州市、东莞市、中山市、江门市、肇庆市 9 个城市（简称珠三角九市）。在社会经济快速发展与转型的背景下，珠三角城镇群逐渐实现城镇化起步阶段向快速稳定阶段的转变，各城市之间社会经济联系日益紧密和发达，城际交通需求日益增加。传统依赖道路交通的城际交通组织方式，难以适应珠三角社会发展需求。珠三角正逐步规划建设以轨道交通为主的多层次、多样化公共交通网络。《珠三角经济区城市群规划》《珠三角城镇群协调发展规划》《珠三角地区改革发展规划纲要》《大珠江三角洲城镇群协调发展规划研究》等历次规划和空间政策都强调了区域交通组织优化与构建快速发达的城际公共交通系统的重要性。然而,无论是传统珠三角区域,还是"深莞惠""广佛肇""珠江中"等都市圈尺度,城际公共交通发展都缺乏合理高效的协调机制,面临着地方保护主义制约,如广佛地区在实施道路快速化、取消年票、打通"断头路"等方面的积极性存在较大的差异。2019 年 2 月,中共中央、国务院印发《粤港澳大湾区发展规划纲要》,强调在珠三角九市的基础上,融入香港特别行政区与澳门特别行政区,构建更有活力、更加开放、更加融合的粤港澳大湾区。截至 2017 年年底,粤港澳大湾区的总面积为 5.6×10^4 km^2,人口总规模约 7000 万人,是我国开放程度最高、经济活力最强的区域之一,具有重要的国家发展战略地位(中共中央、国务院,2019)。根据《粤港澳大湾区发展规划纲要》,加快基础设施互联互通是构建粤港澳世界级大湾区的重要任务之一,通过基础设施建设来提升大湾区对外和对内交通联通水平,通过形成布局合理、功能完善、衔接顺畅、运作高效的基础设施网络,为粤港澳大湾区高质量的现代化经济体系与社会经济发展提供支撑,从而帮助粤港澳大湾区建设成为"充满活力的世界级城市群、具有全球影响力的国际科技创新中心、'一带一路'建设的重要支撑、内地与港澳深度合作示范区、宜居宜业宜游的优质生活圈"。因此,研究传统珠三角与粤港澳大湾区城际公共交通规划与治理政策具有重要的理论与政策意义。

1.1.5 长三角一体化上升为国家战略下城际交通与治理

作为国家"一带一路"倡议与长江经济带的重要交汇地带,长江三角洲城市群(简称长三角城市群)在国家现代化和开放格局构建中具有举足轻重的战略地位。随着国家"新型城镇化"战略的不断推进,长三角城市群在国家空间发展的重要性不断凸显。长三角城市群经济腹地广阔,是中国城镇化基础最好的地区之一,更是我国参与国际竞争的重要平台、经济社会发展的重要引擎、长江经济带的引领者。在《长江三角洲地区区域规划》(2010)、《国务院关于依托黄金水道推动长江经济带发展的指导意见》(2014)、《长江三角洲城市群发展规划》(2016)、《长江三角洲区域一体化发展规划纲要》(2019)等国务院战略规划的正确指引下,长三角一体化上升为国家战略,明确了"一极三区一高地"的战略定位,逐渐成为具备充分竞争力的世界级城市群。当前,长江三角洲涵盖上海、浙江、江苏和安徽全域,截至 2018 年年底,长三角地区常住人口达到 22 536 万人,国内生产总值达到 21.14 万亿元,占全国经济总量的 23%,人均 GDP 达到 9.38 万元。总体上,长三角地区经济快速发展、对外开放水平高、创新能力强,在国民经济发展中发挥着重要作用,是六大世界级城市群之一。长三角一体化对整个长江经济带和华东地区的发展具有重大的区域引领作用,有利于形成高质量的区域集群。作为国家战略和发展先行区,长三角地区将加快落实新发展理念,为国民经济高质量发展树立榜样，构建现代经济体系衡量标准，率先推进深化改革，实现更高层次的对外开放，加强与其他国家战略的合作与协调，进一步提高服务国家的能力，增强我国的国际影响力和竞争力。一体化与高质量是新时期长三角城市群发展的关键词。长三角城市群拥有现代化江海港口群和机场群，高速公路网比较健全，公路和铁路交通干线密度全国领先，立体综合交通网络基本形成。道路、轨道交通、航空等交通网络一体化对长三角的作用不断增强，是长三角构建国家区域一体化发展示范区的重要载体。多模式交通一体化会影响各城市交通可达性，重塑居民职住选择，优化产业布局，重组区域空间联系和空间格局。长三角道路、轨道、航空等交通网络一体呈现加速发展趋势：建成通航16个民航运输机场，2017年各机场旅客吞吐量达2.10亿人次，高于粤港澳大湾区(2.02亿人次)和京津冀地区(1.35亿人次)，位居中国三大机场群首位；当前长三角高铁建设呈现"加速度"状态，已开通合宁、合武、京沪、沪宁、沪杭等高速铁路18条，里程达4171 km，是全国最为密集完善的高铁网，以全国8%的铁路营运里程，承担了全国20%的旅客发送量，铁路公交化开行客车超过1000对。

综上，在国家积极构建城镇群、大湾区与现代化都市圈，以及积极推动大规模、高质量的城际公共交通建设背景下，聚焦粤港澳大湾区和长三角一体化地区的典型案例，采用政策分析的思路，着重将政策要素与府际治理纳入城际公共交通规划与治理政策中，系统剖析政策因素如何影响城际公共交通规划建设，以及这些政策因素的实施逻辑、影响效果与潜在改善策略，能更好支持城际公共交通发展，提升城市区域竞争力。

1.2 研究内容

通过政策分析与典型案例解析，深入研究粤港澳大湾区和长三角地区不同模式的城际公共交通规划过程、空间治理特征与政策实施效果，并尝试理解城际公共交通发展效果的政策逻辑，为推进更便捷的城际公共交通提供决策建议。在案例上，以珠三角城际轨道交通、地铁跨市延伸、城际巴士公交(跨市巴士公交)、高速铁路的区间供给，以及长三角城市巴士公交、普速铁路公交化运营、市域(郊)铁路供给与运营机制、民营资本主导的城际高铁建设等案例为关注点，剖析这些城际公共交通主要形态的规划建设过程、府际治理与实施效果。此外，为了实现这一目标，有必要充分借鉴美国、欧洲等城镇化区域都市区规划委员会(MPO)实施城际公共交通投资、规划、建设的主要经验，并理解这些经验在我国城镇群的适用性。

1.2.1 国外都市区规划委员会设立特征与作用机制研究

美国、欧洲等地区的城镇化水平高于我国城市,其城镇化进程中呈现的问题及相应的改善方案都值得我国城市进行研究或借鉴。在同城化的趋势下,美国、欧洲成立了由多个政府共同推动的都市区规划委员会。例如,在美国华盛顿州,约60%的人口居住在金县(King County)、斯诺霍米什县(Snohomish County)和皮尔斯县(Pierce County),由于跨县通勤规模较大,这三个县组成西雅图都市区(Seattle Metropolitan Area)。同时,根据更大范围内跨区通勤的特征,西雅图都市区与周边城市,如奥林匹亚市(Olympia)、布雷默顿市(Bremerton)和芒特弗农市(Mount Vernon)等其他卫星城镇,组成一个空间范围更大的区域性劳动力市场,即普吉特海湾地区(Puget Sound Region),并设立普吉特海湾区域委员会(Puget Sound Regional Council, PSRC),负责城际公共交通的投资、线路运营、土地开发等区域性事务。都市区规划委员会在充分协调的基础上,推行跨越单个城市的交通投资和规划,以解决同城化、一体化问题,其管理都市区复杂的网络和利益互动的能力,能为我国城镇群功能区域的同城化提供借鉴。

1.2.2 珠三角城际轨道交通规划建设与多层级空间治理特征

珠三角是国内较早开展城际轨道交通规划的城镇群地区。根据《珠三角城际轨道交通规划实施方案》,珠三角地区共规划广州—珠海、广州—佛山、广州—东莞—深圳、东莞—惠州、佛山—肇庆、广州—清远等15条城际轨道交通线路,里程共约1430km。广佛城际(即广佛地铁)和广珠城际已分别于2010年、2011年开通运营,广佛肇城际、莞惠城际等部分段也已开始运营。根据规划,这些线路在2020年建成通车。城际轨道交通的运营效果不仅取决于轨道交通的线路安排和站点选址,也有赖于城市层面的交通模式与城际轨道交通的无缝衔接。随着更多线路的开通运营,为检验珠三角城际轨道交通融资体制府际治理下的交通绩效提供了良好的窗口。因此,拟以已开通的广珠城际、广佛肇城际、莞惠城际,以及2017—2020年间开通的穗莞深城际线等为例,研究珠三角城际轨道交通规划建设与多层级空间治理,以及这些主导政策作用下的交通绩效。

1.2.3 城市轨道交通跨市延伸的轨道公交化区域及治理

在城际轨道交通规划建设模式上,目前主要有三种方案:一是在区域尺度安排城际轨道交通专项规划;二是以城市轨道交通向毗邻城市延伸的方式,构建区域性、公交化的轨道交通系统,这通常是若干个城市政府在区域政策协调下相互协商的结果，呈现自下而上特征；三是利用国家及与地方投资的高速铁路的剩余运能，开通区间的城际铁路列车，以满足城市间轨道交通需求。这三种方式在投融资体制、规划时序和沿线开发上存在显著差别，有必要进行区分。目前，城际轨道交通规划和建设已经在珠三角、长三角和京津冀等地区得到实现，但是通过城市轨道交通跨市延伸，构建轨道都市区域的研究和实践比较缺乏。因此，本书以国内相对成熟的深莞惠都市圈轨道交通的跨市延伸为案例，剖析这种模式的发展基础、实践进展和潜在策略。重点探讨三个问题：① 城市轨道跨市延伸具有哪些特征和功能？② 以这种模式构建轨道都市区域是如何演进的以及面临的主要挑战？③ 如何评价这种模式的作用？解析轨道公交化区域的行动逻辑和实施效果，可为国内其他城市群或都市圈的交通一体化提供借鉴。

1.2.4 城际巴士公交发展状态、治理特征与交通绩效

在城际一体化和多样化交通需求的背景下，跨市交通呈现“城市交通区域化、区域交通城市化”及“短途客运公交化、城市公交公路化”的趋势。作为城际公共交通系统的重要补充，城际巴士公交的本质是城际道路客运按公交化的模式进行运营。与城际轨道交通相比，城际巴士公交具有投资规模小、线路安排灵活等特点。尤其在城市间的毗邻区，城际巴士公交成为城际客运交通系统的主体，能有效填补城际边缘区的公交供给不足的缺点。然而，城际巴士公交供给往往是市场需求下的结果，由于其缺乏统一的规划和制度安排，可能存在“线路经营权冲突、运营亏损和服务水平相对较低”等问题。例如，在城际巴士公交经营权上，当前我国主要有道路客运企业主导经营、城市公交企业主导经营、联合企业经营、个人挂靠经营等类型。不同的经营主体和方式显著影响城际巴士公交的实施效果。在珠三角区域，城际巴士公交的需求较大，并也形成一定的规模，但对其发展状态、治理特征（如经营主体、经营权获得方式、与其他模式衔接等）和交通绩效仍缺乏系统的研究。因此，本书拟以深莞惠、广佛肇、穗莞深等都市圈为案例，探讨城际巴士公交的发展特征与治理效果。

1.2.5 国家高速铁路的区间供给模式及其空间治理

在城市群战略背景下，随着都市圈层面交通需求逐渐增加，如何加快都市圈城际轨道交通供给成为跨政区合作和空间一体化的焦点。近年来，地方政府利用国家已经建设运营高速铁路的剩余运能，来满足都市圈交通需求，成为区域轨道交通供给的创新模式。当前，与城市间地铁衔接及区域政府主导投资的城际轨道交通系统相比，这种模式的融资来源、治理机制与运营效率仍缺乏系统的探讨。基于此，以深莞惠都市圈的深惠汕捷运为案例，通过“半结构访谈”方法，来

理解这一模式的融资过程与治理机制，并评估这一模式的融资与运营效率，及其在都市圈城际交通体系的作用，具有重要的理论和实践意义。从本质上来看，深惠汕捷运是地方政府联合向国家购买铁路服务。针对地方政府而言，仅需承担运营成本而无须支付高额的基础设施建设成本，呈现较高的融资和运营效率。深惠汕捷运的发展过程和治理机制能为我国其他都市圈跨市轨道交通供给提供新的思路。

1.2.6 高速铁路背景下城际普速铁路的通勤化实践

随着国家高速铁路的快速发展，与之路线相似的传统普速铁路的竞争力逐渐下降，并呈现可观的富余运能。在此背景下，充分利用既有普速铁路的剩余运能来运营城市内部的通勤铁路成为一种新的趋势。杭州萧山、绍兴和宁波之间的普速铁路——萧甬铁路是国家构建市域(郊)铁路的典型，并且入选国家市域(郊)铁路建设的示范项目。既有萧甬铁路的公交化再利用实践包括宁波—余姚的铁路通勤化实践与钱清—上虞的铁路通勤化实践两个阶段，这可为城市内部的轨道交通建设提供新的替代方案。因此，研究萧甬铁路宁波段和绍兴段的通勤化实践，理解传统普速铁路用于城市内部交通的政策体制和作用效果，可为利用既有线路开展通勤铁路建设，推动核心城市间的直连直通提供一定的政策建议。

1.2.7 杭州大湾区市域(郊)铁路的构建:温州 S1 线

面向城市群、都市圈等不同空间尺度，建立城市中心区与外围地区的轨道交通基础设施，强化城市中心区与外围区的经济联系变得日益重要。尤其伴随着现代化都市圈建设的重要性不断凸显，改善城市中心区与外围城镇、组团的轨道交通联系成为强化城市能级，推动区域一体化的新趋势。当前研究已经普遍关注高铁、城际铁路、城市轨道交通对土地利用与空间结构的影响，但对市域(郊)铁路的建设与运营模式缺乏关注。以私营资本较为雄厚的温州市为例，研究温州市域铁路的规划、融资、运营与空间治理模式，对理解市域(郊)铁路的规划建设、交通定位及其社会经济效应具有一定的理论和实践意义。

1.2.8 民营资本主导的城际高铁构建:杭绍台城际铁路的探索

随着国家高速铁路的快速发展，构建都市圈尺度城际高铁对推动高质量社会经济发展具有一定意义。由于高速铁路投资大、周期长、收益不确定等特点，高速铁路的融资、建设和运营均呈现国家铁路部门垄断特征，难以有效吸引私有部门参与。在国家积极推动铁路重点领域投融资改革及鼓励政府与社会资本合作(Public-Private Partnership,PPP)的背景下,为私有部门参与铁路领域投融资创造了新的政策机遇。杭绍台高铁是浙江省交通强省战略的重要通道,作为我国首条社会资本主导的城际高速铁路,已经成为国家引入社会资本的铁路示范性项目之一。杭绍台城际高铁包含绍兴北站至温岭站、温岭站至玉环站两个建设阶段。以杭绍台高铁为例,分析政府与社会资本合作体制下城际高铁的规划、审批、融资、建设过程及其影响因素,可从公私合营视角,剖析城际高铁导向的区域一体化与国家空间治理机制。

1.2.9 城际公共交通规划与空间治理的政策逻辑与改善策略

通过上述的文献分析与案例研究,构建一个综合的政策分析框架,系统检验珠三角、长三角都市圈城际公共交通规划与空间治理的政策逻辑,并基于案例分析,甄别当前存在的问题,借鉴欧洲和北美地区都市圈交通发展与多层级管治的思路和经验,可从城际公共交通的融资与责权分配体制、城际交通线路的线路选择与土地开发、城际公共交通的后期运营与动态管理,提出我国城市群和现代化都市圈城际公共交通规划与空间治理的改善措施。

1.3 研究方法

在新型城镇化、现代化都市圈、交通强国等国家和区域战略下,构建多层次、多体系的城际公共交通系统对推进区域高质量一体化具有重要的作用。然而,不同城际公共交通模式涉及不同的政策主体,且背后的体制机制和实施机制呈现明显的差异,考虑到区域高质量一体化这一重大问题,城际多模式公共交通的融资、规划、建设和运营是如何有效实施的,现有融资、规划、建设和府际治理等政策要素如何影响城际公共交通的规划和发展效果?反映到轨道交通、城际铁路、市域铁路、城际巴士公交等不同交通模式上,这些政策因素的作用效果呈现哪些差别?如何评估粤港澳和长三角地区不同城际交通的融资和供给效率?如何采用政策分析与案例研究的思路,理解这些政策制度因素的作用逻辑,进一步地,如何构建交通一体化的协同治理体系,推动交通引导的空间治理机制的创新?为了进一步回答上述问题,本书在交通地理与规划、空间规划与治理、公共政策与管理等学科领域的基础上,借鉴新制度经济学中政策分析及案例研究的方法论,构建研究框架,开展粤港澳大湾区和长三角一体化地区的典型案例研究。

1.3.1 政策分析法

影响城际公共交通发展的制度政策是多样化的，包括城市规划制度、地方政府公共政策制定与执行、府际治理、投融资政策、多元利益主体参与等。并且，这些政策要素之间形成较大的关联性，可能形成不同的政策组合，进而以不同的作用机制和强度，影响城际公共交通的规划、投资和管理。例如，中国交通系统通常按行政等级来划分，多层级政府负责为不同地理尺度的交通系统提供资金。中国的铁路系统也按照类似的等级结构来组织。中央政府在国家(高速)铁路系统的规划和建设中扮演着重要的角色，大部分资金和管理都是由中央政府提供的，包括传统普速铁路和当今的高速铁路。根据《新时代交通强国铁路先行规划纲要》，截至 2019 年年底，中国铁路总公司(原铁道部，2018 年 12 月 6 日已更名为“中国国家铁路集团有限公司”)代表中央政府共运营铁路 13.9×10^4 km，其中包含 3.5×10^4 km 的高铁。中国铁路总公司下设 18 个区域分公司(铁路局)，各分公司代表中国铁路总公司在其特定的地理尺度上提供铁路业务。例如，中国铁路广州局集团有限公司(原广州铁路局)负责管理广东、海南和湖南的铁路系统服务。

因此，借鉴政策分析方法与和研究步骤：首先，梳理和归纳影响多模式城际公共交通的制度、管制与政策类型，以及相关多元主体的行为特征；其次，分析有效推进城际公共交通发展与区域一体化面临的制度约束和制度变迁，以及这些制度变迁带来的影响；再次，在当前政策与空间背景下，多模式城际公共交通发展与空间治理面临的制度困境和潜在的优化策略。在这些分析步骤中，在研究并借鉴美国、欧洲等地区都市区规划委员会的设立背景、特征和作用机制的基础上，将尤其关注珠三角和长三角地区案例的典型性以及不同案例之间的关联性。政策研究的目标是系统梳理影响城际公共交通发展的政策类型以及政策背后的行动逻辑，并且落实到不同城际公共交通的模式上，分析发展过程、政策影响、作用机制与实施效果。

1.3.2 案例研究法

一直以来，人文-经济地理学与交通规划政策具有案例分析的传统。不同案例能帮助理解多模式城际公共交通的投融资体制、运营特征、空间治理与实施效果。通过典型案例的政策研究，能系统理解中国都市圈层面多模式公共交通的演进过程，以及不同模式的规划过程、融资体制和运营特征，梳理城际公共交通投资的政策逻辑，并评估不同公共交通模式的运营效率及效果。根据交通模式及其服务空间功能的差异，拟选择的典型案例包括：① 以中央政府主导的(高速)铁路系统(如厦深铁路);② 区域政府主导的城际轨道交通(如珠三角城际轨道交通系统、浙江省都市圈城际铁路);③ 地方政府主导的跨市地铁(如广佛地铁、深惠地铁)与城际巴士公交(如深惠公交、深莞公交);④ 基于国家铁路的区间轨道交通服务(如深惠汕捷运);⑤ 地方政府主导建设的市域(郊)铁路(如温州市域铁路、萧甬铁路通勤化);⑥ 基于公私合营的城际铁路服务(如杭绍台城际铁路)。

这些案例均具有一定程度上的效度和信度,并且各个案例之间也相互影响、相互关联。例如,虽然国家铁路系统在一些地区都设有停靠站,能提供城际间的铁路服务。然而,国家铁路主要是为中长途交通出行需求所设计的,为这些城际铁路服务分配的座位是有限的,而且服务时间表也难以完全适应都市圈城际交通出行需求。与此同时,城市政府通过更关注行政区内交通投资带来的土地财政和空间开发等综合收益,这容易降低城际交通的投资优先度,导致城市间边界地区的交通瓶颈。为了应对日益增长的都市圈城际客运需求,包含省政府和地方政府在内的机构,积极引入都市圈层面的城际客运铁路网络,以缓解政府对城际铁路服务投资不足的问题。当前,国家发展和改革委员会已经批复京津冀、长三角和珠三角城际轨道交通网络(2005 年)、浙江省都市圈城际铁路规划(2014 年)、成渝地区城际铁路建设规划(2015 年)、皖江地区城际铁路建设规划(2015 年)、京津冀地区城际铁路网规划(2016 年)、粤东地区城际铁路建设规划(2018 年)、江苏省沿江城市群城际铁路建设规划(2018 年)、广西北部湾经济区城际铁路建设规划(2018 年)等,在国家主导投资(高速)铁路的基础上,不断完善和强化区域层面的客运铁路网络。除此之外,城市轨道交通系统通常由城市政府主导投资并实施运营管理。

又如,针对一些都市圈交通需求较高的地区,连接两个相邻城市的地铁系统,成为提供城际客运交通服务的新选择。例如,连接广州和佛山中心区的广佛地铁,是中国首个城际地铁系统。再如,在都市圈尺度上,由于核心城市和外围城市住房价格的巨大差异,再加上产业升级和向外搬迁的影响,中心城市往周边城市的交通需求一直持续增长。对于这种跨城通勤需求而言,常规巴士公交和地铁系统通常难以满足。随着厦(门)深(圳)铁路运营,可部分提供深圳至坪山区、惠州市和汕尾市的交通服务,但仍以服务长途交通出行为主,并非往返于深圳市中心区至外围地区的区域性服务。在厦深铁路基础上,坪山区和深圳市政府于 2015 年开通了深圳北站至坪山站的坪山快捷线,并于 2017 年 1 月联合惠州市和汕尾市政府,开通了福田站至汕尾站的深惠汕捷运,较好地满足了这类跨城(通勤)交通需求。

这些案例能较全面地揭示都市圈多模式城际公共交通供给及其演进特征,

并评估相应的融资体制及其融资效率。这对公交都市、交通强国与现代化都市圈国家战略下的城际公共交通供给与空间开发具有一定的参考意义。案例研究主要步骤为：首先，收集这些案例的相关材料，主要来源政府规划材料、统计公报以及实地调研等；其次，根据不同案例的特点及其研究问题，建立案例内部与案例之间的逻辑关系，尤其是将案例研究和理论进展相互联系；再次，通过案例内分析和交叉案例分析，从整体和全面的角度来研究城际公共交通的发展过程、供给体制、演进特征、制度约束和改善策略。这些案例的深入研究和理论提炼，主要是通过实地勘察和关键人物（部门）访谈完成的。在研究过程中，在深圳、广州、东莞、惠州、佛山、杭州、宁波、温州等城市对交通、铁路、自然资源与规划、地铁集团、规划设计单位等不同部门的专业人员开展了多次访谈（图 1-1）。

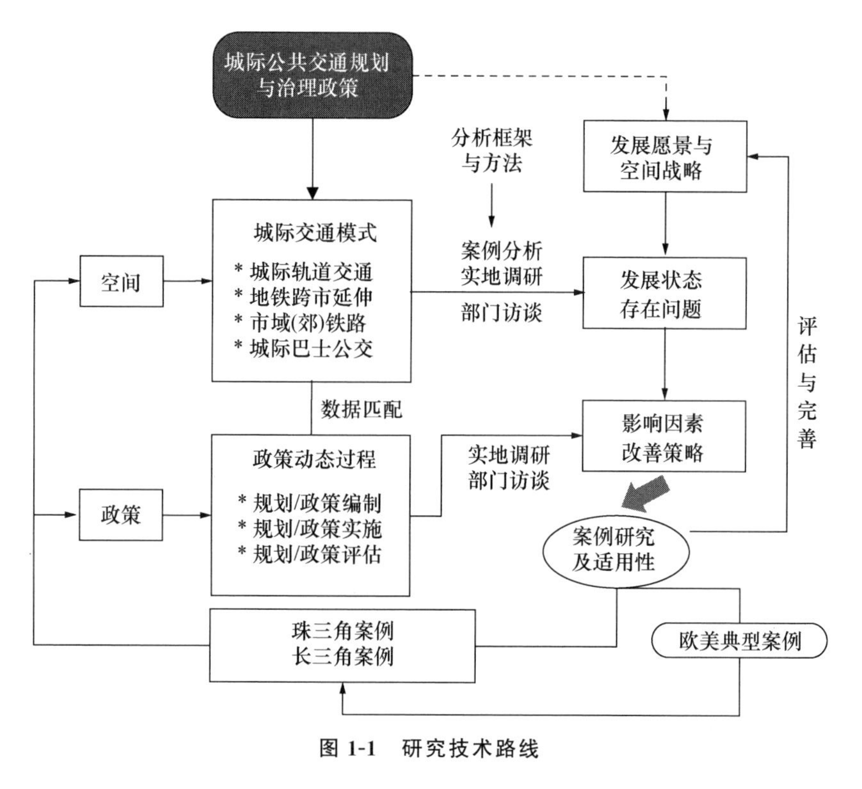

图 1-1　研究技术路线

1.4　可能的创新点

基于政策分析与空间治理的视角，关注粤港澳大湾区和长三角一体化地区的典型案例，着重将政策要素与府际治理纳入城际公共交通规划研究，包括城际轨道交通、城市轨道交通跨市延伸、城际巴士交通、城际道路通道、国家高速铁路的区间供给、城际普速铁路的公交化、市域(郊)铁路、民营资本主导的高速铁路建设等典型案例,系统剖析政策因素如何影响城际公共交通规划建设,以及这些政策因素的实施逻辑、影响效果与潜在改善策略。这些研究成果可更好支持城际公共交通发展,提升城市区域竞争力。为了更好地研究城际公共交通规划与治理的特征及交通绩效,将充分借鉴美国、欧洲等都市区规划委员会(MPO)实施城际公共交通投资、规划、建设的主要经验,并剖析这些经验在中国快速城镇化与一体化地区的适用性。此外,将以城际不同公共交通模式为关注点,这些交通模式相互联系、互为补充,分析政策因素对不同交通模式的作用差异,可更好地为城际公共交通提供决策建议。

1.4.1 研究视角创新

对于区域性交通基础设施而言,现有研究多聚焦工程技术与系统优化视角,缺乏跨市交通规划和空间治理的视角,以及政策要素对不同交通模式的作用差异。本研究将评估现有规划、投资、治理政策如何影响区域性公共交通的空间规划、线路/站点选择、经营权分配、投融资和运营管理,并以中央政府主导的(高速)铁路系统、区域政府主导的城际轨道交通、地方政府主导的跨市地铁与城际巴士公交、基于国家铁路的区间轨道交通服务、地方政府主导建设的市域(郊)铁路、基于公私合营的城际铁路服务等为案例,分析这些政策因素对不同交通模式的影响。潜在的研究结果能为建设功能齐全、公共服务高效、区域经济紧密联系的珠三角跨市公共交通设施提供政策建议。

1.4.2 研究方法创新

本研究重要目标是深入理解当前规划、投资、治理等政策及其组合如何影响区域公共交通建设,并识别不同模式的发展状态、影响因素和潜在改善措施。这些影响可能是多层次、多尺度和多方向的,需要对这些影响开展持续的动态跟踪。为此,依托近年来的研究积累与政策前沿追溯(如粤港澳大湾区、长三角一体化、交通强国等国家战略),深入理解不同地区城际公共交通的规划与建设过程,以及影响城际公共交通的状态、格局和思路,通过系统的案例研究和深入的部门访谈,以更好地理解公共政策和治理对珠三角和长三角多个城市跨越行政边界出行绩效的潜在影响。这不仅可以弥补传统方法的不足,还可为城市及区域层面的交通投资和规划调整提供更加客观、科学的依据(图 1-2)。

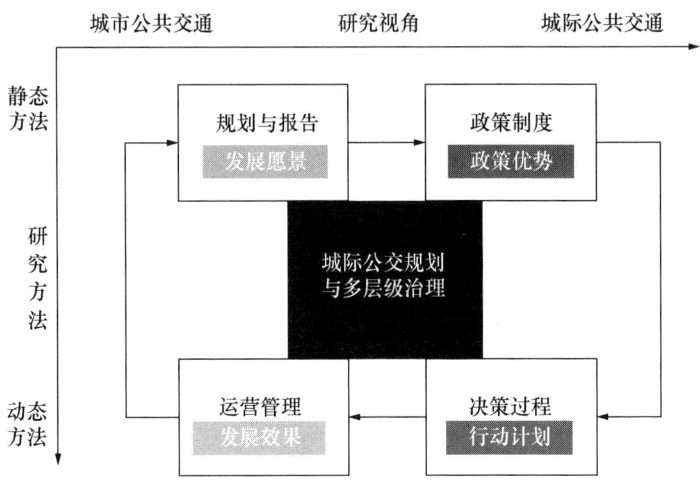

图 1-2 研究创新点

1.5 研究意义

空间治理是切实落实国家治理体系的重要单元，面向我国城市群、都市圈、省域、市域等多层级空间的复杂影响，作为区域一体化的物质载体，创新城际公共交通供给成为跨政区合作的焦点，对推动和优化空间治理体系与治理能力现代化具有积极影响。2019 年 2 月国家发展和改革委员会颁布《关于培育发展现代化都市圈的指导意见》，强调都市圈交通的连接性和贯通性，推动干线铁路、城际铁路、市域(郊)铁路、城市轨道交通的“四网融合”，推动区域一体化。2019 年 9 月，中共中央、国务院印发《交通强国建设纲要》，强调实现交通治理体系现代化，基本建成交通强国。由此可见，城际公共交通供给体系与空间治理现代化密切关联。跨界轨道交通呈现干线铁路、城际铁路、市域铁路、城际地铁等多样化模式，不同模式的融资来源、供给体制与实施主体具有显著差异，通过直接效应、间接效应和诱增效应，深刻影响跨界社会经济联系与空间互动格局。当前，城际公共交通对多尺度空间的社会经济影响已经形成丰富成果，但面向空间治理这一重大问题，仍缺乏从城际公共交通供给与优化的视角来认识空间治理现代化的空间过程、空间机制与空间效应。我国城际交通发展呈现动态演变趋势，呈现“由中低速轨道交通向中高速转变、由中央政府融资向地方政府分权演变、由政府主导向公私合营(PPP)转变、由单一模式向都市圈交通演变”等趋势。

面向粤港澳大湾区、长三角一体化等国家战略，优化省内和省际跨界综合交通供给，对促进省域和市域空间治理现代化、空间一体化与综合竞争力具有重要作用。在粤港澳大湾区，在国家和广东省政府先后颁布的《珠江三角洲经济区城市群规划》《广东省珠江三角洲经济区现代化建设规划纲要（1996—2010年）》《珠江三角洲城镇群协调发展规划（2004—2020）》《珠江三角洲地区改革发展规划纲要（2008—2020年）》《大珠三角城镇群协调发展规划研究》等区域规划和政策的基础上，国家和粤港澳地区先后签署和颁布了《深化粤港澳合作推进大湾区建设框架协议》（2017）、《粤港澳大湾区发展规划纲要》（2019）、《中共广东省委、广东省人民政府关于贯彻落实〈粤港澳大湾区发展规划纲要〉的实施意见》（2019）、《广东省推进粤港澳大湾区建设三年行动计划（2018—2020年）》（2019），不断深化构建粤港澳大湾区建设的战略定位、战略部署、重点任务和保障措施，通过互联互通的基础设施建设与现代化综合交通体系来支持世界一流湾区与世界级城镇群建设。

在长三角地区，作为“一带一路”倡议与长江经济带的交汇地，新时期长三角被国家赋予“一极三区一高地”的战略定位。在此背景下，浙江积极建设高水平交通强省，构建高质量现代化的交通设施、运输服务和治理体系，强化在长三角高质量一体化的引领作用。例如，在长三角一体化国家战略下，国家出台了《长江三角洲区域一体化发展规划纲要》（2019）、《长江三角洲地区交通运输更高质量一体化发展规划》（2020）。在建设“大湾区大花园大通道大都市区，打造现代化先行区”的基础上，浙江省先后颁布《关于深入贯彻〈交通强国建设纲要〉建设高水平交通强省的实施意见》（2020）、《浙江省综合立体交通网规划（2021—2050年）》《浙江省推进高水平交通强省基础设施建设三年行动计划》（2020—2022年）。

着眼于新时期交通基础设施建设与空间优化开发，剖析城际公共交通供给的制约因素与优化机制，为推动城际公共交通建设与空间治理现代化奠定科学基础，具有显著的社会经济效益。城际公共交通供给涉及多种交通模式，且显著依赖多层级政府的积极协作。城际公共交通供给及其区域一体化效应是粤港澳大湾区和长三角一体化等国家战略落实的要素之一。当前，我国缺乏专门规划和投资区域交通设施的常规机构，且对这些昂贵的区域交通项目的融资体制也缺乏系统性的解释。基于此，以粤港澳大湾区和长三角高质量一体化框架下的城际公共交通供给及其一体化案例，面向城市群多模式交通发展，采用案例研究和政策分析方法，研究城际不同公共交通供给模式的管理体制、融资来源、运营特征和供给效率，提炼不同模式的政策要点和面临问题，探索适合城市群和都市圈交通一体化的协同治理体系和体制机制，兼具理论意义和实践价值。

在理论意义上，当前区域交通一体化规划与政策的重要性日益凸显，但我国仍缺乏区域交通地理学的研究范式和系统理论。西方的经验表明，交通投资深刻影响城市和区域交通地理学，要发展城市区域交通地理学必须理解交通投资结构及其综合效益。本研究立足城市群和都市圈交通一体化，研究城际公共交通投资和供给结构，并评估多模式轨道交通系统的运营特征和融资效率，提炼交通一体化的协同治理体系和体制机制创新。本研究结合了城市地理学、交通地理学和公共投资学等多学科视角，对进一步发展我国城市和区域交通地理学具有一定的理论意义。

在实践价值上，不同模式的城际轨道交通往往承担着不同的交通任务，服务于不同的地理尺度单元。面对城市群大规模的城际出行需求，着眼于新时期区域一体化高质量发展要求，如何有效推进城际公共交通投资、规划与运营，并合理引导一体化的区域空间结构，是推动落实粤港澳大湾区和长三角一体化国家战略的核心，也是构建世界级城镇群的重点问题之一。应对多模式城际轨道交通，本研究能凝练影响城际公共交通融资、规划和建设的制度因素，提炼不同轨道交通模式的发展要点，提炼交通一体化的协同治理体系和体制机制创新，可为增强都市圈交通网络的投资效率，优化协同治理体系和体制机制，促进交通和空间一体化提供政策建议，具有一定实际应用价值。

第二章

国内外研究进展

2.1 城市与区域层面的公交优先与公交都市

2.1.1 公交优先战略拓展至都市圈的需求逐渐增加

在快速城市化和机动化的趋势下，交通拥堵及其衍生的各种社会、经济与环境问题逐渐成为我国城市可持续发展面临的重要挑战。国内外相关城市发展经验表明，在普遍受到土地资源供给约束时，优先发展大容量公共交通成为高密度城市交通发展的主流政策(Cervero，1998)。基于此，公交都市(transit metropolis)策略逐渐成为交通投资、空间规划及相关公共政策的主要议题，公交优先措施也不断被纳入地方交通规划与政策决策(Handy，1999；Wheeler，2000；Liu，Li and Zhang，et al.，2012)。

1995—2015年，我国私人小汽车数量从1040.00万辆增长到16 284.45万辆，年均增长率超过20%(国家统计局，2016)。尤其在北京、上海、广州、深圳等大城市，私人小汽车的拥有率更高，对城市交通系统的冲击更大。在此背景下，我国中央和地方政府紧密结合国内城市交通发展的趋势，适时提出"公交都市"发展战略，积极发展轨道交通和常规公共交通，加强交通供给与需求管理(Zhang，2007；潘海啸，2010)。多层级政府积极开展"公交都市"项目，通过空间规划和公共政策来提升公交系统的竞争力。2005年，国家出台了《关于优先发展城市公共交通的意见》，将公交优先上升为交通发展的重要战略；随后，国家出台了《关于优先发展城市公共交通若干经济政策的意见》，鼓励公共交通采取低票价等政策；2012年，国务院颁布《国务院关于城市优先发展公共交通的指导意见》(国发〔2012〕64号),提出将公交优先放在交通发展的首要位置,增强公交供给能力,推动土地综合开发,探索公交票价与税收改革等相关政策。

当前,公交优先政策主要停留在城市尺度。在城市交通发展面临土地、资源、环境等要素的制约及都市圈内部城际社会经济联系普遍增加的背景下,机动车迅速增长带来的拥堵、环境质量下降等相关影响也逐渐蔓延至邻近城市。随着城际社会经济联系更加紧密,将公交优先政策拓展至都市圈尺度,制定统一、可行的城际公共交通规划与治理政策,在都市圈层面上能更好地满足城际交通需求,并有效降低交通拥堵的负外部性。

2.1.2 跨城市公交规划与治理能优化都市圈社会经济联系

“都市圈”作为快速城市化区域的重要空间单元,是经济地理、城市规划与公共政策研究与实践的焦点地域。都市圈通常是由各种重要社会经济活动所组成的功能密集区,但多数情况下,其功能密集区域与行政管理范围并非完全一致(彭震伟,1998;崔功豪,2006;吴志强,李德华,2010)。尽管如此,如何推进区域内各种公共服务的一体化与融合发展,以增强城市及区域的综合竞争力一直都是地理学、规划与政策研究的前沿领域(Krugman, 1991;严重敏,周克瑜,1995;Schiff and Winters, 2003;Brülhart, Crozet and Koenig, 2004;Niebuhr and Stiller, 2004;李郇,殷江滨,2012)。例如,欧洲积极推进的《欧洲空间发展展望》(European Spatial Development Perspective)、《欧洲多中心巨型城市区域的可持续管理(POLYNET)》,以及北美地区实施的《美国2050远景规划》,都是通过建立实体区域管理机构或者组建区域协调机制,推进城际交通建设与治理,打破行政区经济的约束,以实现社会经济要素的自由流动,加速一体化融合发展。

在我国,城镇群已经成为新型城镇化的主体空间形态,不同城镇群的结构体系、形态培育、联系格局和制度组织等都显著影响区域融合发展(吴启焰,1999;张虹鸥等,2004;许学强,程玉鸿,2006;顾朝林,2011;方创琳,2014)。在这一进程中,包含道路、轨道、航空和公交等在内的多模式交通系统对节约交通成本、提升可达性和促进功能一体化发挥了重要作用(曹小曙等,2005;金凤君等,2008)。尤其在都市圈范围内,增加多模式交通供给能显著引导城际交通出行和空间区位选择,进而影响区域融合发展进程与深度。然而,在实际发展中,都市圈内部的行政约束仍然存在(林雄斌等,2015;Yang, Lin and Xie, 2015),包括制度性障碍、产业结构性缺陷、发展阶段差异和基础设施协调不足等(林耿,许学强,2005),都显著影响交通投资规划实现城际联系和同城化的能力。例如,在珠三角各都市圈的城际公共交通发展中,仍缺乏有效的协调机制来降低地方保护主义(local protectionism)的制约,如在广佛都市圈的道路快速化、取消年票等实施上，广州市的积极性远远低于佛山市。这种地方保护主义显著影响了市场结构，并降低整体的社会福利(Peltzman, 1976; Davis and Robert, 1998; Marion, 2007; Hoffer and Sobel, 2015)。因此，考虑到我国目前仍普遍缺乏良好的协调框架来推动跨市交通规划、政策的实施，更需要在都市圈层面理解跨城市的公交规划与治理结构，及其对优化都市圈社会经济联系的作用。这能帮助跨越城市的功能密集区域采取更加有效率的交通规划和供给策略，来推动一体化发展。

2.1.3 都市圈城际公交规划治理与"空间-政策"动态特征的结合需求

交通网络能有效支持"地方—全球"的机动性，并显著提升经济效率和生活质量(Niedzielski and Malecki, 2012)。交通政策体制往往直接决定了城市交通的发展模式与格局(陆锡明，2009)。交通投资不仅能缓解交通拥堵等问题，从长远来看，这种大型基础设施投资与规划也被多层级政府(Multi-level Governments)赋予了重塑空间结构、引导经济增长的期望。尽管当前仍缺乏统一的城际公交规划与治理的范式，但当前针对某一特定的交通模式(如城际轨道交通、城际公交)的规划与政策调整，已经指出了在都市圈建设公交都市的意义。例如，在城际轨道交通上，沿线不同地方政府的土地调查、用地储备与控制性规划的动态调整也充分说明了这一点。然而，需要指出的是，受到我国现有规划与政策的约束，在实际操作中，都市圈城际公交规划与治理往往面临着交通融资体制、土地利用规划与管理、多层次政府管理制度等障碍。

1. 城际公交规划与建设需要平衡投资成本与收益，并在此基础上优化线路

在交通投资上，城市层面的交通投资深刻地影响着该城市与都市圈其他城市的联系便捷度，都市圈层面的交通投资也影响着城市交通规划决策(如线路/站点选址，交通接驳等)。公共投资中普遍采用的公平原则包括"收益原则"(benefit principle)和"支付能力原则"(ability-to-pay principle)。在交通投资中，普遍采用"收益原则"，即根据使用者获得收益而产生的社会成本来征收费用。交通经济学理论普遍指出，平衡使用者付费及其产生的社会成本的投资体制，将有助于交通绩效优化(Hanson and Giuliano, 2004)。然而，在城际交通分析与规划过程中，往往忽视交通投资的来源、资金分配、投融资规划，以及投资计划如何影响交通系统的使用和绩效(Hanson and Giuliano, 2004)。并且，无论采取"收益原则"，还是"支付能力原则"，都难以实现交通收费与投资平衡。这更需要基于中国城市与区域的特征，检验不同模式的投融资体制，来理解城际公交规划与治理的效应。

2. 城际公共交通发展需要与沿线土地利用实现更好地结合

这种结合体现在两个方面：① 结合用地开发形态，优化城际公交线路选择，

以最大化覆盖有强烈城际交通需求的使用者及空间范围。② 引导沿线土地开发,实现土地增值效应的内部化,缓解投融资压力,即溢价捕获(value capture)。目前,国外城市的交通融资与规划中,普遍采用土地价值税收、联合开发等多样化溢价捕获模式,来降低交通融资负担(Smith and Gihring, 2006;Junge and Levinson, 2012)。然而,无论是土地价值税收还是联合开发,在我国实施溢价捕获仍面临许多约束(郑思齐等,2014)。在土地价值税收上,我国主要有土地使用税、房产税、耕地占有税、土地增值税和契税,尚缺乏针对轨道交通周边土地而实施的特定征税。联合开发具有一定的可行性,但是城市经营性土地必须通过"招拍挂"等公开出让(刘魏巍,2013),难以通过"协议出让"取得(郑思齐等,2014)。如果实行联合开发,需要绕过这一政策规定。这种投资机制的缺乏及现有土地利用管理制度的约束,都降低了交通融资的财政可持续性。可喜的是,珠三角城际轨道交通规划已经采用溢价捕获策略,其政策创新经验及存在的相关问题具备一定的典型性,能为其他都市圈提供经验。

3. 城际公交规划与土地开发涉及多层次的府际互动

在我国,当前交通规划模式通常是"先用地规划,后交通规划",使得交通规划往往处于从属和被动地位。为了实现城际公交与土地利用的衔接,需要两者在规划编制、实施和管理等方面实现协调,这需要充分发挥多层级管治的重要性。

2.2 都市区空间治理与空间协同发展

2.2.1 都市区空间治理的理论与实践

一直以来,大都市区治理都是城市区域规划、发展与公共政策的重要主题(张紧跟,2010)。空间兼具政治、社会、经济等属性,是政府管理与公共资源配置的核心场所,空间治理与资源优化配置与空间公平正义紧密关联。党的十九届四中全会明确了推进国家治理体系与治理能力现代化若干重大问题的决定。在空间科学的"治理转向"与社会科学的"空间转向"趋势下(何雪松,2006),空间治理(spatial governance)当前成为经济学、管理学、地理学、城乡规划学等多学科交叉的理论热点(张京祥,陈浩,2014),我国空间治理实现了发展理念到国家战略,再到全面实践的转变和提升。实施兼顾经济效率与协调优化的空间治理体系成为国家空间与省域空间治理现代化及深化改革的重要趋势。空间治理兴起于 20 世纪 60 年代对空间科学、理性主义和实证主义的批判,以及结构主义、人文主义等新思潮的影响,强调纯粹技术理性不是空间规划与发展的唯一标准,需要综合考虑社会、经济、政治、文化等影响(俞可平,2000;Brenner, 2019),从而形成空间秩序、空间政治、空间公平、新公共管理、新区域主义等空间理论(Wheeler, 2002),以及倡导性规划、协同规划、供给侧改革、协商共治等空间治理模式(Healey, 1998)。例如,增长机器(growth machine)和增长联盟理论(growth coalition)强调地方政府与私有企业等多元团体合作,通过土地开发与空间治理来推动经济增长(Molotch, 1976);城市政体理论(urban regime theory)强调正式与非正式制度安排形成"政体组合",从而影响经济增长与城市治理绩效(Ward, 1996)。总体上,多层级政府关系与土地开发机理成为空间治理的核心。在我国,国土空间规划体制、土地制度、户籍制度和财税体制逐渐成为空间治理的重要手段,以实现资源优化配置和国土空间效率与公平的提升(刘卫东,2014)。

如何基于城市区域发展的形势,针对特定的议题更有效地推进区域的治理与合作日益重要。尤其是在空间隔离和行政制度障碍约束跨市社会经济功能联系的背景下(张纯,贺灿飞,2010),如何超越行政区划的界限推动区域协调发展和深层次的合作,从而整合区域资源和提升运行效率,成为当代我国区域公共管理理论与都市区规划实践的重要问题(张紧跟,2005;唐燕,2010)。都市区治理反映了不同主体的利益需求和主体间协调的方式。善治能促进城市区域社会经济的增长(Kaufmann and Kraay, 2002)。从政府和市场的互动关系上,都市区空间治理形成"都市政府集权化主导""市场分权化竞争"和"多主体网络化合作"等治理模式(洪世键,张京祥,2009)。北美都市区管治经历了地方政府合并、联邦制双重管理和多元协作管理等(Goldsmith M,2009)。在欧洲地区,通过多层次合作体系、多样化社会经济政策和网络化监督约束机制的构建推动欧洲空间规划和一体化发展(施雯,王勇,2013)。

城市区域规划的公共政策转向逐渐成为新趋势(张京祥,何建颐,2010),需要更好地协调政府与政府、政府与市场的关系以提升都市区合作的深度与效率。在我国都市区的治理实践中,一方面通过政府间分权调整区域内各级政府的权力和空间关系,另一方面通过市场性分权调动企业等社会力量的参与进而重塑都市区治理结构(朱勍,胡德,2011)。总的来说,我国推进都市区的合作与管治主要有两种做法(周一星等,2001):第一是行政区划调整,如撤市(县)设区,将邻近城市纳入中心城市的管辖范围,从而扩大城市空间和行政管辖范围,提升区域一体化发展;第二是参考都市区的做法,构建一个由政府推动的协调平台,共同成立协调机构来解决一体化问题。第二种做法在我国的实践仍然有限,主要是缺乏区域层面的常规管理机构。中央政府在地方政府间的合作上,缺乏组织管理、多元合作、要素流动和税收等政策的指导(陈剩勇,马斌,2004),在一定程度上带来"参与主体积极性不高、协作领域和范围有限、治理形式化和绩效不佳"等问题(边晓慧,2014)。

空间治理的重要目标是适应城市和区域发展新需求,逐渐打破传统行政区域的制度障碍,形成有利于各主体行动的协调体系,推动区域资源整合、深度协作和一体化发展。近年来,政策导向区域(policy-oriented regions)成为空间规划与公共政策的新趋势,其中大湾区(greater bay area)正成为促进我国城市区域发展的重要空间政策。有效协调跨行政区的交通设施规划和建设,高效发展多模式跨城市交通体系,对推动大湾区功能一体化变得日益重要。作为跨越行政区而形成的功能空间和制度空间,如何有效制定和落实相关发展战略、制度体系和行动计划,突破行政体制约束或地方保护主义影响,改善城际公共交通供给不充分、不平衡、低效率等问题,成为提升区域竞争力的基础。

2.2.2 跨界管治与区域协调研究回顾

在经济全球化和区域经济一体化发展的背景下,资本、技术、劳动力等经济要素的区域流动不断增强,并且在一定程度上重塑不同地区的空间结构和发展优势。随着区域的价值被不断发现,社会经济发展要面对区域之间甚至全球发展的竞争。在面对全球化和区域化竞争、跨界要素流动需求、区域性生态环境等问题背景下,区域之间的整合、协调发展变得日益重要,跨界区域整合(regional integration)和协调成为区域间相互发展的主流模式(姜海宁,谷人旭,2010),其根本问题是权利、义务和利益的重新划分,通过经济、政治、技术等手段淡化行政区界线,促进不同城市政府以负责任的管理机制引导协调发展(朱传耿等,2007)。目前,已有研究对跨界区域整合的内涵、目标、特点、模式和发展等展开研究(冯年华,2004;朱传耿等,2007;姜海宁,谷人旭,2010)。然而,跨界空间具有不稳定和脆弱性的特征(Johnson, 2009),跨界区域整合的重要基础是建立良好的跨界管治模式和协调机制,降低行政壁垒,实现要素跨区域流动和空间优化配置,从而发挥区域的整体优势和效应(吴蕊彤,李郇,2013)。

"跨界管治"就是在跨界的地域上建立一个空间管理框架(吴蕊彤,李郇,2013)。在北美,都市区管治呈现"合并型单一政府""联邦制双重管理"和"多元协作管理"等多种模式。在欧盟跨境地区,已经建立良好的跨界管治机制降低行政壁垒和跨界交流的成本。欧盟跨境地区管治模式主要表现为:多层级管治的建立、跨界合作发展与参与的激励机制、负责跨境项目建设实施和管理的第三方代理管治机构(吴蕊彤,李郇,2013)。"跨界冲突-协调"具有问题导向、目标导向、参与主体、制度策略四个维度(王爱民等,2010)和相邻空间、非相邻空间、多维空间三种空间模式(陈树荣,王爱民,2009;陈树荣,2010)。

在快速城市化和渐进式分权化、市场化的背景下，我国城市区域发展具有计划经济和市场经济的双重属性。在“行政区-跨界冲突-区域协调”的发展主题下，区域发展的重大问题、冲突和矛盾不断凸显（王爱民等，2010）。目前，中国城市的跨界管治主要表现为福利模式和支持增长模式，并且相应机制尚未完善且相互之间缺乏有机协调的结合（罗震东等，2002）。一方面，面对全球化、区域化的增长压力和跨区域要素流动的需求，地方政府需要采取城市区域合作策略，然而，另一方面，受到市场机制、政府绩效评价和当地政府利益驱动的影响，地方政府之间、地方政府内部又需要开展竞争以获得各种增长资源和条件。这种内在的行政障碍因素导致跨区域之间形成显性和隐性的冲突，并成为影响城市区域协调发展的因素（王爱民等，2010）。例如吴群刚和杨开忠指出，京津冀区域发展的核心是制定恰当的公共政策来实现产业与人口发展的有机衔接（吴群刚，杨开忠，2010）。

在应对中国城市区域这种行政障碍因素上，主要采取两种方式。① 行政区关系或行政区划调整。强调行政力量的作用，以“刚性的地域空间调整”实现区域协调和跨界增长（张京祥等，2011）。例如，中国城市惯用撤市（县）设区的行政办法来扩大行政管辖范围（周一星等，2001），实现跨界地区增长。② 建立跨界管治机制。由于区域的界线永远存在，行政区划调整并不能彻底解决行政区经济的内在缺陷（王健等，2004）。良好的制度环境、合理的组织安排和完善的区域合作规则是构建跨界合作机制的基础（陈剩勇，马斌，2004）。强调“府际关系”（intergovernmental relationship）和多元参与而形成的多中心合作机制，成为降低跨界合作的成本、引导城市区域增长的重要方式（张紧跟，2005；冯邦彦，尹来盛，2011；马学广，李贵才，2012；张京祥，2013）。例如，王健等认为通过“复合行政”转变政府职能以适应市场经济发展需求（王健等，2004）。城市区域发展显著受到全球化、分权化和市场化的影响，建立良好的跨界管治机制已经逐渐受到我国不同层级政府的重视，并在城市规划中进行落实。

跨区域、跨省域和跨市域等较大尺度的管治已备受关注，如京津冀、长三角和珠三角地区。然而，中小尺度地区跨界管治的研究仍处于起步阶段（吴蕊彤，李郇，2013）。对都市区内部的跨界管治，尤其是“中心-外围”地区的协调发展机制与面临的约束因素尚缺乏讨论。宁波中心地区与外围的余慈、奉宁象地区地域邻近，城市间相互联系密切。然而，由于宁波市扁平化的城镇体系和外向型经济特征导致宁波中心地区的中心性并不高。同时，在长三角区域经济一体化的趋势下，尤其是杭州湾跨海大桥等跨区域交通基础设施的建设和完善，宁波都市区外围地区，如余慈地区依靠邻近上海、杭州的地域优势呈现“离心化”的发展趋势，进一步弱化宁波中心城市功能（周彧等，2011）。因此，研究宁波都市区“中心-外围”地区发展特征和跨界管治措施，不仅有利于促进宁波都市区融合发展和竞争力，并对理解我国中小尺度的跨界管治提供借鉴。

2.2.3 空间协同与城际公共交通的特殊性

1. 大湾区的内涵及其意义

当今，全球知名的大湾区已经成为引领区域甚至国家社会经济发展的重要节点。大湾区的共同特征包括规模庞大的产业聚集带、国内外贸易规模，从而提升综合竞争力、带动大范围经济增长，甚至引领全球经济发展方向。湾区的概念可以从自然地理和社会经济两方面来理解。自然地理层面的湾区概念是指邻近海湾的陆地领域，也就是滨海城市区域空间。当前，针对大湾区的讨论不仅包括自然地理特征，更集中在经济地理属性，包括毗邻海湾的滨海城市及其具有紧密社会经济联系的城市群或都市圈。Cynthia Kroll 对湾区的定义侧重三项重要条件：经济影响覆盖的区域、交通网的便捷性、人口等社会要素流动的紧密性（田栋，王福强，2017），这些条件推动大湾区内部资金、人流、物流等资源要素在城市间的自由流动。大湾区这种社会经济的流动性大多需要依靠便捷的综合交通体系来提高运转效率（Lin, Yang and MacLachlan, 2018）。事实上，多模式交通投资能显著刺激经济增长、改善城市间经济联系程度、促进空间一体化（Johnson, 2012；Yang, Lin and Xie, 2015；Zhu, Zhang and Zhang, 2018；Sperry, Warner and Pearson, 2018）。剖析世界级大湾区及其城际交通发展的体制机制，可为我国大湾区跨越式发展提供经验。

东京湾区是沿日本海岸线围绕东京、千叶、横滨三大中心的港口城市群发展而来的，覆盖深度逐渐向内陆地区扩大。如今，东京湾区经济覆盖范围约为1100 km^2，是日本最重要的对外贸易金融中心，汇聚了日本高端的产业集群。资源要素的交流和产业分工配合离不开完善的轨道交通网络。在日本，新的城市紧密围绕东京等核心城市建设，并且形成不同发展方向。在人口和社会经济密集的东京湾区，更加关注城际交通的通达性和便捷性。

旧金山湾区是美国西海岸旧金山、奥克兰和圣何塞等为核心城市的集合体，尤其是南湾圣何塞的硅谷汇集了全球顶尖的高科技创新型企业。产业结构的发展和文化环境相结合使得旧金山高速持续发展。旧金山湾区在公共交通的引导下，交通网络密集，公交线路总长 11 200km，轨道交通约为 660.8km。同时，旧金山湾区非常重视交通协调配置的合理化，通过对人流、物流状况的数据化评定，改造现有交通体系和新建城市间的交通体系，增加公共交通出行和城市间要素流动，提升交通网络便捷性，实现高效率出行和要素流动（田栋，王福强，2017）。例如，旧金山湾区的城际铁路运输大部分用于解决居民上下班通勤，大多是海湾地区的快速铁路运输(Bay Area Rapid Transit,BART)和半岛通勤列车为交通工具。由政府公众企业三方管理运营,政府负责日常经营,公众长期参与并监督政府决策,企业保证经济的有效收益。政府成立大都会交通委员会(Metropolitan Transportation Commission,MTC)专门负责规划建设整个湾区的交通和投融资运营方案,有力促进了协调发展。MTC代表政府提出交通计划,同时负责公路、铁路、航空、港口、公共基础设施等多种区域交通方案的统筹规划;MTC也代表政府调配湾区交通的融资部分、项目批复以及确保落实资金有效利用。每年通过监测各项目款项以及乘客满意度等,评定湾区交通体系效率,实现改造完善。

2. 同城化发展理论与实践

在推进空间治理和一体化发展上,近年来我国各城市纷纷提出"同城化"发展战略(图2-1),以满足和强化跨市层面的社会经济联系,提升城市和区域的竞争力。同城化是指城市或地区之间通过经济、市场、行政、文化等不同手段来破解行政区划的壁垒,实现地区一体化发展的过程,是区域经济一体化和城市群建设的重要阶段(邢铭,2007)。在同城化的发展框架下改善城市区域交通基础设施,建立城际轨道交通、高铁、航空、公交等设施,有助于提高城市区域的通达性,使得相邻城市在社会经济与地域空间逐步实现融合。关联性、差异性和通达性是同城化发展的条件(段德罡,刘亮,2012)。在适宜的空间距离范围内,相邻城市经济联系密切、资源存在互补、经济结构具有差异性才可能产生同城化的需求(王德等,2009;焦张义,孙久文,2011;段德罡,刘亮,2012)。目前,在区域竞争与合作的需求下,我国已有多个城市或地区开展同城化的实践。同城化发展涉及制度和空间两大层面,具有不同的模式和类型。从政府制度上,具有"跨行政区理事会、地方政府首脑协商、上级政府派出机构和联合党委"等模式(焦张义,孙久文,2011),并且上级政府对同城化发展的重视程度高,往往能更快地推动同城化发展。从空间发展模式上,同城化发展具有"毗邻型"和"遥望型"空间发展模式,"遥望型"发展根据中间地带用地条件和空间发展策略不同,可以分为"共筑新城"模式、"分散组团"模式和"生态绿核+卫星城镇"三种模式(段德罡,刘亮,2012)。总体来说,同城化呈现"强-强"型和"强-弱"型同城化模式并存、省域内部和跨省域并存、东中西部并存和多元目标导向等特点。

3. 区域空间协同发展的交通影响

城市区域空间协同发展的基础是跨行政区之间交通设施与服务的改善,进而扩大城际空间联系的范围,重构跨市层面居民交通需求、机动性和出行结构的改变。伴随着空间协同发展被纳入地方政府和上层级政府的发展框架,对区域尺度的交通投资和交通设施建设也发生明显的改变。近年来,国家批复了十几

图 2-1　我国“同城化战略”提出的地域分布与空间类型

来源：作者自绘，根据相关规划文件整理制作。

个区域层面的发展规划。城市间的交通出行受到经济水平、居民收入、服务质量、交通方式、出行目的等多种因素影响（曹佳，齐岩，2013）。在国家战略的基础上，一个显著的特点是省市政府通过“省-市”或“市-市”的互动积极促进区域公共交通的投资，并推进城际多模式交通系统的构建。包括城际轨道交通、道路交通设施、高速铁路、航空网络、常规（快速）公交等交通体系的建设，来满足跨市通勤、商务、休闲等时空多样化的交通需求。此外，区域交通与城市交通在多模式交通和多空间层次的衔接，对提升跨市交通出行的效率也日益重要（刘金，2010）。然而，经济发展水平是衡量地方政府发展的主要指标，再加上地方政府在推进跨市交通建设或交通政策变革中对土地收益和政府税收的考虑，使得政府间设立了多种壁垒以保护本地利益。在跨市交通规划与政策实施中，减少这些壁垒从而提升城市间交通运作效率成为重要目标之一（杨家文等，2011）。

2.3　都市区空间策略与跨市交通规划实践

2.3.1　城市群空间规划与治理政策

城市群是社会经济发展到一定阶段形成的功能形态。一般来说，城市群是依托发达的交通通信等基础设施网络，实现城市之间紧密联系、相互合作、空间紧凑的同城化和一体化城市群体，其主要空间形态是以 1 个特大城市为核心，由至少 3 个以上都市圈(区)大城市组成的集合体(姚士谋等，2006；方创琳，2009)。在我国，城市群的出现和发育始于 20 世纪 80 年代，在 90 年代得到快速成长，21 世纪以来，城市群进入持续发展的阶段(方创琳，2012)。当前，我国城市群基本形成"15＋8"的空间格局(图 2-2)，即 15 个达到发育标准的城市群和 8 个未达到发育标准的城市群(方创琳，2011)。城市群的发展特点是高密度空间集聚、高速度社会经济发展、高频率城市间社会经济联系和高强度运转。在城市群的框架下，推动各城市协同发展成为评估城市群和都市圈(区)发展质量的重要维度。由于城市群是跨越多层级、多个政区的空间单元，推动协同发展往往面临着较大的竞争与合作的博弈。城市群的协同发展体现在规划编制与实施、交通、产业、市场、科技、金融、信息、生态环境等多个层面。城市群协同发展包括"协助、协作、协调、协合、协同、协振、一体化和同城化"等阶段(方创琳，2017)。这也意味着城市群不仅是一项国家或区域的战略，也是一个复杂的博弈过程。例如，京津冀城市群的协同经历"博弈、协同、突变、再博弈、再协同、再突变"等阶段，通过非线性螺旋式上升等过程，不断强化协同质量向更高级迈进(方创琳，2017)。

图 2-2　中国城市群发育情况与发展格局

来源：参考文献(方创琳，2011)。

国民经济和社会发展第十一个五年规划纲要首次提出将城市群作为推进城镇化的主体形态。随着《国家新型城镇化规划(2014—2020年)》的颁布,强调依托城市群发展不断优化城镇化布局和形态,不断提升东部地区城市群和培育发展中西部地区城市群,并且强调建立城市群发展协调机制,构建和完善城市群之间、城市群内部的综合交通运输网络,促进各类城市协调发展。国家战略对城市群战略的重视,在很大程度上意味着城市群已经成为我国城乡区域规划和发展的主导形态和策略。

2015年3月,中央财经领导小组第九次会议审议研究了《京津冀协同发展规划纲要》;2015年4月,中共中央政治局会议审议通过了《京津冀协同发展规划纲要》,推动京津冀协同发展是一个重大国家战略。京津冀协同发展规划的核心是有序疏解北京非首都功能,调整经济结构和空间结构,走出一条内涵集约发展的新路子,探索人口经济密集地区优化开发新模式,促进区域协调发展,形成新增长极。

2016年9月,《长江经济带发展规划纲要》正式印发,确立了长江经济带"一轴、两翼、三极、多点"的发展新格局。长江经济带覆盖上海、江苏、浙江、安徽、江西、湖北、湖南、重庆、四川、云南、贵州11省市,面积约205×10^4 km^2,人口和生产总值均超过全国的40%。在长江经济带"一轴、两翼、三极、多点"发展新格局中:"一轴"是以长江黄金水道为依托,发挥上海、武汉、重庆的核心作用;"两翼"分别指沪瑞、沪蓉南北两大运输通道;"三极"指的是长江三角洲、长江中游和成渝三个城市群;"多点"是指发挥三大城市群以外地级城市的支撑作用。

党的十八大以来,推动粤港澳三地的空间协同发展日益受到国家重视。在珠三角城市群、大珠三角城市群的发展背景下,粤港澳大湾区逐渐成为新的国家战略,成为国家建设世界级城市群和参与全球竞争的重要空间载体。粤港澳大湾区由香港、澳门两个特别行政区,以及广东省的广州、深圳、珠海、佛山、中山、惠州、东莞、肇庆、江门等城市组成。粤港澳大湾区建设已经写入十九大报告和政府工作报告,提升到国家发展战略层面。粤港澳大湾区战略不仅在于推动形成全面开放新格局,也是新时期推动"一国两制"繁荣发展的新实践。总体上,推进粤港澳大湾区国家战略,将其建设为更具活力的经济区、宜居宜业宜游的优质生活圈、内地与港澳深度合作的示范区,打造国际一流湾区和世界级城市群,有利于深化内地和港澳交流合作,对港澳参与国家发展战略、提升竞争力、保持长期繁荣稳定具有重要意义。2017年,粤港澳大湾区人口达6956.93万,GDP生产总值突破10×10^4亿元,约占全国经济总量的12.17%。

当前我国已经形成数十个发展成熟的城市群。城市群跨区域的综合交通网络建设往往是城市群协同发展的重点突破口。随着城镇群成为我国"新型城镇化"的主体形态，构建城市之间高可达性、高及时性和具有充分竞争力的多模式公共交通系统成为缓解城市区域交通问题，引导城镇群功能一体化的重要策略。

2.3.2　都市圈交通规划与管理创新

目前，构建多模式的城际公共交通系统已经成为城镇群和都市圈的重要战略。总体上，城际公共交通构建主要包括(高速)铁路、轨道交通、中长途客运交通、城际巴士公交等。随着城市中心地区的发展及其社会经济要素向周边地区的拓展，中心城市与郊区的交通需求逐渐增加。加强中心地区和郊区快速公共交通的供给，成为促进中心城区和郊区空间协同发展的关键。例如，《国务院关于深入推进新型城镇化建设的若干意见》(国发〔2016〕8号)、《国民经济和社会发展第十三个五年规划纲要》和《城镇化地区综合交通网规划》均提出了跨政区综合交通网络规划和建设的积极意义。2017年，国家发展和改革委员会颁布了《关于促进市域(郊)铁路发展的指导意见》(发改基础〔2017〕1173号)，强调市域(郊)铁路是满足中心城区及周边组团城镇大运量、快速化和通勤化需求的轨道交通系统，建设市域(郊)铁路对扩大交通有效供给，优化城镇空间布局，促进新型城镇化发展均具有重要的作用。

城镇群内部社会经济联系的日益紧密正不断推动城市间快速轨道交通的规划建设。在城际公共交通发展中，具备高速度、大容量和环境友好的轨道交通是落实城市群协同发展战略的重点。一般来说，轨道交通是利用固定轨道(fixed-guideway)实现客货运运输的交通方式，具有速度快、运量大、环境保护、土地集约等优点。轨道交通系统的组成部分包括车站、轨道、列车、配套设施(如供变电系统、控制和通信信号系统)等(仲建华，李闽榕，2017)。轨道交通有不同的分类标准，可按照运营性质、服务范围、管理主体和运行速度差异实施分类(表2-1)。

表2-1　轨道交通类型与分类体系

轨道交通分类	运营性质	服务范围	管理主体	运行速度
轨道交通系统	客运专线(含城轨)	干线铁路	国家铁路	常速铁路
	货运专线	城际铁路	地方铁路	快速铁路
	客货共线	市域铁路	合资轨道交通	高速铁路
		市区轨道交通	城市轨道交通	超高速铁路
		市域轨道交通	铁路专用线	

来源：参考文献(仲建华，李闽榕，2017)。

尤其在铁路技术发展的背景下，我国铁路先后经过了六次大面积提速，以应对城市间铁路出行的需求（仲建华，李闽榕，2017）：第一次提速是 1997 年，全国客运列车平均时速由 1993 年的 48.1 km 提高到 54.9 km，并首次开通了快速列车和夕发朝至列车，最高运行时速达到 140 km；第二次提速是 1998 年 10 月 1 日，客运列车平均时速达到 55.2 km，快速和特快列车的时速达到 71.6 km，最高运行时速提升到 160 km，并首次开通旅游热线直达列车；第三次提速是 2000 年 10 月 21 日，在陇海、兰新、京九和浙赣等线路实现大面积提速，客运列车平均时速达到 60.3 km，并且将铁路车次系统由原先的快速列车、特快列车、直快列车、普通客车、混合列车、市郊列车、军运人员列车 7 个等级合并为特快旅客列车、快速旅客列车和普通旅客列车 3 个等级；第四次提速是 2001 年 10 月 21 日，客运列车平均时速达到 61.6 km；第五次提速是 2004 年 4 月 18 日，客运列车平均时速达到 65.7 km，大部分干线铁路的时速达到 200 km；第六次提速是 2007 年 4 月 18 日，120 km/h、160 km/h、200 km/h、250 km/h 及以上的线路延展里程分别为 2.4×10^4 km、1.6×10^4 km、6227 km 和 1019 km。截至 2017 年年底，全国铁路营业里程达 12.7×10^4 km，其中高速铁路里程为 2.5×10^4 km；全国铁路路网密度达到 132.2 km/10^4 km^2，其中复线里程 7.2×10^4 km（复线率 56.5%），电气化里程 8.7×10^4 km（电化率 68.2%），全年的铁路旅客发送量和旅客周转量分别为 30.84 亿人和 13 456.92 亿人・千米，分别比 2016 年增长 9.6%和 7.0%（国家铁路局，2018）。

在我国，干线铁路主要由国家负责规划、投资、建设和运营，地方政府统筹负责城市轨道交通的建设和运营。城际铁路跨越了单个行政区且又提供了区域性的交通服务（陈柯冰，聂磊，2016），这使得城际铁路的投资和运营更加复杂也更加多样化。作为我国干线铁路和城市轨道交通的重要补充（赵崧淞，孙洪涛，2015），城际铁路以其特殊的功能定位，成为服务于城镇群内部以及经济联系紧密城市间的交通组织新模式。随着城市间的社会经济联系日益成熟，提供跨越传统行政区范围的大容量、快速、可靠的轨道交通系统变得日益紧迫。早在“十五”规划期间，国家就提出“适当发展城际铁路”战略（赵翠霞等，2004）。城际铁路通常需要国家、省政府或沿线地方政府的共同出资。例如，武汉都市圈城际铁路由武汉铁路局和湖北省联合铁路投资有限公司共同组成的湖北城际铁路有限责任公司负责建设和运营（刘莉，2013）。

当前，能提供城市群内部的轨道交通服务包括国家干线铁路（含普速铁路和高速铁路[①])、国家投资的城际铁路、区域性城际轨道交通以及城市轨道交通系统的跨市延伸等形式(林雄斌等,2017)。与国家干线铁路和城市轨道交通相比,城际铁路的主要功能是连接大中城市和中心城镇,服务于城市群城际通勤和其他客运需求(国家发展和改革委员会等,2016)。不同类型城际轨道交通系统,具有不同的交通定位,且在投融资体制、运营特征等方面呈现较大的差别(图2-3)。有学者建议城际铁路可以采取"跨经济区的客运专线和公交化运营等模式"(赵翠霞等,2004)。

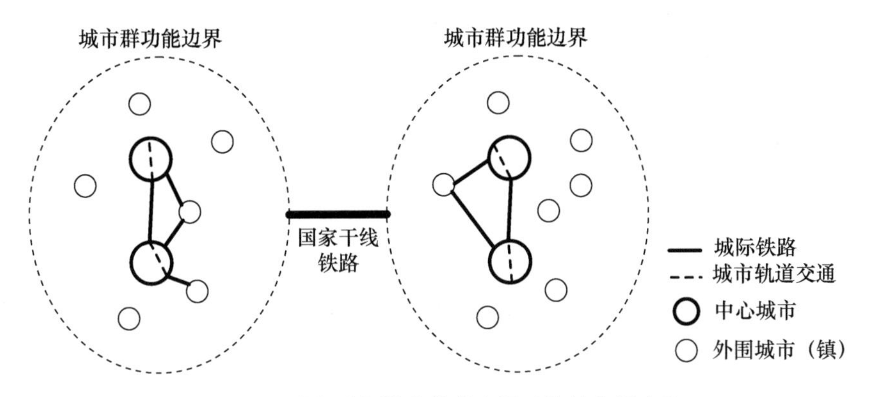

图 2-3 城市群多模式轨道交通系统的交通定位

来源:作者自绘。

总体上,不同轨道交通模式的差别可以从管理体制、技术标准、融资模式和服务功能等方面展开。

1. 管理体制

从行政管理划分的角度来看,我国轨道交通主要分为大铁路和城市轨道交通[②]两类,区域轨道交通、市域(郊)铁路等还处于探索和发展阶段。其中,大铁路中的国家铁路、高速铁路主要由中国铁路总公司管辖,地方铁路一般由地方政府管理,一些合资铁路由合资公司管理,并与交通部所属的国家铁路局对接。在大铁路的管辖上,主要机构是国家铁路局和中国铁路总公司。国家铁路局由原铁道部部分机构改组而成,由国家交通运输部管理,国家铁路局的职责是(国家铁路局,2013):① 起草铁路监督管理的法律法规、规章草案,参与研究铁路发展规划、政策和体制改革工作,组织拟订铁路技术标准并监督实施。② 负责铁路

① 高速铁路一般采用无砟轨道(ballastless track)。根据国家铁路局《高速铁路设计规范》,高速铁路指新建设计开行 250 km/h(含预留)及以上的动车组列车、初期运营速度不低于 200 km/h 的客运专线铁路。

② 城市轨道交通一般由地方政府统筹融资、规划、建设和运营管理。

安全生产监督管理,制定铁路运输安全、工程质量安全和设备质量安全监督管理办法并组织实施,组织实施依法设定的行政许可。组织或参与铁路生产安全事故调查处理。③ 负责拟订规范铁路运输和工程建设市场秩序政策措施并组织实施,监督铁路运输服务质量和铁路企业承担国家规定的公益性运输任务情况。④ 负责组织监测分析铁路运行情况,开展铁路行业统计工作。⑤ 负责开展铁路的政府间有关国际交流与合作。⑥ 承办国务院及交通运输部交办的其他事项。中国铁路总公司是由中央政府管理的国有独资企业,其主要职责是以铁路客货运输服务为主业,实行多元化经营(中国铁路总公司,2014):① 负责铁路运输统一调度指挥,负责国家铁路客货运输经营管理,承担国家规定的公益性运输,保证关系国计民生的重点运输和特运、专运、抢险救灾运输等任务;② 负责拟订铁路投资建设计划,提出国家铁路网建设和筹资方案建议;③ 负责建设项目前期工作,管理建设项目;④ 负责国家铁路运输安全,承担铁路安全生产主体责任。

2. 技术标准

根据国家铁路局《高速铁路设计规范》,高速铁路指新建设计开行 250 km/h(含预留)及以上的动车组列车、初期运营速度不低于 200 km/h 的客运专线铁路。2015 年 3 月 1 日起实施的《城际铁路设计规范》规定:城际铁路是指专门服务于相邻城市间或城市群,旅客列车设计速度 200 km/h 及以下的快速、便捷、高密度客运专线铁路,一般长度在 200 km 内。城际铁路列车开行宜采用一站直达、越行站停和站站停 3 种列车的运输组织模式(刘莉,2013)。

3. 融资模式

根据铁路服务区域的差异,不同类型轨道交通的融资由中央政府、区域政府和地方政府根据情况来确定。例如,京沪高铁的总投资为 2200 亿元,其中资本金约占总投资的 50%(共计 1141 亿元)。京沪高铁的资本金来源由四个部分组成,其中原铁道部出资约 647 亿元(占 56.7%)、中国平安牵头的 7 家保险公司集体出资 160 亿元(占 14.0%)、全国社保基金会出资 100 亿元(占 8.8%)、沿线各省市政府以土地折价入股 234 亿元(占 20.5%),其他资金通过银行贷款获得。

4. 交通定位

例如,城际铁路是指在城市群内主要城市间规划和修建的轨道交通线路,以中短途城际客流为主,它是伴随城镇化发展进程所引起的运输需求变化而产生发展的。城际铁路具有小站距、小编组、高速度、高密度、用地省、运能大等特点,能与干线铁路形成良好衔接,又与城市轨道融为一体,成为大中城市间旅客公共交通运输的主要通道(刘建军,2014)。

交通一体化是功能联系紧密地区协同发展的重要基础。城际铁路主要承担城市群区域内城市之间或大城市与周边城镇的中短途客流,主要以通勤、公务、商务、学习、旅游等为主(王婉莹,2017)。《中长期铁路网规划(2016 年修订)》指出应积极在城市群发展城际客运铁路,强调在京津冀、长三角、珠三角、长江中游、成渝、中原、山东半岛等城市群建成城际铁路网;在海峡西岸、哈长、辽中南、关中、北部湾等城市群建成城际铁路骨架网;在滇中、黔中、天山北坡、宁夏沿黄、呼包鄂榆等城市群建成城际铁路骨干通道(国家发展和改革委员会等,2016)。目前我国已经开通的城际铁路有京津城际铁路、昌九城际铁路、沈抚城际铁路、沪宁城际铁路、宁杭城际铁路、广珠城际铁路等,已批复的城市群城际铁路发展规划有环渤海京津冀、长江三角洲、珠江三角洲、中原城市群、武汉城市圈、长株潭城市群、山东半岛城市群、江苏省沿江城市群、内蒙古呼包鄂地区等,规划里程总计 6218 km。

随着城市间交通需求规模的不断增长,在国家干线铁路和国家城际铁路的基础上,发展区域性的轨道交通系统的重要性也在不断提升。尤其是以"地铁化"的思路来规划建设和运营城际铁路成为一种新趋势(王凯等,2016)。2005 年 3 月,国务院审议并原则通过《环渤海京津冀地区、长江三角洲地区、珠江三角洲地区城际轨道交通网规划》,这标志着区域性的轨道交通发展进入了一个新时期。随后,国家发展和改革委员会先后批准了《珠江三角洲地区城际轨道交通网规划(2009 年修订)》《中原城市群城际轨道交通网规划(2009—2020)》《武汉城市圈城际轨道交通网规划(2009—2020 年)》《长株潭城市群城际轨道交通网规划(2009—2020 年)》《环渤海地区山东半岛城市群城际轨道交通网规划(2011—2020 年)》。

2.3.3　都市圈跨市交通的政策进展

当前,都市圈城际轨道交通系统包括:国家铁路系统、区域政府主导的城际轨道交通、跨市地铁、市域(郊)铁路以及公私合营的城际铁路等模式。国家发展和改革委员会已经批复了浙江省都市圈城际铁路规划(2014 年)、成渝地区城际铁路建设规划(2015 年)、皖江地区城际铁路建设规划(2015 年)、福建省海峡西岸城际铁路建设规划(2015 年),宁夏回族自治区沿黄经济区城际铁路建设规划(2015 年)、京津冀地区城际铁路网规划(2016 年)、粤东地区城际铁路建设规划(2018 年)、江苏省沿江城市群城际铁路建设规划(2018 年)、广西北部湾经济区城际铁路建设规划(2018 年)。

1. 浙江省都市圈城际铁路规划

浙江省都市圈城际铁路规划由浙江省政府组织领导,该项目涵盖杭州市、宁波市两个核心城市,以及温州市、台州市等周边城市,预计在杭州都市圈、宁波都市圈、温台城市群、浙中城市群建设线路 23 条、总长度达 1413 km 的都市圈城际铁路网络。线路规划网涵盖浙江省 70%以上人口规模为 20 万的城镇,实现区域中心城市与周边城镇、组团1小时交通圈，并积极推动都市圈城际铁路与其他多种交通运输模式的衔接与协调发展（图2-4）。根据规划，都市圈城际铁路近期将在杭州都市圈（132.2 km）、宁波市都市圈（154.6 km、台州都市圈（67.6 km）、浙中城市群（98 km）规划建设11条城际铁路线路，总长度为452.4 km，投资规模超过1300亿元（表2-2）（国家发展和改革委员会，2014）。

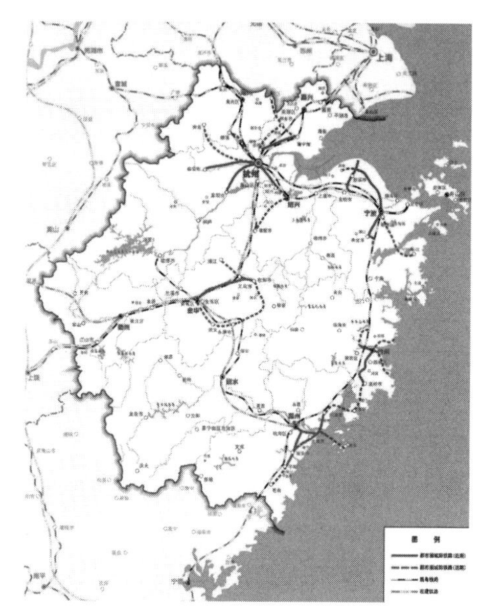

图2-4 浙江省城际铁路规划

来源：国家发展改革委关于浙江省都市圈城际铁路规划的批复（发改基础〔2014〕2865号），2014。

表2-2 浙江省城际铁路规划项目

序号	项目名称	线路走向	线路长度/km	建设时序
1	杭州至海宁城际铁路	自杭州余杭高铁站经中国皮革城，终至海宁碧云路	47.3	2014—2018
2	杭州至临安城际铁路	自杭州绿汀路站至临安玲三路	35.6	2015—2019
3	杭州至富阳城际铁路	自杭州丽景路经汽车北站至富阳桂花西路	25.1	2015—2019
4	杭州至绍兴城际铁路	自杭州南站至绍兴柯桥街道笛扬路	24.2	2015—2019
5	宁波至余慈城际铁路	自宁波东站经蜀山、余姚北站至杭州湾站（其中宁波东至蜀山利用已经存在的萧甬铁路48.7 km）	85.6（新建36.9）	2015—2019

（续表）

序号	项目名称	线路走向	线路长度/km	建设时序
6	宁波至慈溪城际铁路	自宁波骆驼北站经澥浦站，终至慈溪新城大道	45.1	2016—2020
7	宁波至奉化城际铁路	自宁波陈婆渡站至奉化东环路	23.9	2016—2020
8	台州 S1 线	自椒江白云山经温岭火车站，终至温岭体育场路	41.8	2015—2019
9	台州 S2 线	自黄岩支线新前站经台州火车站，终至椒江白云山	25.8（含黄岩支线 10.6）	2016—2020
10	金华至义乌至横店城际铁路	自浙赣铁路金华西站经义乌、横店，终至兴盛西路	89.2	2016—2020
11	义乌火车站至义乌城际铁路	自浙赣铁路义乌站西侧至义乌，连接金华—横店城际铁路	8.8	2015—2019

来源：国家发展改革委关于浙江省都市圈城际铁路规划的批复（发改基础〔2014〕2865号），2014。

2. 成渝地区城际铁路建设规划

成渝城市群以重庆市、成都市为核心，是国家西部大开发战略与长江经济带战略的重要支撑区，也是国家新型城镇化战略的示范区之一。成渝地区城际铁路建设规划是优化成渝城市群综合交通体系与交通结构，推动新型城镇化与区域一体化的重要载体，并于 2015 年获得国家发展和改革委员会批复（发改基础〔2015〕2124 号）。成渝地区城际铁路网规划建设范围包括重庆市全域及四川省成都市、绵阳市、自贡市等 17 个城市，是服务于成渝双核心的快速轨道交通系统，覆盖区域内常住人口高于 50 万人及常住人口高于 20 万人的大部分城市，由四川省和重庆市政府合作规划建设与运营管理，以实现中心城市和周围城市 1 小时可达、周围城市之间 2 小时可达的经济圈。成渝地区城际铁路网按“骨架网”与“辅助线和市域线”网络布局（表 2-3，图 2-5）。2020 年之前，建设实施 8 个城际铁路项目，线路总长度为 1008 km，总投资额度约为 969 亿元。在城际铁路网的投融资上，采取政府主导、多渠道筹资原则，推动制订土地、价格、运营补亏等优惠方案，并且通过土地综合开发来提升财务效益（国家发展和改革委员会，2015a）。

表 2-3 成渝地区城际铁路建设项目(部分)

层次	项目名称	区段	建设长度/km		
			合计	四川	重庆
骨架网	绵遂内宜铁路	绵阳—遂宁	126	126	0
		遂宁—内江	124	124	0
		内江—宜宾	120	120	0
	达渝城际	达州—邻水—重庆(含广安支线)	239	179	60
辅助线和市域线	成都—新机场—自贡—泸州城际	成都—新机场(含成都东联络线)	34	34	0
		自贡—泸州	88	88	0
	重庆市域铁路	重庆—合川	75	0	75
		重庆—江津	32	0	32
		重庆—璧山—铜梁	39	0	39

来源:国家发展改革委关于成渝地区城际铁路建设规划(2015—2020年)的批复,2015。

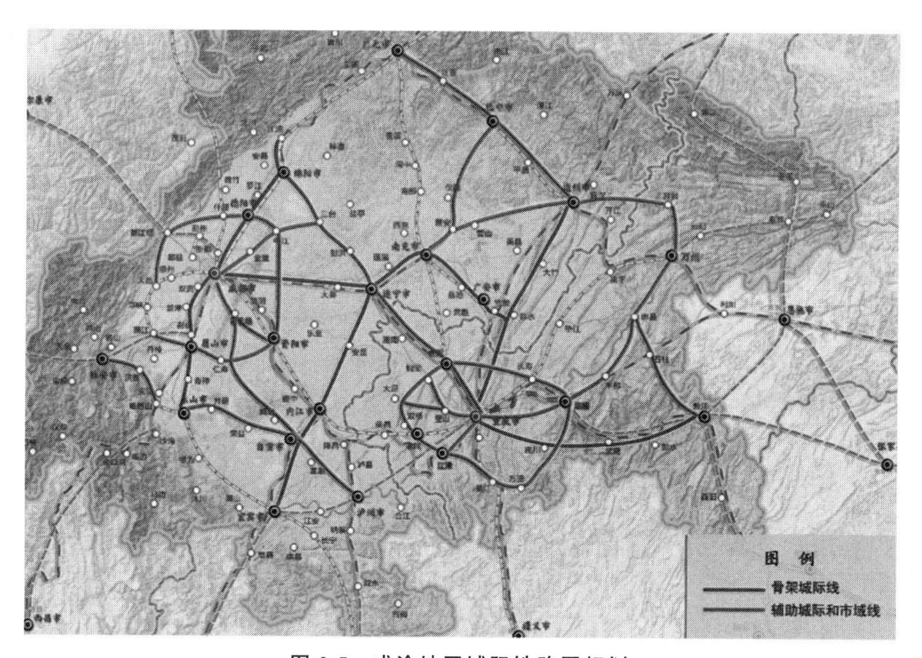

图 2-5 成渝地区城际铁路网规划

来源:国家发展改革委关于成渝地区城际铁路建设规划(2015—2020年)的批复,2015。

3. 皖江地区城际铁路建设规划

皖江地区城际铁路规划范围包括安徽省内合肥、芜湖等 11 个城市,以合肥为中心开展城际铁路网络布局,其中骨架网线 6 条,都市区城际铁路 4 条,以实现基本覆盖人口总数超过 20 万城镇的目标,从而完善皖江地区综合交通网络发展，促进皖江地区新型城镇化建设与区域社会经济一体化发展。皖江地区城际铁路规划在2015至2020年间实施4条城际铁路项目（表2-4，图2-6），总长度为310 km，总投资额度为411.7亿元，由安徽省负责组织规划实施、项目建设和运营管理（国家发展和改革委员会，2015c）。

表2-4　皖江地区城际铁路建设项目

序号	项目名称	长度/km	备　注
1	合肥—新桥国际机场—六安	103	骨架城际线
2	亳州—蚌埠—滁州—南京城际铁路滁州—南京段	51	骨架城际线
3	南陵—繁昌—芜湖—江北集中区	87	都市区城际线
4	巢湖—含山—和县—马鞍山	69	都市区城际线

来源：国家发展改革委关于皖江地区城际铁路建设规划（2015—2020年）的批复，2015。

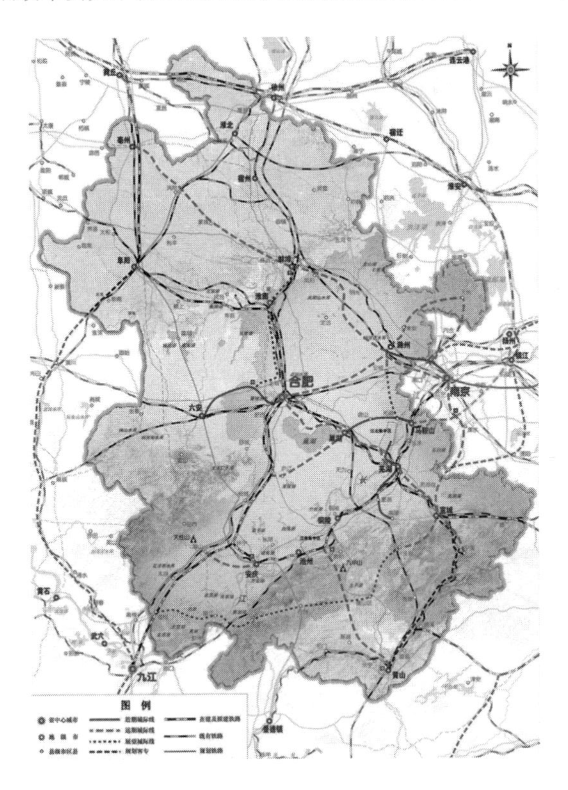

图2-6　皖江地区城际铁路建设规划

来源：国家发展改革委关于皖江地区城际铁路建设规划（2015—2020年）的批复，2015。

4. 福建省海峡西岸城际铁路建设规划

福建省海峡西岸城际铁路规划、建设和运营管理由福建省政府负责，于2015年获得国家发展和改革委员会的批复(发改基础〔2015〕2123号)，旨在通过快速城际铁路建设来满足城市间客运交通需求，支撑海峡西岸经济区建设。海峡西岸城际铁路规划建设期限是2015—2020年，将实施6个项目的建设，总长度583 km，投资总额约为1071亿元，重点服务于福莆宁大都市区(总长252 km)、厦漳泉大都市区(总长263 km)和南平市武夷新区(总长68 km)(表2-5)。在政府主导海峡西岸城际铁路建设规划中，鼓励通过吸引各类社会资本参与建设和运营。厦门市域内的城际铁路建设，应充分结合城市总体规划与综合交通规划，加强城市轨道交通与城际铁路的统筹衔接。同时，鼓励利用既有铁路资源(如福州—马尾、漳州—港尾—厦门等既有铁路通道)，在与中国国家铁路集团及相关部门商议的基础上，创新铁路建设和运营管理的新模式(国家发展和改革委员会，2015b)。

表2-5 福建省海峡西岸城际铁路建设项目

项目名称	线路走向	长度/km
福州—马尾—福州长乐机场城际铁路	自福州北站经鼓山至马尾，跨闽江终至长乐机场	66
莆田—福州长乐机场城际铁路	自福平铁路长乐东站至福厦铁路莆田站	87
宁德—福州长乐机场城际铁路	自马尾城际站至温福铁路宁德站	99
泉州—厦门—漳州城际铁路	自泉州市泉港区肖厝站，经泉州、厦门至漳州	187
漳州—港尾—厦门城际铁路	自漳州站，经漳州城区引入港尾铁路支线，至厦门站	76
武夷山—建阳城际铁路	自武夷山高铁北站，经武夷山景区、武夷山高铁东站至建阳	68

5. 宁夏回族自治区沿黄经济区城际铁路网规划

宁夏回族自治区沿黄经济区城际铁路网规划由宁夏回族自治区组织领导，涵盖沿黄经济区内银川、吴忠、石嘴山、中卫4个城市及其下辖城镇。城际铁路方案总长度为311 km，由5条线路组成。线路规划网构建银川至周边城市、区内主要城市1～2小时的交通圈，涵盖80%以上的人口规模为20万人的城镇(图2-7)。其中，近期实施银川至宁东的城际铁路，线路长度为72 km，投资超过80亿元(国家发展和改革委员会，2015d)。

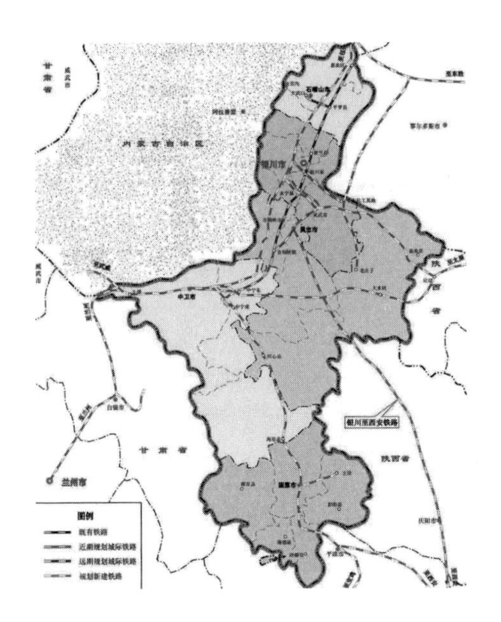

图 2-7 宁夏回族自治区城际铁路网规划

来源:国家发展改革委关于宁夏回族自治区沿黄经济区城际铁路建设规划(2015—2020 年)的批复,2015。

6. 京津冀地区城际铁路网规划

京津冀协同发展的范围包括北京市、天津市和河北省。京津冀地区城际铁路网规划旨在构建以轨道交通为骨干的城际交通网络,推进京津冀区域交通一体化,贯彻落实京津冀协同发展战略。2016 年,国家发展和改革委员会批复了京津冀地区城际铁路网规划,强调以"京津、京保石、京唐秦"三大通道为主轴,与既有路网共同连接区域所有地级及以上城市,基本实现北京、天津、石家庄等中心城区与周边城镇 0.5～1 小时通勤圈,支撑和引导区域空间布局调整和产业转型升级(图 2-8)。根据规划,近期实施北京至霸州铁路等 9 个城际铁路线路项目(表 2-6),总里程约 1104 km,投资约为 2470 亿元。京津冀地区城际铁路网由中国国家铁路集团、北京市、天津市、河北省等共同负责组织规划实施、项目建设和运营管理。在城际铁路建设资金的筹措上,主要以政府主导,鼓励各类社会资本的市场化参与,如京津冀城际铁路投资公司在城际铁路规划、投融资和建设中的作用(国家发展和改革委员会,2016)。

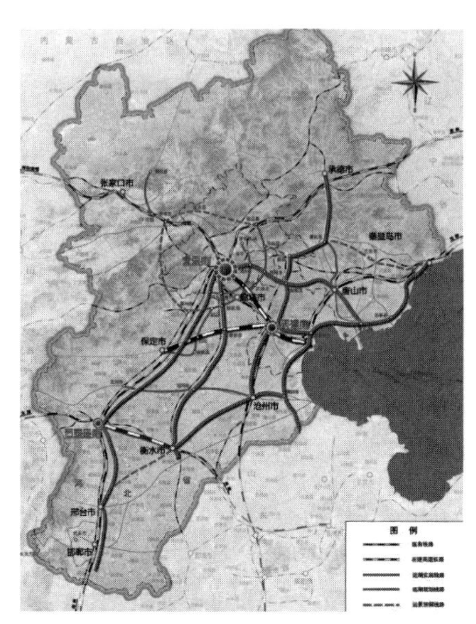

图 2-8 京津冀地区城际铁路网规划近期建设规划

来源：国家发展改革委关于京津冀地区城际铁路网规划的批复（发改基础〔2016〕2446号），2016。

表 2-6 京津冀地区城际铁路网规划近期建设项目

序号	项目名称	里程/km	备 注
1	北京至霸州铁路	78	
2	北京至唐山铁路	149	
3	北京至天津滨海新区铁路	98	北京至宝坻段与北京至唐山铁路共线
4	崇礼铁路	67	
5	廊坊至涿州城际铁路	65	涿州经固安至京冀界
6	首都机场至北京新机场城际铁路联络线	160	首都机场经通州、亦庄、廊坊、新机场至京冀界，另一支为亦庄经黄村至良乡
7	环北京城际铁路（廊坊至平谷段）	88	
8	固安至保定城际铁路	106	
9	北京至石家庄城际铁路	293	
	合 计	1104	

来源：国家发展改革委关于京津冀地区城际铁路网规划的批复（发改基础〔2016〕2446号），2016。

7. 粤东地区城际铁路建设规划

粤东地区是广东省东部简称，以潮汕地区为主，包括潮州、汕头、汕尾、揭阳4个地级市，是广东省社会经济发展相对落后的地区之一。为了改善粤东地区综合交通运输体系,促进社会经济高质量发展,2018 年国家发展和改革委员会批复了粤东地区城际铁路建设规划,主要承担以汕头、汕尾、潮州、揭阳为主要节点的城际客运服务。粤东地区城际铁路近期规划建设“一线一环一射线”,总里程为 320 km,投资规模约为 691.9 亿元,远期规划形成“一线两环两射线”为骨架的城际铁路网络,合计总里程为 460 km(表 2-7,图 2-9)。粤东地区城际铁路建设规划总投资约为 1002 亿元,其中项目资本金比例为 50%,由广东基础设施投资基金(含铁路发展基金)等出资建设,并积极通过市场化原则吸引各类社会资本参与投资建设(国家发展和改革委员会,2018c)。

表 2-7 粤东地区城际铁路建设规划项目

时序	序号	项目名称	里程/km
近期实施	1	汕尾—汕头—饶平	207
	2	汕头—潮州东—潮汕—潮汕机场—汕头	97
	3	潮汕机场—揭阳南	16
	小计		320
适时启动	1	普宁—惠来	30
	2	汕头—普宁	63
	3	揭阳南—普宁	35
	4	揭阳南—揭阳北	12
	小计		140
总 计			460

来源:国家发展改革委关于粤东地区城际铁路建设规划的批复(发改基础〔2018〕687 号),2018。

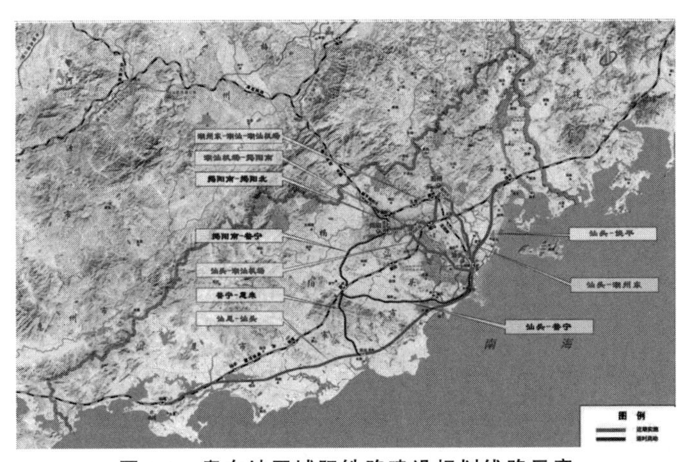

图 2-9 粤东地区城际铁路建设规划线路示意

来源:国家发展改革委关于粤东地区城际铁路建设规划的批复(发改基础〔2018〕687 号),2018。

8. 江苏省沿江城市群城际铁路建设规划

江苏省沿江城市群城际铁路建设规划由江苏省相关部门组织引导，构建涵盖南京都市圈、苏锡常都市圈的铁路骨架网，以推动实施长江经济带和长三角一体化发展战略。沿江城市群城际铁路线路规划网将涵盖20万以上人口的城镇，实现南京市至江苏省内设区城市1.5小时交通圈、江苏省沿江地区1小时交通圈、沿江地区中心城市与毗邻城市0.5～1小时交通圈(图2-10)。根据规划方案，江苏省内近期项目总长度超过980 km(表2-8)，投资总规模为2180亿元，由江苏省以及沿线城市政府共同出资。此外，安徽省区域内投资规模为137亿元，由安徽省及其沿线城市政府共同负责。资本金之外的其余资金主要通过银行借贷实现筹资。在江苏省沿江城市群城际铁路建设规划上，应加强与国家铁路网规划协调，降低债务风险，实现与多种交通模式的联通与便捷换乘(国家发展和改革委员会，2018b)。

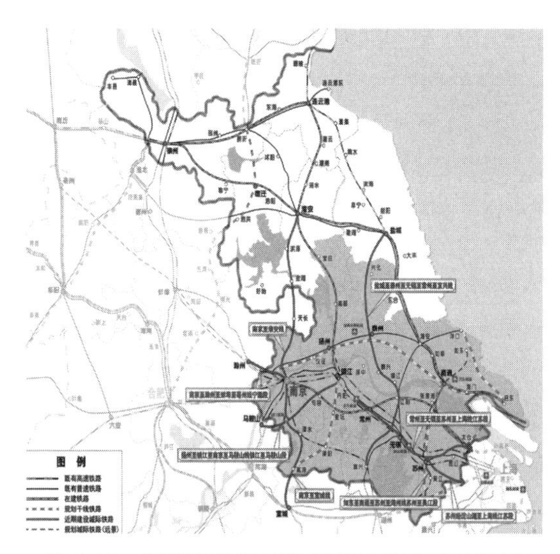

图2-10 江苏省沿江城市群城际铁路建设规划

来源：国家发展改革委关于江苏省沿江城市群城际铁路建设规划(2019—2025年)的批复(发改基础〔2018〕1911号)，2018。

9. 广西北部湾经济区城际铁路建设规划

广西北部湾经济区域城际铁路建设规划(2019—2023年)由广西壮族自治区政府规划引导，于2018年获得国家发展和改革委员会的批复(发改基础〔2018〕1861号)。北部湾经济区城际铁路建设将依托干线铁路与城际铁路，建设覆盖广西北部湾经济区的客运铁路网，实现南宁到北湾经济区节点城市的1小时经济圈，以促进北部湾经济区高质量发展(图2-11)。广西北部湾经济区城

表 2-8　江苏省沿江城市群城际铁路建设规划项目

序号	规划线路	规划长度/km	江苏段长度/km	备　注
1	南京至淮安线	201	163	安徽省境内 38 km
2	南京至宣城线	138	111	安徽省境内 27 km
3	盐城—泰州—无锡—常州—宜兴线	302	302	
4	扬州—镇江—南京—马鞍山线镇江至马鞍山段	152	134	安徽省境内 18 km
5	南京—滁州—蚌埠—亳州线江苏段	8	8	安徽段已列入规划
6	常州—无锡—苏州—上海线江苏段	188	188	与上海市衔接
7	苏州经淀山湖至上海线江苏段	26	26	与上海市衔接
8	如东—南通—苏州—湖州线苏州至吴江段	48	48	安徽省境内 83 km
	合计	1063	980	

来源:国家发展改革委关于江苏省沿江城市群城际铁路建设规划(2019—2025 年)的批复(发改基础〔2018〕1911 号),2018。

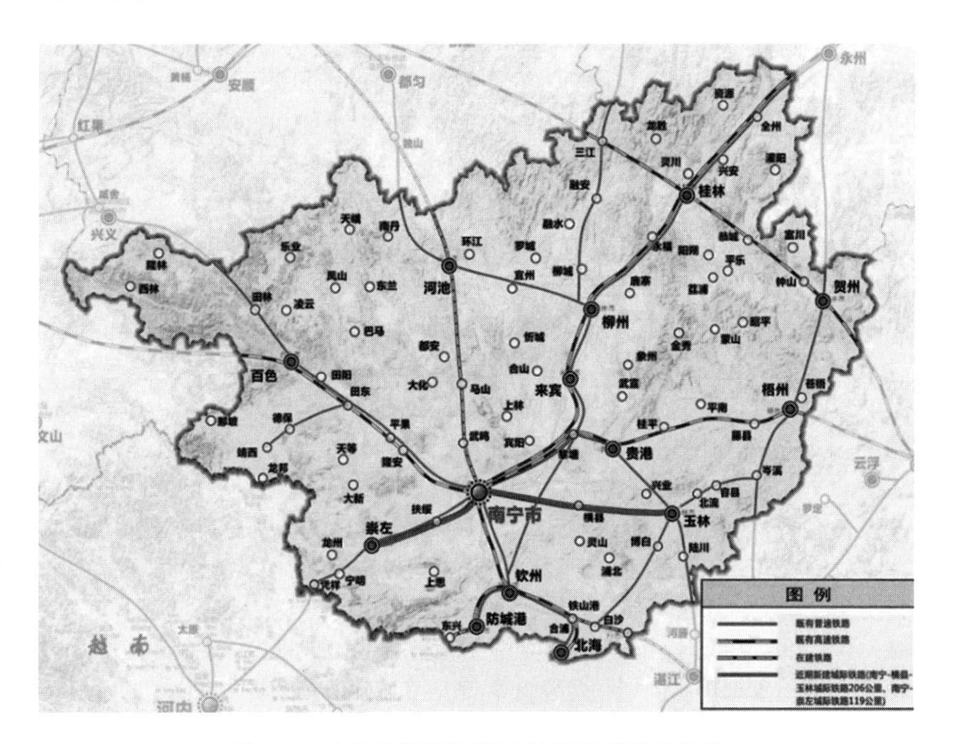

图 2-11　广西北部湾经济区域城际铁路建设规划

来源:国家发展改革委关于广西北部湾经济区城际铁路建设规划(2019—2023 年)的批复,2018。

际铁路近期建设项目投入约 517 亿元，总长 325 km，剩余项目将在条件适宜的情况下陆续建设。在近期建设项目中，资本金比例为 50%，广西壮族自治区政府和沿线城市政府共同出资，其他建设成本由银行借贷等方式解决(国家发展和改革委员会，2018a)。

2.4 现有研究小结

综上所述，现有研究和政策普遍指出了公交优先、公交都市建设的必要性。① 研究视角上，逐渐从城市交通规划与政策的单一焦点走向多元和综合视角，不断理解都市圈公交优先的意义与措施、城际公交规划与政策的范式、城际公交与土地协调的互馈循环与作用机制。② 研究方法上，逐渐形成定量空间分析的方法、模型与理论，形成基于政策变迁的都市圈交通规划与管理体制，形成基于案例分析和深入访谈的定性研究方法，其中政策制度分析与空间治理转向愈加明显。③ 研究内容上，城市交通规划与土地开发机理及协调策略，城市交通规划与管理综合体制，城际交通发展理念与多层级管治等成为重要议题。

然而，现有分析仍存在一定的不足，尤其在动态化“空间-政策”的背景下，缺乏基于制度分析视角来理解城际公共交通规划与治理政策及其效应。

(1) 现有公交优先的策略仍停留在城市尺度，却缺乏将公交优先理论拓展至都市圈的系统研究。随着城际联系规模的显著增加，以城际公交规划与治理这一视角作为切入点，能更好地理解都市圈融合发展中对多层次、多尺度、多政策治理需求的回应及效果。本研究可为跨越行政区尺度的公共交通投资和空间治理提供政策和规划建议。

(2) 城际公共交通规划与治理涉及一系列的要素，包括城市自然与社会特征、治理结构、制度设计、公共部门行动计划(包括交通投资、规划制度、税收政策和融资激励)、市场反馈等，这些要素都会对都市圈融合发展产生影响。随着我国城市-区域空间和制度政策呈现动态多变的趋势，有必要加强制度分析来理解城际公共交通规划与发展效果。

以粤港澳大湾区和长三角地区作为研究案例具有一定典型性。首先，粤港澳大湾区和长三角地区已经经过了多次区域规划战略，在历次区域规划中都突出了公共交通的作用，并积极推进新一轮都市圈层面的公共交通一体化规划。同时，粤港澳大湾区和长三角地区已逐渐建立多样化的政策协调机制，包括建立联席会议制度、城际综合交通体系规划联合编制等，来应对城际公共交通发展存在的挑战。因此，立足于铁路、轨道、综合交通等不同交通模式，对粤港澳大湾区和长三角地区城际公共交通规划与治理政策进行系统研究，梳理融资体制、规划过程、发展状态、存在问题，形成改善方案，可为其他都市圈的城际公共交通发展与功能一体化提供借鉴。

第三章

国外都市区规划委员会的作用机制

在快速城镇化与多尺度交通网络的作用下，单个城市的社会经济活动逐渐向周边地区拓展。在此背景下，如何协调跨行政区的空间规划、交通组织与公共服务成为城镇群与都市区治理的重点议题（Parks and Oakerson, 1989；Carmona, 2017）。我国已经形成数十个发展成熟的城镇群，且多数城镇群的空间范围往往跨越了市级甚至省级的行政边界范围。尽管都市区这一功能地域的人口规模标准（周一星，1986）、空间范围划定（王国霞，蔡建明，2008；周婕等，2017）、行政管理体制（叶林，2010；洪世键，2010）、空间治理模式等已在国内研究中得到广泛的讨论，但是对都市区的划分标准仍未形成一致结论，且在规划实践上也缺乏规范（周一星等，2001）。

我国目前仍缺乏类似美国都市区规划组织或区域委员会（Regional Council）的常规管理结构，来协调都市区内的交通投资、资金安排与公共服务供给。我国城镇群跨市交通与其他公共事务的安排往往由各行政主体通过建立联席会议等形式协商确定，但受到行政体制约束或地方保护主义的影响，难免会出现跨市公共事务供给效率不高或地区不平衡等问题。例如，即使在同城化程度较高的广佛都市区，城际公共交通发展仍存在因地方保护主义而导致协调效率较低等问题（林雄斌等，2015）。因此，如何有效协调城镇群内跨行政区的交通规划成为促进功能一体化的重要因素。基于此，以美国西雅图市为核心的普吉特海湾区域委员会（Puget Sound Regional Council, PSRC）的都市区规划组织为例，通过文本解读等形式来阐述这一规划组织的行政架构，及其在交通规划与政策制定过程中的治理机制，可为我国城镇群跨市交通规划与政策提供一定的建议。

3.1 都市区与都市区规划组织

都市区是城市区域社会经济发展到一定阶段而产生的新的地域形态。都市区又称为通勤者居住带(commuter belt),是基于城市核心区及周边地区通勤联系而形成的地域空间。都市区这一地域组织反映了社会经济功能属性,突破了传统的行政边界范围,是一个功能区域的概念。通常来说,都市区范围内各行政管辖区(jurisdictions)和市政府(municipalities)共享基础设施、住房和产业发展。目前,随着社会、经济与政治制度的变化,都市区已经成为一个重要的经济和政治区域。在美国,都市区的正式概念是由美国政府的发展与预算办公室(Office of Management and Budget)建立的。大都市统计区(Metropolitan Statistical Areas, MSA)是将一组具有紧密社会经济联系的县、城市组成一个特别的地理单元,通常由一个核心城市及其周边的区域共同组成,以方便开展人口普查及相关统计数据的计算。大都市统计区是在标准都市统计区(Standard Metropolitan Statistical Areas, SMSA)的概念上演进的。目前,美国共有约 400 个大都市统计区。大都市统计区必须包括一个人口超过 5 万人的中心城市,与大都市区统计区相类似的是小都市统计区(Micropolitan Statistical Areas),其中心城市的人口规模高于 1 万人但小于 5 万人(United States Census Bureau;董磊等,2017)。联合统计区(Combined Statistical Areas, CSA)是将相邻的大都市统计区或小都市统计区组成更大范围的统计区。都市统计区划定除了中心城市人口规模这一指标之外,另一重要依据是毗邻县市与中心城市之间具有紧密的社会经济联系,如共享劳动力市场(周一星,1986)。

在美国,城市地域人口超过 5 万的地区都需要专门设立一个都市区规划委员会来承担都市区交通规划等事务。其中,都市区的设立由地方长官与地方政府共同组成,应至少包含受到都市区影响的 75%的人口。

3.2 普吉特海湾区域委员会

3.2.1 从西雅图市到普吉特海湾地区

作为一个功能区域,都市区的空间范围往往涵盖了多个级别的行政区。为了更好地理解都市区的范围,在引入普吉特海湾地区之前,有必要先介绍西雅图市及其所在的金县以及西雅图都市区的空间范围(图 3-1)。西雅图市位于美国华盛顿州,建立于 1869 年,下辖面积约为 217.2 km^2,2016 年城市人口规模约为 70.4 万人,是金县的县府所在地。西雅图都市区的全称是西雅图-塔科马-贝尔维尤都市统计区(Seattle-Tacoma-Bellevue MSA),包含了华盛顿州人口最密集的三个县,即金县、斯诺霍米什县和皮尔斯县。2016 年年底,西雅图都市区的人口约 379.89 万,是美国人口规模排名第 15 的都市统计区。根据通勤特征,西雅图都市区及其周边的奥林匹亚市、布雷默顿市、芒特弗农市以及一些小的卫星城镇,共同组成一个更大范围的劳动力市场,即西雅图-塔科马-奥林匹亚联合统计区(Seattle-Tacoma-Olympia CSA),这一范围通常也被称为大西雅图都市区,官方名称为普吉特海湾地区。大西雅图地区的土地面积约为 16 300 km^2,由 82 个城市(镇)组成(Puget Sound Regional Council, 2010),主要城市包括金县的西雅图市、贝尔维尤市,皮尔斯县的塔科马市,斯诺霍米什县的埃弗雷特市,以及吉塞普县的布雷默顿市,2016 年普吉特海湾地区人口约为 468.45 万人。普及特海湾区域委员会(PSRC)负责普吉特海湾地区的空间规划。

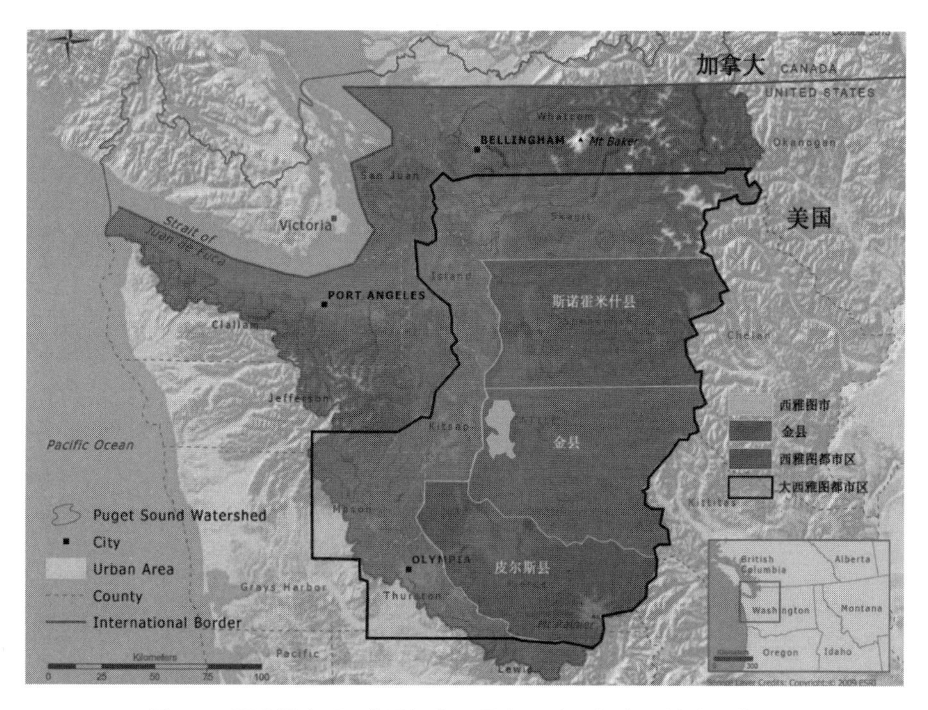

图 3-1 西雅图市、西雅图都市区及大西雅图都市区的空间范围

来源:作者根据相关底图绘制。

表 3-1 西雅图市、西雅图都市区及大西雅图都市区的社会经济情况对比

	正式名称	人口规模/万人	土地面积/km^2	人口密度/(人·km^{-2})	包含范围
西雅图市	—	70.4	217.2	3241	
金县	—	214.9	5975	380	西雅图市等
西雅图都市区	西雅图-塔科马-贝尔维尤都市统计区	373.36①	15 209①	245.48	金县、斯诺霍米什县、皮尔斯县
大西雅图都市区(普吉特海湾地区)	西雅图-塔科马-奥林匹亚联合统计区	468.45	16 300②	287.39	金县、斯诺霍米什县、皮尔斯县、吉塞普县

备注：表格为 2016 年统计数据。数据来源：① https://censusreporter.org/profiles/31000US42660-seattle-tacoma-bellevue-wa-metro-area/，2020-05-11；② Puget Sound Regional Council. Transportation 2040：Toward a sustainable transportation system，2010.

1990 年华盛顿州通过《增长管理法案》，授权地方政府建立大都市区规划组织，1991 年普吉特海湾区域委员会依法宣告成立。普吉特海湾区域委员会是一个由城市、乡镇、县、港口和国家机构组成的协会，主要使命是通过制定区域交通、增长管理和经济发展规划等实现该地区的持续发展。普吉特海湾区域委员会下设执行委员会，并包含运营委员会、交通政策委员会和增长管理委员会。因此，在区域委员会的体制机制下，本研究重点关注各委员会的特点，及其在应对区域交通事务（如交通政策、交通规划和协调机制）中的作用，最后结合普吉特海湾地区与我国大湾区的特点，提出有针对性的规划启示和政策建议（图 3-2）。

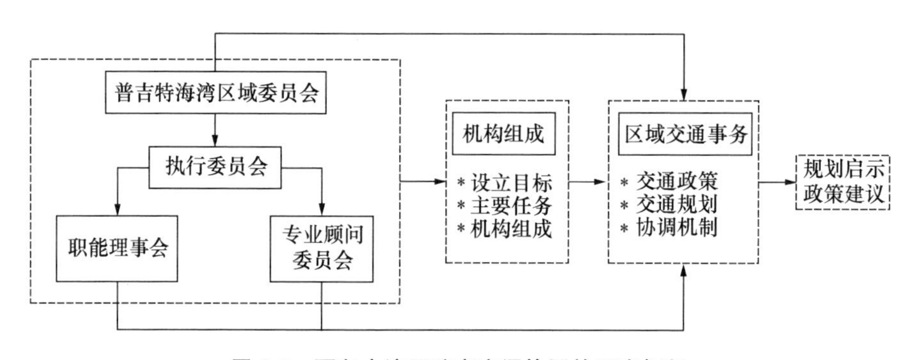

图 3-2 面向大湾区跨市交通协同的研究框架

来源：作者自绘。

3.2.2　普吉特海湾区域委员会的行政架构与职能

1. 设立目标与主要任务

PSRC是根据美国联邦法律规定设立的都市区规划组织(是获得联邦交通资金的必要条件),同时也是根据华盛顿州法律设立的一个区域交通规划组织。作为一个区域性的规划机构,其主要目标是为普吉特海湾地区的交通、增长管理与经济发展制定规划方案与决策,其中一个重要职责是更好地落实联邦及华盛顿州关于交通规划、经济发展和增长管理的规定。例如,州法律规定区域交通规划组织需要和当地司法辖区进行合作,共同制定区域发展导则(Puget Sound Regional Council, 2010)。总体上,PSRC的主要任务包括以下4个方面:

(1) 制定区域增长战略。2009年12月,普吉特海湾区域委员会颁布了《2040远景发展战略》(VISION 2040)(Puget Sound Regional Council, 2009),这是一个区域性的导则。根据该战略,至2040年都市区将新增长100万人口,区域增长战略将关注区域增长中心的住房、就业和经济增长,同时保持乡村、农田和森林地区的健康与繁荣。

(2) 制定交通规划与投资。PSRC的一个核心任务是帮助社区获得联邦交通发展资金。PSRC所遴选的项目每年能获得2.4亿美元的交通资金。此外,PSRC还制定了区域长期的交通发展规划,即《交通2040规划》(Transportation 2040)(Puget Sound Regional Council, 2010)。该交通规划的目标是改善区域机动性,增加交通出行选择,优化区域物流体系,以支撑区域的经济增长与生态环境保育。

(3) 维系与创新经济发展。PSRC正在制定新的经济增长战略《普吉特海湾中央地区的就业增长与经济机遇》(Amazing Place: Growing jobs and opportunity in the central Puget Sound Region)(Puget Sound Regional Council, 2017a),以帮助识别区域经济的主导动力和近期的行动计划,维持区域的经济活力和全球竞争力。

(4) 收集区域数据与共享。PSRC是区域和地方空间规划与发展预测所需数据的主要来源。当前,PSRC的主要工作是致力于发展新一代的模型工具,以及收集最新的区域交通出行数据。

2. 职能理事会

普吉特海湾区域委员会主要负责整个海湾地区的社会经济、交通规划与空间发展等事务。普吉特海湾区域委员会下设6个职能部门,包括区域经济发展理事会(Economic Development Board)、执行理事会(Executive Board)、联合理事会(General Assembly)、发展管理政策理事会(Growth Management Policy Board)、运营理事会(Operations Committee)和交通政策理事会(Transportation Policy Board)。

(1) 区域经济发展理事会是由联邦制定的负责普吉特海湾地区(包括金县、

皮尔斯县、斯诺霍米什县、吉塞普县)经济发展的机构。其组成委员包括来自私营企业、地方政府、部落和贸易组织的代表,该机构的委员每个季度开会一次,商讨区域社会经济发展的相关议题。

(2) 联合理事会的发展包括所有的市长、各县的执行主管、地方主管以及普吉特海湾区域委员会委员。每一位当选联合理事会的代表都具有联合理事会主要事务的投票权,包括市长决议、预算编制、选举新的成员等。

(3) 执行理事会。其成员由联合理事会任命,代表各成员所在的地方政府。执行受普吉特海湾区域委员会主席领导,每个月开会一次,并执行联合理事会会议授权的权力和职责。

(4) 发展管理政策理事会。其成员包括普吉特海湾区域委员会委员,以及区域的商业、劳动、市民和环境等组织,该理事会每月开会一次,为执行理事会拟定的重要发展与管理等议题提供决策建议。

(5) 运营理事会。其由执行理事会的成员构成,并接受普吉特海湾区域委员会副主席的领导。该机构每个月开会一次,主要职责是评估执行理事会的预算、工作计划及其他的融资议题,并提供改善建议。

(6) 交通政策理事会。其成员包括普吉特海湾区域委员会委员,以及区域的商业、劳动、市民和环境等组织,该理事会每月开会一次,为执行理事会拟定的重要交通决策提供建议。

3. 专业顾问委员会

除了职能理事会,普吉特海湾区域委员会还设立了多个专业顾问委员会(Advisory Committees),为都市区的交通规划、土地利用、空间管理等提供专业建议。

(1) 自行车与行人顾问委员会。该委员会由各行政区、自行车及行人利益团体、社区等代表组成,其主要职责是与 PSRC 员工、政策委员会以及其他的专业顾问委员会共同协作,共同探讨与自行车、行人相关的规划问题。

(2) 快速货运顾问委员会。该委员会是由快速货运通道相关的城市、县、港口、联邦、州和区域交通机构,以及轨道和卡车运输利益相关者共同组成的合伙团体。通常每两个月开会一次。

(3) 土地利用技术顾问委员会。该委员会由都市区各县、市的规划师组成,主要为都市区人口、经济、土地利用、模型预测以及长时序的土地利用规划活动提供技术支持。

(4) 区域食品政策委员会。该委员会的主要职责是制定维系和强化地方与区域性食品系统的政策和行动建议,并与都市区内 4 个县的农业、商业、社区和政府实现合作。

(5) 区域开放空间保护规划顾问委员会。该委员会与 PSRC 工作人员共同为普吉特海湾地区的区域开放空间保护规划《Regional Open Space Conservation Plan》提供决策建议(Puget Sound Regional Council, 2017b)。

(6) 区域项目评估委员会。该委员会由公共工程主管、交通部门代表、州政府办公室、华盛顿州交通局区域办公室等成员组成。该委员会常规会议每个月举行一次,为联邦政府资助的工程及相关交通规划提供建议。

(7) 区域公交导向开发顾问委员会。该委员会的工作重点是帮助区域增长政策理事会制定具体的导则,以促进都市区的公交社区增长策略《Growing Transit Communities Strategy》的实施(Puget Sound Regional Council, 2013)。

(8) 特殊交通需求顾问委员会。该委员会的设立主要是支撑交通运营理事会的需求,帮助更新区域的公交-社会服务交通协调规划《Coordinated Transit-Human Services Transportation Plan》(Puget Sound Regional Council, 2014),以及为公共项目的优先投资提供决策帮助。

(9) 交通需求管理指导委员会。该委员会为普吉特海湾地区的交通需求管理活动提供方法和技术上的支持。一方面,为交通需求管理的政策实施者收集当地项目计划的数据和汇报实施效果;另一方面为促进交通需求管理政策的效果提供政策导则。

此外,PSRC还积极通过建立各种主题论坛的形式,帮助解决区域交通规划、公共政策、项目实施等问题,包括交通运营商委员会论坛、模型使用小组、区域物流规划圆桌会议、区域自由贸易协议会议等。例如,交通运营商委员会论坛成员来自4个县的公交部门、海湾运输署(Puget Sound Transit)、西雅图市以及华盛顿州公交部门与轮渡规划办公室的代表,以讨论和解决都市区内公共交通运营商普遍关注的议题。区域物流规划圆桌会议是交通运营商委员会下属的论坛,以帮助确定西雅图-塔科马-埃弗雷特城市化地区的公交投资。此外,还成立了模型使用小组,以解决当前交通出行预测等问题。

3.2.3　普吉特海湾地区的跨市交通规划与政策

1. 大西雅图都市区的交通发展趋势

美国是一个以小汽车为主导交通模式的国家。大西雅图都市区的居民交通出行也以小汽车为主,尤其单人驾驶小汽车(single occupancy vehicle)占据了主导地位,比例高达70%(Puget Sound Regional Council, 2017);而公共交通的出行比例则较低,约占8%。尽管近年来西雅图公共交通投资规模增加,但公共交通出行的增长速度仍非常低。例如,都市区2010年的公交分担率为7.8%,这一比例在2014年达到了8.2%,但增长幅度仅为0.4%。在其他交通模式上,多人共乘汽车(high occupancy vehicle)的出行比例约为10%,非机动交通的出行比例约为11%(图3-3)。

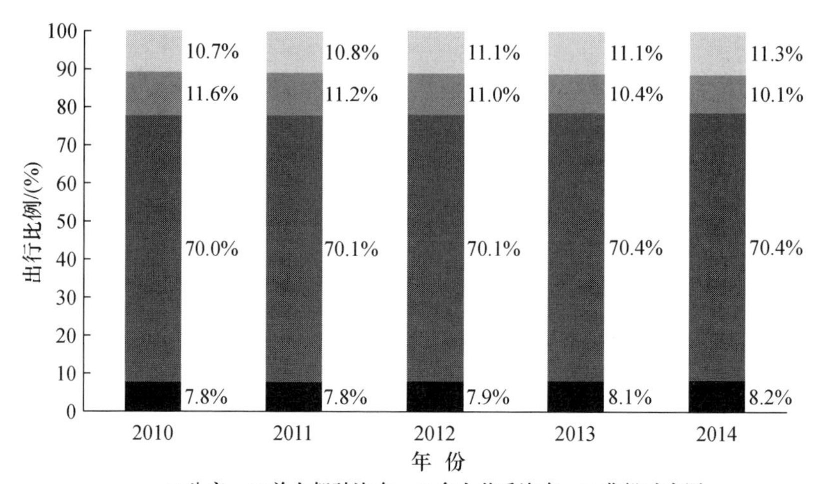

图3-3 大西雅图都市区近年来居民出行模式情况

数据来源:根据 https://www.psrc.org/commute-mode-share 整理绘制。

此外,大西雅图都市区的公共交通分担率呈现较大的空间差别。由于城市建成地区和就业岗位多位于金县,使得金县的公共交通发展环境较好,乘坐公交的人数较多。2014年都市区的公共交通出行比例为8.2%,这一比例在金县高达11.5%,而在外围的皮尔斯县和斯诺霍米什县仅分别为3.5%和5.2%(图3-4)。随着小汽车规模和出行比例的不断增加,近年来大西雅图都市区的交通拥堵也日益严峻。如何构建有竞争力的公共交通系统,也成为应对交通拥堵、能源消耗和环境污染的重要策略。

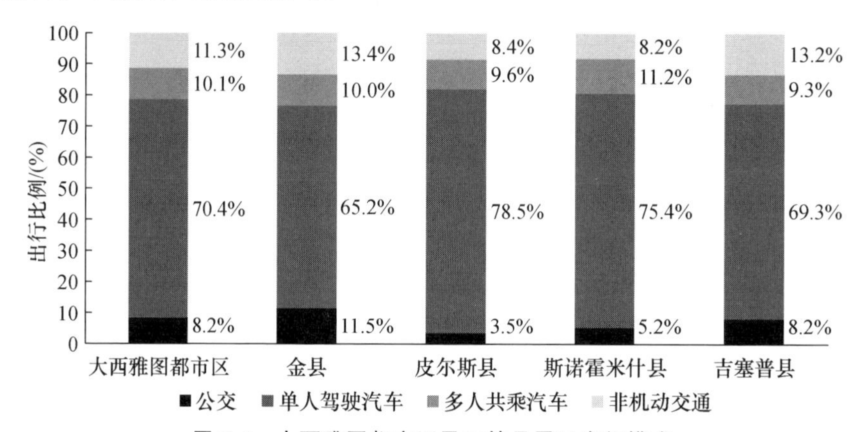

图3-4 大西雅图都市区及下辖县居民出行模式

数据来源:根据 https://www.psrc.org/commute-mode-share 整理绘制。

2. 普吉特海湾地区跨市交通规划与融资

(1) 跨市交通规划与发展

普吉特海湾地区的跨市交通主要由海湾运输署负责建设和运营，总部位于西雅图市的联合车站。海湾运输署提供的公共交通服务主要位于都市区的城市化区域。海湾运输署成立于1993年(图3-5)，当时金县、皮尔斯县和斯诺霍米什县这三个县计划筹建一个区域性的快速公共交通系统。1996年11月，包含轻轨、通勤铁路和快速公交服务的区域性公交系统被批准成立。1999年9月，区域性公交快线服务开通运营。

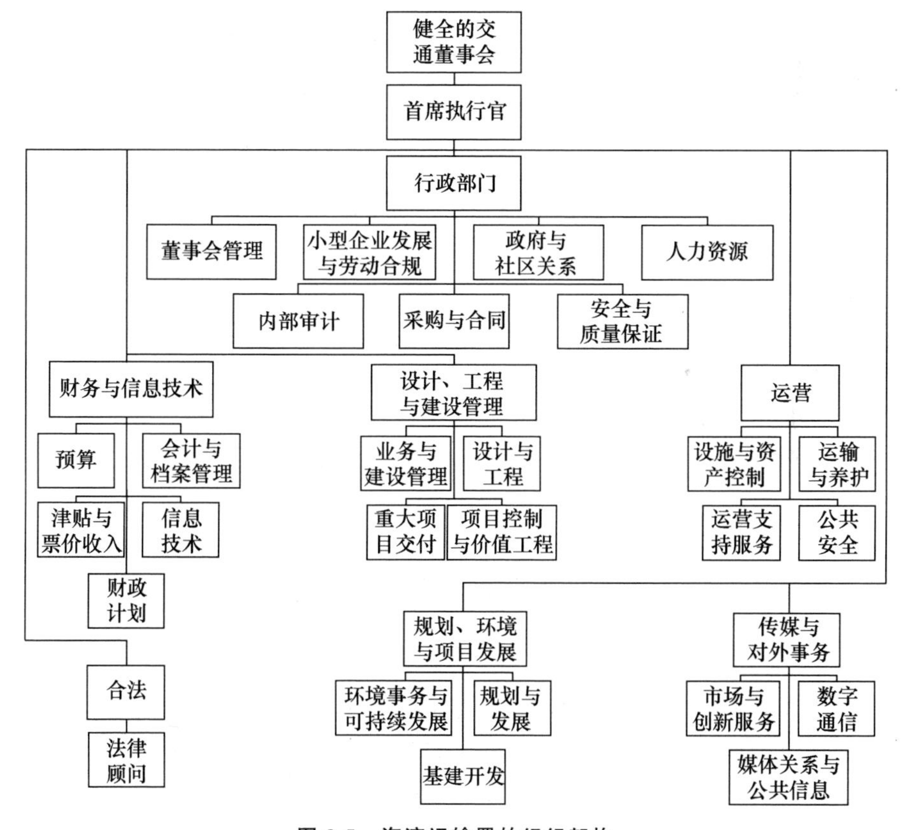

图3-5　海湾运输署的组织架构

目前，海湾运输署负责运营的线路包括Link轻轨、海湾通勤铁路、海湾快线公交服务。2016年，海湾公交服务的客运量达到4270万人次，工作日平均载客量达到14.3万人。其中，Link轻轨的客运量为2000万人次，工作日平均载客量为6.23万人次，是全美第11繁忙的轻轨系统。

① Link轻轨。轻轨是服务于主要城市化地区的轻轨系统，包括塔科马线和西雅图线。其中，西雅图线于2009年投入运营，运营线路为角湖站（Angle Lake Station）至华盛顿大学站（UW Station）的轻轨线路，共设置14个站点，票价为2.25～3.25美元，连接西雅图塔科马机场、西雅图中心区和大学区，线路运营间隔为6分钟、10分钟和15分钟，主要取决于工作日和假期的差异。西雅图塔科马线于2003年投入运营，其运营长度为1.6英里（约2.57 km），共设置6个站点，主要覆盖塔科马中心区。由于塔科马商务提升区（Tacoma Business Improvement Area）的设置，目前塔科马线为免费运营。

② 海湾通勤铁路。通勤铁路的建设目的是为通勤者提供一个独立、准时的至西雅图国王街车站（King Street Station）的铁路系统，其中塔科马至西雅图的通勤铁路于1999年12月开通。目前，通勤铁路提供了从埃弗雷特市到塔科马市的交通服务，运营速度约为125 km/h，票价为3.25～5.75美元。其中，埃弗雷特市至西雅图市的通勤铁路每个工作日提供4次往返服务，而“塔科马市—西雅图市”“南塔科马—莱克伍德”的通勤铁路每个工作日分别提供10次和6次的往返服务。海湾通勤铁路是在BNSF铁路公司（BNSF Railway Company）所拥有的货运铁路轨道上运行的，而海湾运输署拥有车站所有权。目前，通勤铁路由BNSF铁路公司负责运营，由美国铁路公司负责维护（Sound Transit，2014）。

③ 海湾快线公交服务。快线公交服务于斯诺霍米什县、金县和皮尔斯县的城市中心，目前共运营28条公交快线线路，提供重要城市中心与就业中心之间的公交服务，并且与铁路及地方公交系统形成良好的接驳。需要指出的是，西雅图市还运营了现代有轨电车，有轨电车系统由西雅图交通局拥有。

上述多样化的轨道交通系统的投资建设，将机场、市郊和市区连接在一起，是减少西雅图市中心车辆流量，鼓励市民使用公共交通，引导城市土地开发的重要计划行动之一。

（2）跨市交通融资

海湾运输署提供的跨城市公共交通服务的所需资金，主要来自当地的消费税、财产税和机动车辆消费税，并且在金县、皮尔斯县和斯诺霍米什县的征税区按相应的比例进行征税。海湾运输署先后开展了三个阶段的投票过程以对公交服务的空间拓展进行融资，即1996年的“海湾移动”，2008年的“海湾公交2”以及2016年的“海湾公交3”（Sound Transit，2012）。根据2017年财政预算，海湾运输署预算收入为16亿美元，其中消费税、使用税、机动车消费税和财产税承担了其中的85.2%。具体包括：① 消费税和使用税约10亿美元，所占比例为62.5%；② 机动车辆消费税为2.369亿美元，所占比例为14.8%；③ 财产税预计为1.266亿美元，所占比例为7.91%，这是2017年新增的收入来源；④ 票箱收入约为0.88亿美元，所占比例为5.5%；⑤ 其他收入，包括广告收入和其他投资等，约为1.485亿美元，所占比例为9.28%(Sound Transit, 2016)。

此外，海湾运输署的交通投资还来自联邦政府贷款和特殊评价区税收。

① 联邦政府贷款。海湾运输署是美国第一个从交通部(US Department of Transportation)获得"主信贷协议"(Master Credit Agreement)贷款的交通机构(Sound Transit, 2016)。2016年，海湾运输署与联邦政府签署信贷协议，将获得联邦政府提供的19.9亿美元的低息贷款，用于建造20英里(32.19 km)的轻轨延伸线。该信贷协议包含了4份贷款合同，具体包括：为北门延伸线提供6.15亿美元、利率不到3.1%的贷款；2024年通车的费德勒尔韦延伸线；2023年通车的林伍德延伸线；未来启用的贝尔维尤车辆基地的建设。总体上通过该信贷能为纳税人节约2～3亿美元的税费支付(Sound Transit, 2016)。此前，联邦政府提供了13.3亿美元贷款用于2023年通车的"华埠国际区—贝尔维尤—上湖"线路的建设。

② 特殊评价区税收。特殊评价区的范围通常由地方当局根据轨道交通的影响范围来划定。在这一划定的特殊收益区，地方政府可以对已经享受收益的住房所有者抽取一定的税费，用于支撑轨道交通发展，但具体的税费规模与溢价程度相关。例如，在西雅图南联合湖区有轨电车项目中，2005年地方政府提议设立一个地方改善区的决议被投票通过，该改善区内98%的不动产拥有者同意建立改善区来解决有轨电车建设的融资问题。这一特殊评价区的设立，承担了超过50%的有轨电车建设成本，共提供了25.7万美元(约173.17万人民币)的建设资金(Dickens, 2015)，所征收税费主要取决于房产价值、地块类型及其距有轨电车的邻近度。社区内的房屋所有者和雇主都意识到了高质量有轨电车服务带来的价值，并为运营成本开展了多次融资支持。

3.3 结论与启示

从统筹合作转向协同发展和区域社会经济一体化是我国大都市治理范式转型的重要逻辑(唐亚林，2016)。当前，我国城市与区域空间规划和发展仍高度依赖行政区经济。尤其当物质性的行政区划边界在短期内难以实现调整的情况下(刘玉博等，2016)，强化各地方政府对区域合作的认识，实施相对弹性的多层级治理模式，能弱化行政体制对区域合作的约束，降低地方保护主义，从而提升区域合作效果。随着我国大湾区战略和区域一体化战略的不断演进，推动"区域治理类型和区域制度类型的有机融合"也日益重要(张福磊，2019)。本章以大西雅图都市区规划组织(即普吉特海湾区域委员会)为例，系统介绍了该都市区规划组织的主要职责、组织架构、跨市交通规划与交通融资，这有助于我国城镇化地区更好地理解美国都市区规划委员会的一般职能和主要职责，以及美国都市区尺度上跨城市的交通发展与空间规划。与我国当前城镇群内跨行政区的交通规划与空间发展相比，普吉特海湾区域委员会的行政体制、跨市公共交通规划与政策，都有一定的借鉴之处。总体上看，普吉特海湾地区的行政架构和区域交通治理机制对我国快速城镇化地区的区域交通供给和空间协同具有重要意义。

3.3.1 对跨市空间规划实施体制的启示

都市区空间规划与交通发展的核心理念是广泛建立多部门、多利益主体的参与机制，通过良好的协作与技术支撑，编制跨行政区的空间规划和政策，为都市区社会经济增长提供更好的支撑。这对都市区内的各个县、城（镇）的空间开发和经济增长都是有利的。无论是普吉特海湾区域委员会及其下属职能理事会和专业顾问委员会，还是海湾运输署的组织架构和空间服务特征，都能较好地说明这一点。例如，在编制长达 18 个月的普吉特海湾中心区经济发展规划时，区域经济发展理事会回顾了 30 多个地方性经济计划、产业发展规划、相关技术报告等材料，并先后组织了 110 场与私营部门领导、地方政府、港区、劳工代表、行业协会、非营利组织的交流会议，从包含超过 500 项的发展战略中明确区域发展优先事项（regional priorities）和发展需求（Puget Sound Regional Council, 2017a）。对于现阶段的中国都市区而言，并没有形成相对统一的跨市事务的法规和组织机构。尤其在缺乏上级政府政策或资金支持的情况下，跨市公共事务发展面临较大的政策不确定性（林雄斌等，2017）。鉴于我国都市区跨市事务主要通过上级政府的权力干预，或者毗邻城市间正式或非正式的合作。因此，可借鉴普吉特海湾区域委员会行政架构，建立跨区域规划和公共事务的常规管理机构，如区域事务对接领导小组、专业技术委员会等，来统筹区域事务。

3.3.2 对区域公共交通优先发展的启示

城市区域的交通融资体制往往决定了交通供给的空间格局（Hanson and Giuliano, 2004）。普吉特海湾地区的公共交通的分担率仍然较低。大运量公共交通能显著影响周边用地格局（钟奕纯等，2016），提升公交乘客规模，并通过公交导向的高密度开发、混合使用与非机动交通融合，来实现可观的“社会-经济-空间”效应。在此背景下，普吉特海湾区域委员会从 2009 年颁布《愿景 2040》以来，一直与职能理事会、专业顾问委员会、地方政府与区域公共交通机构合作，持续推动公共交通优先发展、公交导向的土地开发模式和多元化公共交通融资模式（图 3-6）。例如，在推动公交优先方面，积极实施步行友好的规划设计、促进公交走廊的混合使用、加强公交与绿色交通设施投资等(Puget Sound Regional Council, 2015)。在交通模式上,当前我国跨城区的交通主要包括高速公路以及铁路,与大西雅图都市区的交通规划相比,我国都市区内跨市交通规划机制对绿色交通的关注度仍然不高。此外,我国跨城市交通融资和规划建设仍缺乏常规的管理结构,也往往面临融资不确定的问题。我国中央政府对区域性公共交通投资主要通过国家铁路网络建设来实施,而对没有国家铁路交通服务的区域而言,获得中央政府的政策或资金支持的可能性非常有限。例如在珠三角地区,深圳和广州之间的公共交通出行可以通过广深铁路、广深港高速铁路来实现,但深圳与中山之间尽管有较大规模的城际交通需求,但缺乏中央政府支撑下的轨道交通服务。为了解决因融资体制对跨市交通供给的影响,一方面在中央或区域政府层面建立交通专项资金,对跨市交通规划与建设提供一定比例的专项资金扶持;另一方面在毗邻城市间建立"成本-利益共享"融资体制与责权结构,以推动跨市交通规划、投资、建设和运营。在交通模式上,与普吉特海湾地区相比,我国跨市交通规划机制对绿色交通的关注度有待提高。

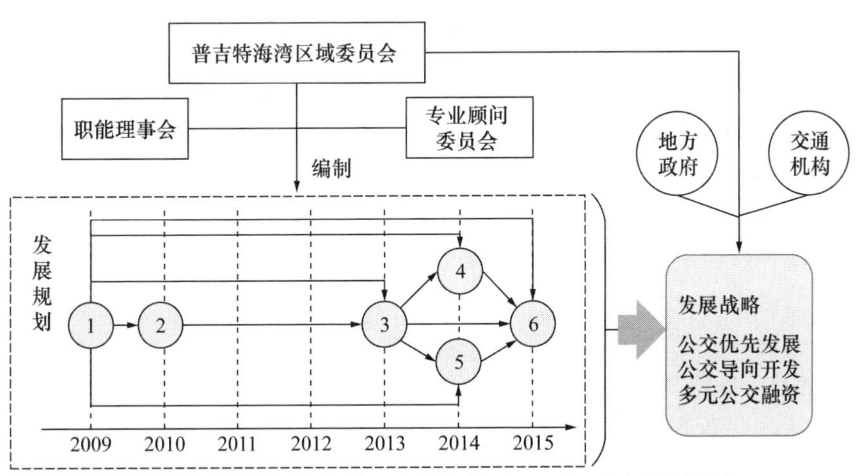

图 3-6　普吉特海湾地区区域公共交通优先实施体系

3.3.3　对区域数据开放与资源共享的启示

随着新兴技术的发展,数据已经成为大数据时代推动社会经济发展的重要资源。总体上看,大数据的利用、传播和共享也不断重塑区域治理模式,成为推进国家治理体系和治理能力现代化的重要工具(鲍静,张勇进,2017)。普吉特海湾区域委员会的一个重要职责是及时收集和发布都市区内的人口、经济、交通、融资等数据，以帮助各级政府、部门和机构制订发展计划。在编制空间规划时，能快速收集各地方政府的数据并实现整理。普吉特海湾区域委员会在编制《公交支撑的密度与土地利用导则》时，通过区域委员会提供的关于公交站点周边的土地利用和开发密度的数据，能更好地与区域和国家层面推荐的标准相比较(Puget Sound Regional Council, 2015)。凭借区域委员会提供的强大数据和建模能力，可提供更高级的技术支持，使得参与区域交通规划的多元主体获得收益，如帮助多层级政府预测公交分担率、帮助公交机构估算资本投资和公交服务规模、帮助公交运营商确定客流目标及成本效益政策和票箱回收等(Puget Sound Regional Council, 2015)。区域数据开放与共享在很大程度上降低了信息不完善问题，更好地促进多元主体参与跨政区规划和政策决策，提升湾区治理能力。随着城市社会经济活动不断向周边城市拓展，单个行政区内的空间规划编制，也需要来自周边城市相关数据的支撑，如跨城区交通出行与发展计划等。区域数据的获得和共享，一方面能帮助相毗邻的政府编制更加完善、高效的空间发展计划，另一方面也能带动非政府组织、私有部门、科研机构等更好地参与跨政区的空间规划和区域合作。随着大数据和共享经济的发展，规划管理数据获取的门槛在逐渐减低。由于我国不同政府数据采集和储存方式存在一定差异，仍有必要完善都市区数据采集、开放和共享机制，带动区域治理能力的提升。

需要指出的是，我国当前都市区跨城市交通规划与美国都市区相比也呈现一定的特殊性。首先，美国都市区的划分标准并不适用于中国的城市区域。美国都市统计区规定必须有一个中心城市的人口规模超过 5 万人，而这一规模门槛对中国城市来说是偏低的。但我国可以借鉴美国都市区这一地域单元的规划管理模式，即以城市间的功能联系结构实现城市区域的规划管理和交通供给。其次，随着互联网与空间定位技术发展，近年来我国都市区的跨城市公共交通发展呈现了一些新的供给模式，如定制公交、滴滴出行和共享单车等，也在不同程度上承担跨行政区的交通功能。

总体上看，随着大湾区作为空间政策的重要性不断提升，有效协调大湾区内跨行政区的交通规划和基础设施建设，对大湾区一体化至关重要。本研究以普吉特海湾区域委员会为例，系统介绍了美国都市区规划组织的主要职责、行政架构以及区域交通(规划和融资)治理体制，这对我国快速城镇化地区的区域交通供给和空间协作具有重要意义。首先，可借鉴普吉特海湾区域委员会的行政架构，建立跨区域规划和公共事务的常规管理机构，发挥对区域公共事务的统筹作用；其次，建立多元化的公共交通融资体制，保障区域交通供给的资金需求；再次，完善都市区数据采集、开放和共享机制，促进多元主体高效率参与到跨政区的规划和政策决策中，带动区域治理能力提升和治理能力现代化。理解区域合作与公共管理需要动态化的视角。当前，区域经济一体化和融合发展已逐渐成为共识。基于此，我国区域合作和公共管理亦呈现了新的趋势，以不同的尺度重组模式来推进空间协同发展。这些新现象为研究和提炼我国特殊空间和政策背景下的公共管理和区域治理模式带来了新机遇。总体上看，我国跨行政区社会经济一体化的提升可受益于我国区域合作理论和实践与国外相关理论实践（如公共选择理论、新区域主义、新公共管理等）的深入对比。

第二篇

珠三角实证篇

第四章

从珠三角到粤港澳大湾区:跨市交通规划与治理政策

4.1 珠三角概况

珠江三角洲地区(简称珠三角)是我国改革开放的前沿阵地,也是人口与社会经济活动密集、全球化特色最明显的地域之一。珠江三角洲具有自然地理和行政区划两种不同的区域属性。在自然地理中,珠三角主要指西江、北江和东江、南海合力冲击形成的三角洲平原(许学强,2013;刘铮,2017)。在行政区划与经济地理研究中,珠三角通常指由国家和区域政策所指代的经济区和城镇群的概念。自改革开放以来,国家和省政府先后颁布了《珠江三角洲经济区城市群规划》《广东省珠江三角洲经济区现代化建设规划纲要(1996—2010年)》《珠江三角洲城镇群协调发展规划(2004—2020)》《珠江三角洲地区改革发展规划纲要(2008—2020年)》《大珠江三角洲城镇群协调发展规划研究》等规划和政策指引,珠三角经济区的地域范围和战略内涵也发生深刻的转型和变化。珠三角逐渐由"小三角"经济区和"大三角"经济区(Xu and Li, 1990;许学强,2013;刘铮,2017)向珠三角城镇群、大珠三角城镇群、粤港澳大湾区转变。

根据《珠江三角洲地区改革发展规划纲要(2008—2020年)》,珠三角城镇群共包含广州市、深圳市、珠海市、佛山市、江门市、东莞市、中山市、惠州市和肇庆市9个城市(珠三角九市),总面积超过5×10^4 km²,并且以"广佛肇""深莞惠"和"珠中江"三个次级都市圈推动珠三角一体化发展。根据《广东省新型城镇化规划(2016—2020年)》,广东省的城镇化布局和空间形态将进一步优化,尤其是依托珠三角城镇群的发展,推动韶关、河源、汕尾、阳江、清远、云浮等环珠三角城市深度融入珠三角,形成“广佛肇+清远、云浮、韶关”“深莞惠+河源、汕尾”“珠中江+阳江”等新型都市区,不断推动城镇体系的多中心、网络化建设(图4-1)。

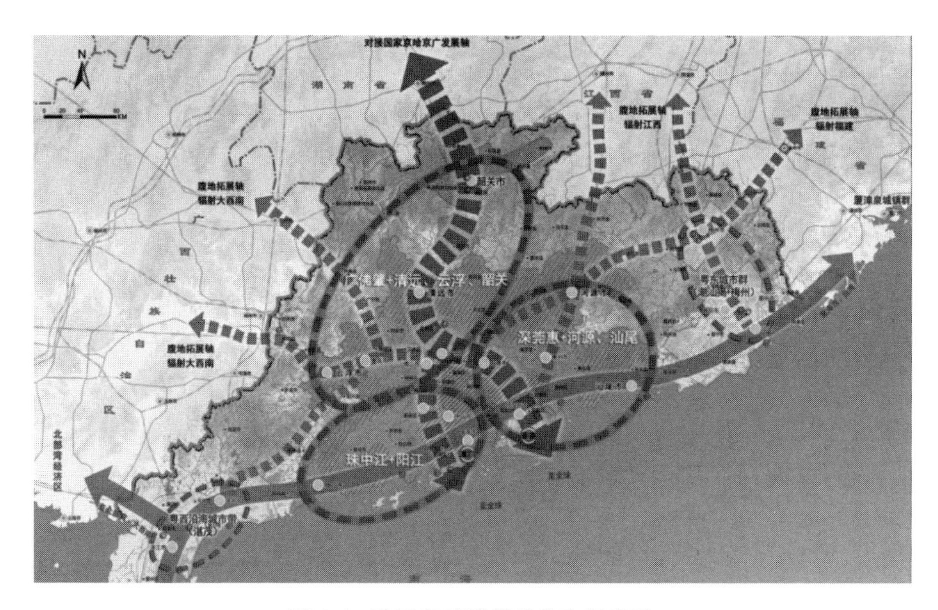

图4-1 珠三角城镇群总体空间格局

来源:广东省新型城镇化规划(2016—2020年),2017。

大珠三角城镇群的地域范围在传统珠三角九市的基础上,叠加了香港特别行政区和澳门特别行政区。党的十八大以来,推动珠三角和香港、澳门的社会经济联系和区域合作日益重要,其战略意义不断凸显。随着规划建设粤港澳大湾区被纳入党的十九大报告和政府工作报告,粤港澳大湾区不断被提升到国家发展战略层面,逐渐实现由大珠三角城镇群向粤港澳大湾区的战略转变。2017年7月,国家发展和改革委员会、广东省人民政府、香港特别行政区政府、澳门特别行政区政府共同签署《深化粤港澳合作 推进大湾区建设框架协议》,在全面准确贯彻“一国两制”方针,保持港澳长期繁荣稳定,完善创新合作机制,建立互利共赢合作关系的基础上,通过框架协议及重点领域合作,为港澳发展注入新动能,不断发挥粤港澳大湾区综合优势及其在国家经济发展、国际合作与全方位开放的引领作用。粤港澳合作的目标是“努力将粤港澳大湾区建设成为更具活力的经济区、宜居宜业宜游的优质生活圈和内地与港澳深度合作的示范区,携手打造国际一流湾区和世界级城市群”(国家发展和改革委员会等,2017)。2019 年 2 月,中共中央、国务院颁布《粤港澳大湾区发展规划纲要》,强调在珠三角九市的基础上,纳入香港特别行政区与澳门特别行政区,不断深化内地和港澳交流合作,保持繁荣稳定发展,提升区域竞争力,将粤港澳大湾区构建成为更有活力、更加开放、更加融合的世界级城镇群。

珠三角城镇群[①]依赖毗邻香港和澳门的地域优势,在早期“三来一补”“前店后厂”的模式下,经历了快速的工业化和城镇化,人口规模、产业结构和社会经济总量经历了快速的发展和转型。1990 年,珠三角地区常住人口为 2326.93 万人,其中城镇人口总量为 1696.63 万人,城镇化比例为 71.59%。截至 2017 年年末,珠三角地区常住人口和城镇人口规模分别达到 6150.54 万人和 5245.70 万人,城镇化率达到 85.29%,远远高于全国城镇化平均水平,成为我国人口密度和城镇化比例最高的地域之一(图 4-2)。

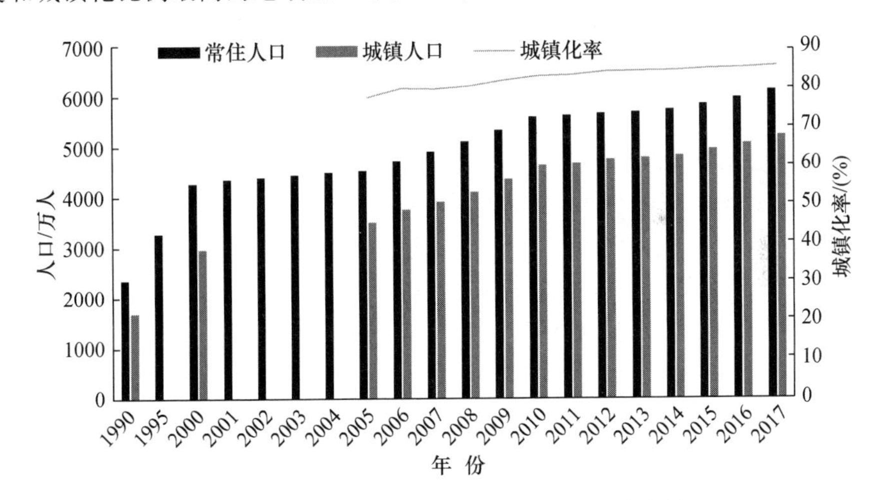

图 4-2　珠三角地区常住人口和城镇人口的变化情况

数据来源:广东省统计年鉴,2018。

在社会经济发展上,珠三角地区的经济总量和人均地区生产总值都得到了显著的提升。1990 年,珠三角地区生产总值为 1006.88 亿元,人均地区生产总值为 4295 元;2014 年珠三角人均地区生产总值超过 10 万元;2017 年,地区生产总值和人均地区生产总值分别为 75 710.14 亿元和 12.464 万元(图 4-3)。

---

① 需要指出的是,本研究仍重点关注传统珠三角 9 个城市及周边地区的区域规划和不同区域交通模式的战略演进和空间治理机制。

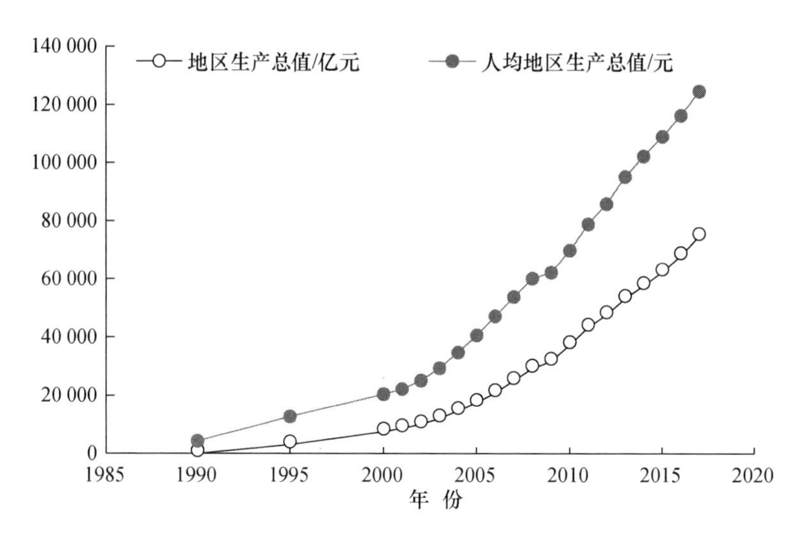

图 4-3 珠三角地区生产总值和人均地区生产总值的变化情况

数据来源:广东省统计年鉴,2018。

珠三角社会经济早期以“桑基鱼塘”为主导模式,实现农业的快速发展。随着改革开放政策的实施,珠三角在“三来一补”和“前店后厂”工业化发展模式下,不断实现工业化跨越式发展,呈现城镇化和外向型经济并重的特点。在社会经济转型发展过程中,珠三角三次产业结构也不断优化。首先,第一产业的经济产值不断提升,但由于被工业和服务业所取代,所占比例呈现不断递减的趋势。1990 年珠三角的第一产业总值为 153.78 亿元,占三次产业的比例为 15.27%。2001 年珠三角第一产业的比例低于 5%,截至 2017 年,第一产业的生产总值为 1181.53 亿元,但所占比例仅为 1.56%。其次,珠三角地区第二产业经济总值不断提升,但所占比例呈现先上升后降低的趋势。1990 年珠三角第二产业比例为 43.86%,经济总值为 441.65 亿元。2006 年第二产业比例达到最高的 51.6%,随后所占比例呈现递减的趋势。2017 年年末,珠三角第二产业实现经济总值为 31 542.82 亿元,所占比例为 41.66%。再次,随着珠三角城镇化和现代服务业的不断发展,第三产业实现的经济总值及其在地区生产总值中所占比例都呈现增加的趋势。第三产业的总值和比例分别由 1990 年的 411.45 亿元和 40.86%,增加到 2017 年的 42 985.80 亿元和 56.78%(图 4-4)。

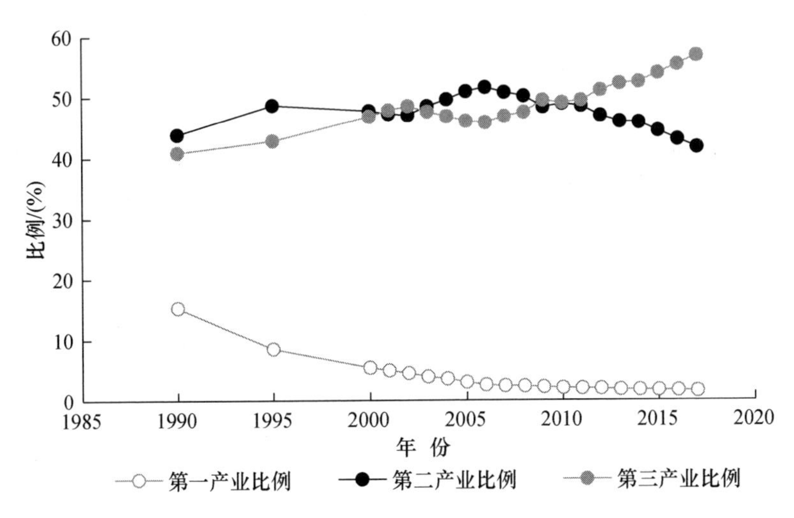

图 4-4　珠三角地区三次产业结构的变化情况

数据来源：广东省统计年鉴，2018。

4.2　珠三角历次区域规划的交通战略演进

改革开放以来，珠三角颁布的区域政策和区域规划的一个重要出发点是站在区域的角度，实现珠三角空间开发、社会经济要素组织以及空间结构的优化，打破传统城市经济的制度约束，促进城市与城市、城市与区域要素资源的合理配置和区域竞争能力的提升，由松散的城镇体系向功能复合的巨型区域升级（林雄斌等，2014）。在此背景下，区域性互联互通的交通基础设施成为支撑珠三角区域一体化的基本要素之一。首先，珠江三角洲借助大量的外来投资，从乡村地区逐渐成为世界制造业重要基地。随着珠三角工业化、城镇化和区域化的不断推动，各城市之间产生了大量的人流、物流、资金流和信息流的交换需求，使得各城市之间的多模式、多层次的交通需求不断增加。其次，优质高效的跨城市公共交通系统有助于缓解小汽车快速发展带来的交通拥堵和环境污染等问题，支撑珠三角优质生活圈建设。再次，珠三角核心城市，如广州和深圳等，由于产业和人口的快速集中，产生了用地紧张等问题，在核心城市产业升级转型过程中，珠三角快速交通通道能满足社会经济流动的需求。最后，随着交通技术的发展，新的交通供给模式不断出现，为珠三角区域交通完善和升级提供了较好的机会。因此，随着珠三角城镇群不断融入市场化、信息化、区域化和全球化的浪潮中（冯长春等，2014），互联互通的交通基础设施成为世界级城镇群建设的有力支撑。

4.3 珠三角跨市交通规划与治理概况

互联互通、高效优质的公共交通基础设施在珠三角城镇群,甚至粤港澳大湾区的构建中发挥重要的作用。尤其随着高速铁路和航空运输等交通模式的变化,包含高速铁路、跨市公交、城际轨道交通等多种公共交通模式的集散系统,能拓展珠三角核心城市的经济腹地,促进更大范围的社会经济一体化。按照国家发展规划,广州、深圳、珠海是珠三角城镇群的交通枢纽,依托交通枢纽,加快城市和城际公共交通设施建设。2017 年年末,广东省客运量和货运量分别为 14.85 亿人次和 40.06 亿吨,珠三角 9 个城市的客运量和货运量分别达到 10.56 亿人次和 28.72 亿吨,所占比例均超过 71%。基于此,珠三角确定了大运量公共交通为主导的区域交通运输枢纽和公交走廊,依托珠三角城际轨道交通、各城市轨道交通系统、城际巴士公交等模式,构建区域公交网络,实现珠三角湾区 1 小时轨道交通圈的形成。根据《广东省综合交通运输体系发展"十三五"规划》,将推进"环+放射线"的珠三角城际铁路网建设,基本形成以广州为核心,纵贯南北、沟通东西两岸的城际铁路主骨架网络。在公路上,将继续加密高速公路网,加快深中通道、虎门二桥等珠江口东西两岸跨江通道建设。此外,加强城市轨道交通、市政道路等城市交通对接,促进相邻城市的交通融合。

在轨道交通建设方面,《广东省综合交通运输体系发展"十三五"规划》指出,广东省铁路运营总里程达 5500 km,城际铁路运营里程达 650 km,实现珠三角城际铁路网覆盖珠三角九市及清远市区。依据《珠江三角洲地区城际轨道交通网规划(2009 年修订)》,珠三角地区将规划建成"三环八射"的城际轨道网络。随着广深港高铁、厦深铁路、贵广铁路、南广铁路等国家和省内陆路大通道项目的建成通车,珠三角内部及区域间铁路和轨道交通供给格局将进一步优化。此外,珠三角将积极采取公交导向型开发模式,推进轨道交通沿线土地综合开发,以土地开发收益弥补项目建设及运营资金缺口,实现项目建设、运营与城市开发良性互动。

在公路建设方面,珠三角城镇群的公路通车里程及承担的货运量不断增加。例如,1995 年珠三角公路通车里程为 20 323 km,截至 2017 年年末,通车里程达到 64 119 km,年均增长率达到 5.4%。其中,等级内公路达到 61 440 km,等级外公路里程为 2679 km(表 4-1)。珠三角城镇群货运量由 2005 年的 103 365 万吨,增长到 2017 年的 287 210 万吨(图 4-5)。随着 2018 年港珠澳大桥的通车,以及深圳—中山跨江通道等大型基础设施建设项目的实施,珠三角城镇群的公路网络将进一步完善和优化。

表 4-1　2017 年珠三角各城市公路通车里程

城　市	公路通车里程/km	等级公路里程/km	非等级公路里程/km
广州	9311	8624	687
深圳	1634	1634	0
珠海	1453	1427	26
佛山	5366	5366	0
惠州	13 823	13 805	18
东莞	5262	5179	83
中山	2665	2621	44
江门	10 166	8349	1817
肇庆	14 439	14 435	4

数据来源：广东省统计年鉴，2018。

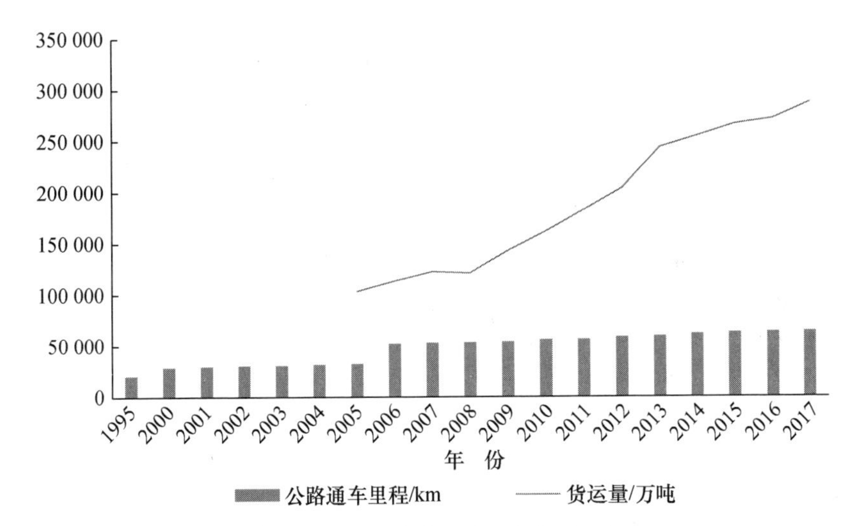

图 4-5　珠三角公路通车里程与货运量

数据来源：广东省统计年鉴，2018。

在省级政府规划和政策的指引下，珠三角内部各城市间的同城化和交通设施一体化也逐步完善。2009 年，广州和佛山签署合作协议，推动广佛一体化发展，共同建设广佛经济圈。在此基础上，广州和佛山在工业发展、空间规划、环境保护、交通设施和公共服务等方面的一体化进程不断加速，推动广佛两市在经济、人口、资金、贸易等方面的流动和融合发展。为了缓解广佛都市圈交通压力，在两市政府的努力下，广佛地铁得以加速建设和运营。

类似地，在珠三角其他次级经济圈，各地方政府之间的交通规划和基础设施的协作也日益增加。例如，在深莞惠都市圈，深圳、东莞和惠州三个城市建立了交通运输部门的联席会议。在此基础上，三个城市在市级层面实现了区域交通重大规划、发展资金落实、土地统筹安排等重要决策的协调。并且，在三个城市的交通运输部门设立了专门机构，实现一体化办公，处理区域交通发展的日常工作和衔接事项，共同协调跨区域的交通规划、建设、运营和管理等问题，不断提升区域交通一体化程度。2015 年深圳、东莞和惠州印发了《深莞惠交通运输一体化规划》，明确了交通一体化的发展目标和实现策略，并对区域交通路网和跨界道路提出统筹安排。

随着《粤港澳大湾区发展规划纲要》的颁布，粤港澳大湾区强调建设互联互通的交通基础设施，尤其通过“提升珠三角港口群国际竞争力、建设世界级机场群、畅通对外综合运输通道、构筑大湾区快速交通网络、提升客货运输服务水平”等方式(中共中央、国务院，2019)，构建高度联通的对外、对内交通体系，形成布局合理、功能完善、衔接顺畅、运作高效的现代化的综合交通运输体系，助推粤港澳大湾区的社会经济发展。例如，在港口群发展上，不断巩固提升香港国际航运中心地位，增强广州、深圳国际航运综合服务功能，构建沿海主要港口与内河、铁路、公路的集疏运网络；在机场群发展上，巩固提升香港国际航空枢纽地位，提升广州和深圳机场国际枢纽竞争力，增强澳门、珠海等机场功能，深化低空空域管理改革，实现机场群的错位发展与良性互动；在对外综合运输通道上，不断完善大湾区经粤东西北至周边省区的综合运输通道，大湾区至重点城市的区域性通道，以及大湾区连接泛珠三角区域与东盟的陆路国际大通道；在大湾区快速交通网络上，不断构建和完善以高速铁路、城际铁路和高等级公路为主的城际快速交通网络，并实现多种交通运输方式的有效衔接；以零距离换乘、无缝化衔接为目标，推广“一票式”联程、“一卡通”服务、“一单制”联运等服务，不断提升大湾区客货运输服务水平上(中共中央、国务院，2019)。

2019 年 7 月，广东省委、省政府印发《关于贯彻落实〈粤港澳大湾区发展规划纲要〉的实施意见》，不断深化落实广东省推进大湾区建设的重点任务与保障措施，提出了广东省推进大湾区建设的时间安排(广东省粤港澳大湾区门户网，2019)：① 至 2020 年，构建大湾区协调联动、运作高效的建设工作机制，不断强化粤港澳大湾区规则相互衔接和资源要素便捷有序流动；② 至 2022 年，基本形成活力充沛、创新能力突出、产业结构优化、要素流动顺畅、生态环境优美的国际一流湾区和世界级城市群框架；③ 至 2035 年，全面建成宜居宜业宜游的国际一流湾区。同时，广东省推进粤港澳大湾区建设领导小组出台了《广东省推进粤港澳大湾区建设三年行动计划(2018—2020 年)》，结合粤港澳大湾区的建设目标与建设时序安排，从优化提升空间发展格局、建设国际科技创新中心、构建现代化基础设施体系、协同构建具有国际竞争力的现代产业体系、推进生态文明建设、建设宜居宜业宜游的优质生活圈、加快形成全面开放新格局、共建粤港澳合作发展平台、保障措施 9 个方面提出 100 条重点举措，在现代化基础设施方面，重点任务是编制实施粤港澳大湾区基础设施互联互通专项规划、城际（铁路）建设规划，研究谋划广中珠澳高铁项目等（广东省粤港澳大湾区门户网，2019）。

2020 年 8 月，国家发展和改革委员会批复了《粤港澳大湾区城际铁路建设规划》（发改基础〔2020〕1238 号），提出在原珠江三角洲地区城际轨道交通网规划的基础上，进一步加大城际铁路的建设力度，构建"轴带支撑、极轴放射"的多层次铁路网络，实现粤港澳大湾区城际铁路与大湾区内高铁、普速铁路、市域（郊）铁路等轨道网络的融合衔接，提升粤港澳大湾区城际交通的供给质量，打造"轨道上的大湾区"，更好地服务粤港澳大湾区建设（图 4-6）。根据规划，近期至 2025 年，大湾区铁路网络里程将达到 4700 km（含运营里程和在建里程），将全面覆盖大湾区中心城市、节点城市以及广州、深圳等重点都市圈。近期项目投资总额度为 4741 亿元，其中资本金的比例为 50%（2371 亿元），由广东省及沿线地方政府的财政资金共同出资。远期至 2035 年，大湾区铁路网络总里程达到 5700 km，实现县级以上城市全覆盖（国家发展和改革委员会，2020）。

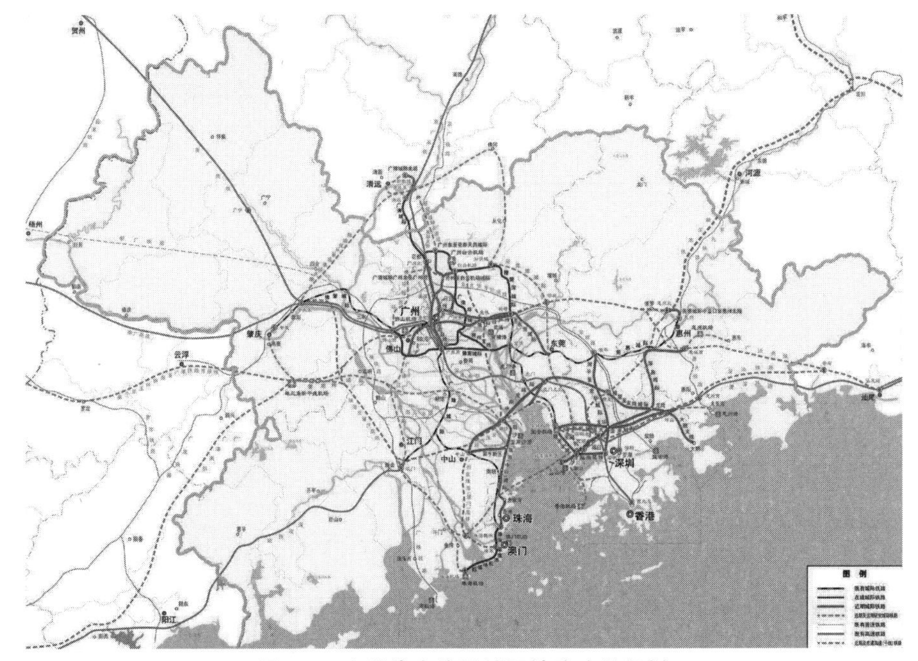

图 4-6　粤港澳大湾区城际铁路建设规划

来源：国家发展改革委关于粤港澳大湾区城际铁路建设规划的批复（发改基础〔2020〕1238 号），2020。

4.4 小结与讨论

珠江三角洲是我国改革开放的前沿阵地，也是人口与社会经济活动密集、城市区域化最明显的地域之一。随着珠三角向大珠三角地区和粤港澳大湾区的转变，各城市社会经济联合和区域合作变得更加紧密，城镇体系也向着多中心、网络化演变。在珠三角，各城市之间产生的人流、物流、资金流和信息流的交换需求，使得城际多模式、多层次的交通需求不断增加。当前，珠三角地区的城际交通仍以道路交通为主。为了克服这一问题，珠三角确定了大运量公共交通为主导的交通运输枢纽和公交走廊建设，依托珠三角城际轨道交通、各城市轨道交通系统、城际巴士公交等模式，构建区域公交网络和 1 小时交通圈。这有助于缓解小汽车快速发展带来的交通拥堵和环境污染等问题，在城市产业升级转型中，也能满足社会经济流动的需求。珠三角在城际轨道交通中，确定了沿线土地综合开发策略来弥补项目建设的财政负担及运营资金缺口。此外，各地方政府之间确定了空间协同战略，构建党政联席会议和专门的交通对接部门，以处理区域交通事项，不断推动区域交通一体化。自《深化粤港澳合作 推进大湾区建设框架协议》签署以来，粤港澳大湾区通过基础设施"硬联通"和体制机制"软联通"，在跨江通道、港口航运、机场群建设、城际轨道交通建设等方面不断优化布局，并形成了层次分明、分工协作的交通体系，初步形成大湾区 1 小时经济圈和生活圈，助推粤港澳大湾区整体国际竞争力与对外开放水平和质量的提升。

第五章

珠三角城际轨道交通规划与多层级空间治理

随着快速城市化和机动化的发展,跨市轨道交通成为应对交通拥堵,引导土地开发与通勤,促进区域一体化的重要模式。面对巨额建设和运营成本,采取合适的投融资模式成为跨市轨道交通面临的挑战,相关研究还比较缺乏。本章[①]以珠三角为例,实证分析跨市轨道交通投融资模式与溢价捕获策略,总结了多元政府主体参与的城际轨道交通发展特征,重点分析了由"省部合作"向"省市合作"联合开发的溢价捕获策略转变。研究结果表明,珠三角跨市轨道交通联合开发面临土地、规划和财税等制度约束以及政府之间的博弈,省政府主导下的合作开发模式在一定程度上实现制度创新,可为我国城际轨道交通融资提供参考。

5.1 引　言

快速无序的空间扩张导致城市蔓延、交通拥堵、环境污染、职住分离等城市和区域层面的问题,作为一种高效绿色的公共交通方式,轨道交通在重塑城市区域结构、缓解交通问题、刺激土地开发与经济增长、协调区域发展、推进职住区域组合等方面发挥重要作用(潘海啸等,2007;潘海啸,陈国伟,2009;王兴平,赵虎,2010;王德等,2012)。然而,面对巨额建设与运营成本,如何获取足够资金成为重要问题。采取合理的溢价捕获方式能通过溢价内部化补贴巨额建设和运营成本。目前,国外城市轨道交通溢价捕获一般采取土地税费和联合开发(joint de-

① 本章主体内容已经发表:林雄斌,杨家文,李贵才,刘龙胜,栾晓帆,陈文. 跨市轨道交通溢价回收策略与多层级管治:以珠三角为例[J]. 地理科学,2016,36(2):222—230. 部分内容有改动和更新。

velopment)模式(樊慧霞,2010;陈梦娇等,2011;孙玉变,胡昊,2012;郑思齐等,2014)。如20世纪初,纽约市中央车站和洛克菲勒中心开发就已经运用“联合开发”理念,将交通设施附近的物业与交通系统进行共同开发投资(美国城市土地协会,2003)。

在我国经济相对发达地区,相邻城市同城化发展,城际轨道交通能有效应对城际社会经济发展的跨市交通需求,成为促进城市区域互惠增长的载体。然而,城际轨道交通建设,运营与沿线土地综合开发涉及多层级与多元政府主体,合理分摊各级政府“交通-土地”开发成本和收益是城际轨道交通实现溢价捕获的基础。现有研究对城市轨道交通溢价捕获的经验与实施框架进行多角度的讨论(马祖琦,2011;陈梦娇等,2011;孙玉变,胡昊,2012;郑思齐等,2014),但对城际轨道溢价捕获的制度约束和治理策略创新缺乏系统研究。本章以珠三角城际轨道为例,总结“省部合作”和“省市合作”联合开发的特征,并着重讨论“省市合作”的溢价回收策略,解读省市合作阶段溢价捕获策略的创新和政策实施面临的挑战,帮助理解在当前的城市规划与土地政策的约束下,多级政府参与跨市交通设施建设和土地综合开发,实现溢价捕获的内在逻辑。

5.2 公共交通导向发展策略与轨道交通建设

轨道交通有快速、安全、污染小和运量大等优点。轨道交通发展往往与土地开发紧密结合,促进形成功能合理的空间布局,提升区域综合竞争力。为了应对城市空间扩张和机动车迅速增长带来的交通挑战,中央政府积极采取措施鼓励地方政府发展轨道公共交通。例如,2003年,国务院办公厅颁布《关于加强城市快速轨道交通建设管理的通知》(国办发〔2003〕81号),对城市轨道交通建设进行进一步规范,鼓励多元化投资渠道和投资主体,并明确指出“城轨交通沿线土地增值的政府收益,应主要用于城轨交通项目的建设”;2005年,国务院转发建设部等部门颁布的《关于优先发展城市公共交通的意见》(国办发〔2005〕46号),进一步明确公共交通在交通系统的重要性,提出大力发展公共汽(电)车,有序发展城市轨道交通,“建立以公共交通为导向的城市发展和土地配置模式”;2012年,国务院颁布《关于城市优先发展公共交通的指导意见》(国发〔2012〕64号),提出“拓宽投资渠道……吸引和鼓励社会资金参与公共交通基础设施建设和运营……保障公共交通路权优先”。根据中国城市轨道交通协会发布的《城市轨道交通2017年度统计和分析报告》,截至2017年年底,全国内地共有34个城市开通轨道交通,共开通线路165条,运营里程达到5033 km,全年共承担185亿人次的交通出行。

在跨市层面，随着同城化和一体化的发展，企业和居民的跨市交通需求显著增加，对跨市交通服务时间、发车频率和服务水平提出更高要求。城际轨道交通成为解决区域交通问题、满足跨市交通需求、重构大都市区空间结构和引导区域综合发展的空间载体。2005 年 3 月以来，国务院审议并原则通过一系列城际轨道交通规划与建设，如《环渤海京津冀地区、长江三角洲地区、珠江三角洲地区城际轨道交通网规划》《珠江三角洲地区城际轨道交通网规划(2009 年修订)》《中原城市群城际轨道交通网规划(2009—2020)》《武汉城市圈城际轨道交通网规划(2009—2020 年)》《长株潭城市群城际轨道交通网规划(2009—2020 年)》和《环渤海地区山东半岛城市群城际轨道交通网规划(2011—2020 年)》等。我国城际轨道建设逐渐从需求论证走向实践建设阶段。目前，珠三角、长三角和京津冀地区等城市群部分城际轨道交通线路已经开通运营。

对地方政府而言，规划建设轨道交通通常面临每千米数亿元的建设成本(李金炉，2013)及巨额运营亏损压力。例如，根据相关报道，北京地铁年亏损超过 10 亿元，深圳地铁自运营以来亏损 10 多亿元，广州—佛山城际地铁运营亏损约为 1 亿元/年，预计亏损 5～7 年。为了应对亏损压力，北京市和广州市每年需分别安排 150 亿元和 80 亿元轨道交通专项建设资金。与城市轨道交通建设和运营所面对的单一城市政府主体相比，城际轨道交通更加复杂，涉及中央政府、省政府、铁道部[①]和地方政府等多元主体及其代理部门在交通融资、土地开发、税收利益分享和成本承担等方面的利益协调，甚至是激烈的博弈。需要分析多元利益主体在现有城市规划和财税制度的约束下，如何通过溢价捕获策略，落实城际轨道的投融资方案。

5.3 轨道交通的溢价效应与回收策略

5.3.1 轨道交通的溢价效应

轨道交通能显著刺激一些地块的可达程度，尤其在交通站点周边或者沿线地区，进而提升这些区位的土地价值。住房价格与其距轨道交通站点距离具有直接关系(Grass, 1992)，较近的距离通常意味着较高的价位(Damm, Lerman and Lerner-Lam, et al., 1980)，尤其在交通站点 0.5～1 km 半径内。例如，Cervero et al. (2002)发现轨道交通在西雅图和波特兰的影响半径为 0.4 km，在

① 铁道部现为中国铁路总公司。根据十二届全国人大一次会议批准的《国务院机构改革和职能转变方案》，实行铁路政企分开，2013 年 3 月 14 日正式成立中国铁路总公司。在本章分析中仍用“铁道部”指代。

华盛顿特区的影响范围为 0.8 km(Cervero, Ferrell and Murphy, 2002)。Debrezion 等计算发现荷兰轨道交通站点周边的住房价格比远离站点 15 km 以上的平均高出 25%(Debrezion, Pels and Rietveld, 2006)。Dewees 发现距轨道交通站点 0.3 km 以内地区的地租显著较高(Dewees, 1976)。当然,在以小汽车交通为主的一些发达国家,由于轨道车辆运行的噪声和站点周边的犯罪现象,轨道交通并不一定产生溢价效应,站点周边住房价格甚至可能偏低(Debrezion, Pels and Rietveld, 2006)。但大部分研究指出离站点较近的房价比远离站点的要高(Bajic, 1983;Voith, 1991)。

5.3.2 交通设施建设的溢价捕获

溢价捕获也称"价值捕获""溢价回收""溢价归公",核心思想是"涨价归公",指公共部门通过一定方式回收部分或全部因公共投资带来的土地增值,进而用于基础设施建设融资的运行机制(刘巍巍,2011;马祖琦,2011)。溢价捕获将公共部门投资的正外部效应内部化,有助于回收公共投资成本,从而降低建设和运营风险。需要指出的是,溢价捕获具有特定的条件,对征收对象和空间范围的界定是溢价捕获成功的关键(马祖琦,2011)。

目前,国外土地溢价捕获主要有土地价值税收和联合开发两种模式(马祖琦,2011;刘巍巍,2011;孙玉变,胡昊,2012;Medda, 2012;Levinson and Zhao, 2012;郑思齐等,2014)。土地价值税收是进行溢价捕获的主要方法,以税收手段对获益地区的溢价进行回收用来补贴轨道交通的建设运营成本。在美国,主要有一般物业税、分列税率制土地税、特别估价区等方式(陈梦娇等,2011)。如洛杉矶地铁成立轨道交通专项基金,向整个都市区在地铁运营中特别获益的居住和商业物业征收一定额度的土地价值税来缓解地铁融资困难(郑思齐等,2014)。

联合开发是将轨道交通和土地开发进行统一规划和建设的开发模式。这种开发模式利用交通和土地的互馈机制,能够"降低公共和私人投资成本、提高客运系统使用效率、有效管制交通运输资本支出、提升城市设计品质、提高开发者投资回报率、控制和管理城市的发展"(美国城市土地协会,2003)。一方面,轨道交通促进土地价值提升,而土地的高密度开发带来交通流量的增加,降低交通运营的亏损压力。另一方面,利用交通沿线的物业开发收益补贴交通发展。例如,香港地铁利用"轨道+物业"联合开发实现整体盈利,2012 年物业经营利润占 35.54%。[①] 然而,联合开发涉及交通与土地系统的规划与法规约束,以及各部门之间的权利、责任和收益的协调,通常需要克服政策和技术难题。美国城市土

① 数据来源:香港地铁 2012 年年报。

地协会总结了联合开发的主要经验(美国城市土地协会,2003),包括土地利用规划和分区管制的整合、车站位置及其出入口设置、各机构权限、土地取得与转让政策,这些决定影响到联合开发的效果,在轨道交通规划初期考虑这些因素尤其重要。

1980年以来,中央政府将财政、金融、投资等权限逐渐下放到地方,便于地方政府积极参与地方社会经济发展(张京祥等,2007)。在这种行政分权化趋势下,地方政府在规划、财政、税收等方面具有较强的主导性。然而,无论是土地税收还是联合开发,溢价捕获方式依然难以实行(郑思齐等,2014)。我国现有的土地税收多是交易税,[①]而不是欧美等国使用的基于物业价值的财产税,土地价值税收这一模式难于应用。而且,我国目前也没有针对轨道交通周边土地制定特殊的征税规则。联合开发具有一定的可行性,但是城市经营性土地必须通过"招拍挂"形式公开出让,难以通过"协议出让"取得(郑思齐等,2014)。如果实行联合开发,需要绕过这一政策规定。

5.4 珠三角一体化规划策略与城际轨道交通发展

区域社会经济一体化导致资本、技术和劳动力等要素跨市流动性增强。在工业化、城市化和市场化程度较高的珠三角地区,类似的跨市流动需求更加明显。2012年,珠三角地区客运和货运总量分别达到39.30亿人次和15.02亿吨,各占广东省总量的84.05%和75.16%。然而,珠三角客运交通以道路交通为主,在交通拥堵增长的背景下,需要可达性、连通性、接驳性和及时性较高的城际轨道交通,以满足企业生产和居民跨市流动需要。

随着珠三角区域融合和一体化发展的需要,中央政府和省政府先后出台一系列区域规划和研究报告,如《珠江三角洲城镇群协调发展规划(2004—2020年)》《珠江三角洲地区改革发展规划纲要(2008—2020年)》《大珠江三角洲城镇群协调发展规划研究》等,通过治理模式创新和跨界基础设施建设,不断引导区域一体化发展和整体功能提升。在轨道交通方面,珠三角在2020年之前形成网络完善、运行高效、与港澳及环珠三角紧密相连的综合交通体系,规划建设城际轨道交通1445.3 km,投资3076.79亿元,[②]进而完善跨市轨道交通网络,缓解区域交通问题,增强综合竞争力。

---

① 我国土地税收包括土地使用税、房产税、耕地占有税、土地增值税和契税。另外,房地产营业税和建筑业营业税在某种程度上也可以列为间接的土地税收。

② 数据来源:《珠江三角洲基础设施建设一体化规划(2009—2020年)》。

珠三角城际轨道作为新的交通模式，由于涉及主体多元性和问题复杂性，规划建设历时较长。2003 年 7 月，珠三角城际轨道的初始规划经广东省政府常务会议原则通过，并上报国家发展和改革委员会与铁道部（MOR）。[①] 2005 年 3 月，国务院审议并原则通过《环渤海京津冀地区、长江三角洲地区、珠江三角洲地区城际轨道交通网规划》，指出珠三角城际轨道交通网络以广州为中心，城际轨道交通总里程 2020 年约 600 km，预计总投资 1000 亿元。2009 年 9 月，国家发展和改革委员会批复《珠江三角洲地区城际轨道交通网规划（2009 年修订）》。在修订版中，规划轨道线路 23 条，总长度由近 600 km 增加至 2000 km 左右，规模扩张约 3 倍多，预算投资总额由 1000 亿元扩张到 3600 亿元（刘超群等，2010），珠三角城际轨道交通站点设置与线路安排如图 5-1 所示。

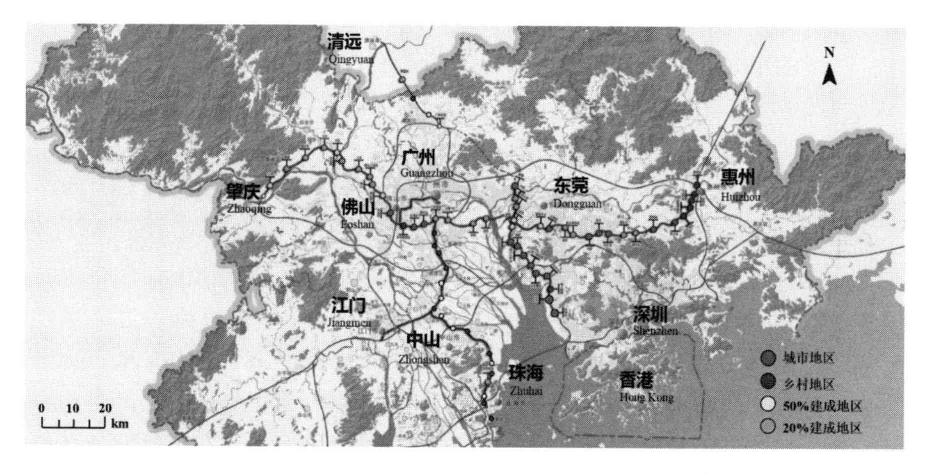

图 5-1 珠三角城际轨道交通站点与线路

来源：根据《珠江三角洲地区城际轨道交通网规划（2009 年修订）》《珠江三角洲基础设施建设一体化规划（2009—2020 年）》。

5.5 珠三角城际轨道交通多元治理下的溢价捕获策略

溢价捕获的根本原则是公平（陈梦娇等，2011）。城际轨道交通发展涉及多元政府的参与，由于不同层次政府之间发展战略和目标的差异，以及各城市政府发展特征和发展模式的不同，在一定程度上难以实现成本承担和利益分配的协

① 财经网．珠三角轨道交通立项获批投资 1700 亿元[OL/EB]．2012-10-09．http://www.caijing.com.cn/2008-03-08/100051495.html，2019-05-26．

调，导致各政府之间存在激烈的博弈。对珠三角城际轨道建设而言，面对资金来源和土地开发的约束，先后经历了广东省政府-铁道部"省部合作"模式和省政府-地方政府"省市合作"模式。[①] 在"省部合作"中，并没有采取溢价捕获的策略。在资金紧张的情况下，转向"省市合作"模式，采取溢价捕获策略，通过多元政府参与的治理框架，协调交通运营、交通站点周边一定范围内土地综合开发的责权利关系，实现溢价捕获和综合开发。

因此，本章归纳珠三角城际轨道交通在两个不同阶段的协调策略和面临的挑战，着重剖析三个问题：① 为何障碍重重的溢价捕获策略成为珠三角城际轨道交通的一种无奈的创新？ ② 省市合作下的溢价捕获创新主要体现在哪些方面？ ③ 实施省市合作的溢价捕获，仍然存在哪些体制阻碍和规划挑战？对这些问题探讨有助于理解基于中国城市发展特征的溢价捕获模式，并为未来国内城际轨道交通融资、土地综合开发和多元政府协调提供借鉴。

5.5.1　省部合作的困境

铁道部拥有专业技术和财政支撑的优势，长期以来主导了区域层面的轨道交通建设和运营。铁道部与广东省合作建设珠三角城际轨道交通一事在该项目于2003年得到铁道部的批复时首次确认下来。2000年7月，珠三角城际轨道交通项目开展可行性研究，并于2001年年末将网络规划方案提交至铁道部。2003年的铁道部批准方案指出，广东省政府和铁道部各负责50%的城际轨道交通建设成本。2004年，珠三角城际轨道规划写入《国家中长期铁路发展规划》。2005年，城际轨道线路得到国家发展和改革委员会评估，国务院批准并授权广东省政府进行城际轨道交通建设。

这一"省部合作"模式主要包括：[②]① 铁道部负责轨道交通建设，承担50%的建设成本，但是不负责城际轨道运营成本；② 广东省政府承担剩下的50%的建设成本，并负责城际轨道交通运营补亏；③ 沿线地方政府承担30%～100%的路权(right-of-way)成本建设；④ 其他的交通与建设融资缺口由广东省政府承担。在此协议下，省政府所承担的职责使得珠三角城际轨道交通成为一个区域层面的跨市基础设施项目，而非国铁项目。2010年8月25日，根据省部战略协议，广州铁路(集团)公司和广东省铁路建设投资集团有限公司分别作为铁道部和广东省政府的出资代表，各出资50%组建成立广东珠三角城际轨道交通有限

---

① 该项目规划时，最初尝试过广东省政府单一主导的可能性，由于资金，技术和土地等方面的困难，很快放弃了这一想法，随后便转向与铁道部的合作。

② 合作内容主要来源于2010年8月13日铁道部与广东省政府签订的战略协议《铁道部广东省关于又好又快推进广东铁路建设的会议纪要》。

公司，整合部省建设资源，负责整个珠三角城际轨道交通网的筹资、建设、经营和还贷。

广珠线是该合作框架下建成的第一条线路。当中暴露出来的站点选址、运量规模、资金回收等方面的挑战，加上铁道部自身的因素，使得省部合作难以持续推进。① 在站点选址上，如果选址位于发展较成熟的地区能产生更多的客流量和票箱收入，同时也意味着拆迁成本较大和土地税收较低；如果选址位于发展相对不成熟的区域，意味着客流量和票箱收入较低，但能重塑城市空间结构和引导地区增长，为城市政府获得更多的土地开发收益。由于负责线网设计的铁道部并不用负担运营成本，这一博弈的结果是地方政府在站点选址上的胜利，大部分轨道交通站点位于待开发区块，在短期内为增加客流量和运营收入带来较大的挑战。② 在运量规模和票箱收入上，广珠线作为珠三角城际轨道开通运营的第一条线路就出现比较严重的运营亏损，在运营初期就经历较低的客运流量和票箱收入。2011 年，广珠线运营亏损达到 10 亿元，据测算，2011 年至 2020 年的运营亏损达到 42.6 亿元，这使得城际轨道交通发展面临较大的融资和盈利压力。③ 在铁道部自身因素上，受 2011 年 7 月温州高铁伤亡和铁道部腐败等事件影响，铁道部主导投资建设交通项目的速度和规模都受到限制，省部协定的由铁道部负责的 50％的交通投资变得不确定，迫切需要采取新的投融资模式推动珠三角城际轨道建设。2012 年以来，随着铁道部资金到位的滞后和出资比例降低，铁道部只承诺参与“广州—东莞—深圳”“佛山—肇庆”“东莞—惠州”等 3 条城际轨道交通线路融资，出资比例由 50％降成了 40％，广东省政府则需要承担额外的融资缺口。这迫使省政府寻求其他的融资可能性。

5.5.2 省市合作模式与溢价捕获策略

1. 溢价捕获策略形成

新的变化在于地方政府开始承担更多的责任。在省部合作模式中，广东省和铁道部按照 1∶1 的比例进行建设成本分担，地方政府则主要负责沿线土地征收相关的工作和费用，并不需要承担轨道交通运营的亏损。在铁道部相对退出城际轨道交通建设的背景下，省政府开始重新考虑建设资金和运营补亏问题，其结果是地方政府的更深参与和省市合作开发模式下的溢价捕获策略。核心环节是站点用地和站点周边土地综合开发，尤其是省政府和地方政府合作开发。

在新的“省市合作”溢价捕获策略下，珠三角城际轨道交通融资主体发生了变化，铁道部逐渐将线路选址、融资和运营的主导权分权至省政府和地方政府。省政府相对主导了整个珠三角城际轨道交通系统（刘超群等，2010）。2012 年广东省政府出台《关于完善珠三角城际轨道交通沿线土地综合开发机制的意见》，对珠三角城际轨道交通站场建设、站点周边土地开发与城市发展统筹协调，明确指出合理划分省市补亏责任，将土地综合开发净收益按照补亏责任共享，并首先用于弥补城际轨道交通建设、运营的资金缺口(图 5-2)。主要内容包括：① 重新设定交通运营成本的融资安排。相关市政府开始负责其中一部分的运营成本，而省政府则承担更多的建设融资责任。② 省政府在市政府土地区划和发展规划上给予更多的弹性空间。③ 位于城际轨道红线范围内的土地，省政府控制这一地区的土地开发规划，具体开发由广东珠三角城际轨道交通有限公司设立的土地开发公司负责，而"城际-城市"轨道交通换乘站的红线内土地开发方式由省市协商确定。④ 红线范围外的，离轨道交通站点一定距离内的土地开发采取"省市联合开发"和"沿线城市负责开发"两种形式。其中省市联合开发由广东省铁路投资集团作为省级出资人代表，分别与各沿线城市出资人代表成立省方主导的合资开发公司，省市合资公司的股权比例由双方协商确定(市级出资<50%)，按照股份比例分享开发净收益；在沿线城市负责的红线外土地开发中，该市路段剩余亏损额由该市全部承担。⑤ 在土地开发规模上，沿线城市政府应支持轨道交通项目业主取得红线内开发用地，倡导立体空间开发。红线外的备选用地，以轨道交通站场为中心，半径 800 m 范围内尚未划拨、出让和具有开发价值的国有用地作为备选用地，沿线市政府应加强对这些土地的规划控制。

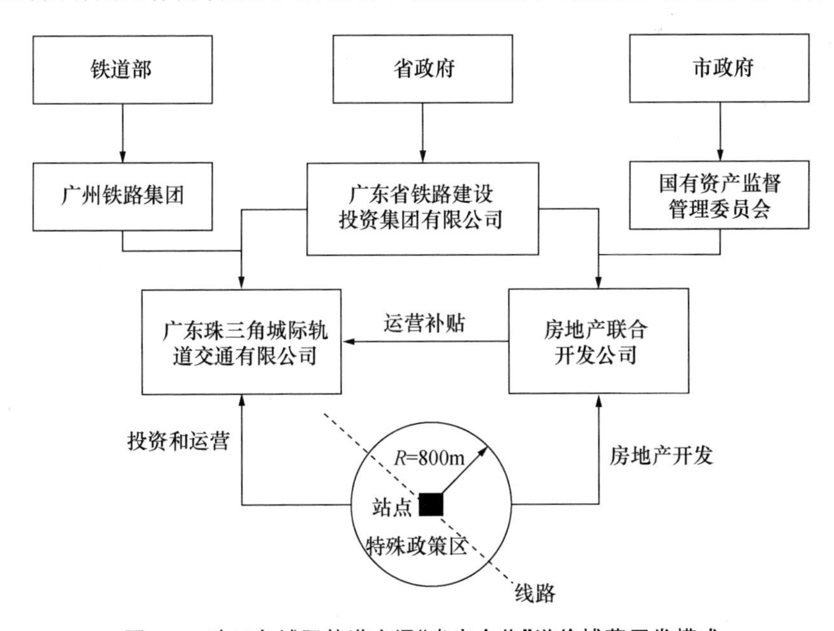

图 5-2　珠三角城际轨道交通"省市合作"溢价捕获开发模式

2. 溢价捕获的制度创新

与其他的溢价捕获策略类似，在面临资金约束的背景下，上述省市合作利用城际轨道交通对土地价值的溢出效益来补贴交通建设和运营，从而将正外部效应内部化。在具体操作上，通过土地取得与开发、交通运营、效益分配和“府际”关系(Intergovernmental Relations，IGR)协调等方面的政策创新，实现了多元政府的参与。① 土地取得政策与综合开发创新。在规划初期考虑土地利用规划、分区管制和土地取得、转让制度将直接影响联合开发的效果(美国城市土地协会，2003)。在我国现行土地制度下，联合开发的溢价捕获模式遇到轨道交通沿线土地取得方式制度的制约(郑思齐等，2014)。在珠三角“省市合作”溢价捕获策略中，将交通站点周边土地分为红线外、红线内土地等两种不同的土地政策类型，赋予不同的开发主体和“成本-收益”分配方式，进而通过省级政府在土地规划和城市规划政策方面的支持，取得相应的土地开发权。② “土地开发-交通运营”分离式策略创新。在城市轨道交通发展中，城市政府需要提供良好的交通服务，取得交通运营收入，同时还需要统筹土地开发和空间发展，实现土地开发和交通运营整体收益最大化。土地开发与交通运营决策由单一的城市政府来统筹。在珠三角城际轨道交通项目中，只能采取“土地开发-交通运营”分离式策略，整条交通线路需要有超越单个城市的统一运营主体，站点周边的开发由所在地城市政府主导，该城市政府不参与交通运营，而更多的是结合红线内外开发策略，负责相应土地供应和综合开发。③ “府际关系”协调机制创新。在跨市要素流动增强的趋势下，由于“府际关系”存在非对等性和复杂性特征，构建制度化和网络化的政府间关系是推动都市圈融合和跨市交通发展的重要路径(陶希东，2007)。对珠三角跨市轨道交通溢价捕获策略而言，在土地开发和交通运营的成本和收益共享中，“省级-市级”垂直型政府关系具有良好的协调和反馈机制，并为地方政府在土地取得、土地区划和交通运营等环节上预留弹性空间，在项目实施前后的过程中也能充分注重地方政府的难处和发展诉求。

5.5.3 城际轨道交通省市合作的实施挑战

“省市合作”的溢价捕获策略在实施上仍然面临较大的挑战。首先，由于地方政府发展战略和土地价值的差异，珠三角“中心-外围”城市政府推动跨市轨道交通的积极性呈现一定差异。在中心城市，如广州市和深圳市，城市内部和对外交通设施系统相对完善，土地资源紧张，土地价值较高，参与积极性较低。而外围城市更愿意通过这种方案提升交通可达性和沿线土地综合开发。例如，清远市政府积极通过城市总体规划和土地利用规划调整，加速清远市银盏站点的综合开发。地方政府作为基础设施投资的主体，需要承担投资成本，也通过土地增值和经济增长的税收增加进行投资成本回收(杨家文,2007)。在此作用下,珠三角中心城市和外围城市基于自身“投资-回报”或者“成本-效益”的选择,参与跨市轨道交通的积极性呈现差异。

在区域协调和合作机制上,省市关系面临博弈和动态调整。由于城际轨道交通建设的多元性和复杂性,“府际关系”涉及垂直(省-市)和水平(市-市)层面协调,表现在交通投资、责任和利益分享上需要动态调整以适应复杂的挑战。然而,这些责任和收益调整增加了溢价捕获策略的实施难度。

(1) 轨道交通站点选址的博弈。在交通沿线土地综合开发上,地方政府需要拿出土地与省政府进行联合开发,用来补贴运营亏损。在现有行政体系下,城市政府需要落实省级政府的开发任务,这种将土地开发权(land development right)转移到珠三角城际轨道公司的方式,意味着地方政府将损失一定程度的财税收益机会。同时,“土地开发-交通运营”分离式策略导致省政府倾向将站点放在相对成熟的区块,以获得高客流量和运营收入。而珠三角核心城市由于土地资源稀缺和土地价值昂贵更倾向选择相对欠发达区块,以便于降低拆迁成本,引导欠发达区块开发。

(2) 规划方案和土地指标的制约。根据《土地管理法》和《土地管理法实施条例》,只有城市政府有权在规划中将农村用地转变为建设用地。一方面,为了进行站点红线内、红线外土地综合开发,需要地方政府调整土地利用总体规划和城市规划,进而在规划的站点周边获得土地利用指标和国有土地使用权。另一方面,广东珠三角城际轨道交通有限公司需要和城市政府在空间规划上实现合作。站点周边土地变为城市用地后,城市政府拥有土地利用的权限,包括土地空间布局、土地利用类型和土地开发强度等,难以和广东珠三角城际轨道交通有限公司达成一致。在这种“省市”土地利用存在冲突的背景下,尚未建立良好的解决方案,增加了溢价捕获的困难。此外,地方政府在土地征地拆迁上的费用和工作压力也增加了省市协调的难度。这些均意味着“省市合作”的溢价捕获策略在现有政策和制度框架下仍然面临较高的协调成本。

5.6 结论与讨论

构建有效的、可实施的溢价捕获策略是跨市轨道交通面临的重要问题。城际轨道交通内在高固定成本和低边际收益的特点,导致交通建设面临巨额的投融资压力。同时,城际轨道交通建设显著改善站点周边土地价值,带来土地价值空间溢出。因此,在成本融资、运营管理和土地开发等方面需要良好的“府际”协调,以发挥跨市交通设施的效率,引导城市区域空间发展。本章在总结溢价捕获策略理论的基础上，分析珠三角城际轨道交通由“省部”联合开发向“省市”联合开发模式转变时实现的溢价捕获策略，指出其制度创新和实施困难，以期为国内跨市交通建设和溢价捕获提供参考。

珠三角城际轨道联合开发溢价捕获的核心是以“省市合作”和“交通＋土地”捆绑的方式，通过土地开发补贴交通建设，降低跨市交通投资的风险，具体表现为：① 多元主体参与跨市轨道建设与运营。无论是铁道部主导的“省部合作”还是省政府主导的“省市合作”，对于区域性的交通基础设施建设，广东省政府始终在多元政府责、权、利的协调上扮演重要角色。在“省市联合开发”中，省政府和地方政府在土地开发、交通融资和交通运营等方面明确责任和收益的关系和比例，并给予地方政府一定的弹性空间，以调动地方政府参与城际轨道交通建设的积极性。② 以土地综合开发收益弥补交通建设和运营成本。通过联合交通与土地系统一体化发展，将轨道交通站点周边土地划分为红线范围内和范围外政策类型，对不同土地类型赋予不同的开发主体和责权关系，以不同的“交通-土地”开发策略组合实现溢价捕获。

2013 年 8 月，《国务院关于改革铁路投融资体制加快推进铁路建设的意见(国发〔2013〕33 号)》提出多方式、多渠道筹集建设资金，鼓励土地综合开发。在此基础上，广东省政府通过制度创新加强了对“省市”联合开发溢价捕获的执行力度：对已取得国有建设用地使用权的红线内用地，在满足一定条件下，允许改变用地性质进行商服开发，同时支持空间立体规划与开发，并规定将所得收益首先用于城际轨道交通运营补亏。

与国内北京—天津、上海—杭州等地区的城际轨道交通相比，珠三角城际轨道交通的需求、建设和运营等呈现多元性和复杂性特征。虽然珠三角城际轨道交通通过“府际”关系在土地、交通、财税等方面协调，实现溢价捕获的政策创新，推进交通系统与土地利用一体化发展，以实现车票和土地开发整体收益最大化。然而，在溢价捕获策略实施中仍面临约束和实施困境。一方面，交通运营收入与土地开发收益难以实现平衡，尤其在人口密度较低的区域，实现综合收益更加艰巨。另一方面，在复杂的交通、土地和城市规划环节上，垂直型和水平型“府际”关系均在成本与利益分享机制上面临激烈的博弈，导致多元政府间的联合开发难以高效开展。在“省-部”“省-市”联合开发均面临约束的困境下，一方面仍需要省市政府之间的深化合作，完善成本和收益的分配机制，另一方面开展“市-市”合作的跨市轨道交通溢价捕获可能会是一个值得尝试的方案。

第六章

城市地铁跨市延伸的轨道公交化区域与治理

在城市交通区域化和区域交通城镇化的背景下，在区域层面实现轨道公交化对促进跨市交通联系和社会经济发展均具有重要意义。目前，在区域尺度安排城际轨道交通专项规划已相对成熟，但以城市轨道交通向毗邻城市延伸的方式，构建轨道公交化区域还缺乏系统研究。本章[①]以国内相对成熟的深莞惠都市圈轨道交通的跨市延伸为案例，剖析这种模式的发展基础、实践进展和潜在策略。研究发现，在都市圈各政府的政策统筹下，对接各自轨道交通系统成为可能，并提供新的区域公交化交通组织方式。然而，未来仍需要谨慎评估城市轨道交通区域化延伸的作用，并加强府际治理和审批方式的创新。

6.1 引　言

随着全球化和社会经济发展环境的变化，国家批复了大量的城市群、国家级新区等战略支撑区的规划和构建策略，以提升区域竞争力，应对社会经济与环境的挑战。在这些区域性空间发展单元中，城际社会经济活动的联系与空间交往日益紧密。跨市轨道交通以其快速、准时、环境友好等特点，成为承担城市群之间跨市交通供给的重要模式。2015 年 12 月，国家发展和改革委员会与交通运输部联合印发《城镇化地区综合交通网规划》，提出至 2020 年，京津冀、长三角、珠三角城市群基本建成城际交通网络，在相邻核心城市之间、核心城市与周边节

① 本章主体内容已经发表：林雄斌，杨家文，王峰．都市圈内轨道交通跨市延伸的公交化区域构建[J]．都市快轨交通，2017，30(4)：1—7．部分内容有改动和更新。

点城市之间实现1小时通达圈,其余城镇化地区初步形成1～2小时的通达圈。为此,城市群社会经济发展,空间组织调整和重组,以及交通需求(规模、模式和时空分布等)的变化,都显示了在区域层面实现交通一体化和构建轨道都市区域的重要性。目前,城际轨道交通的建设通常有两种做法。① 在国家和省政府等区域尺度上安排城际轨道交通的专项规划,进行跨市轨道交通的规划、建设和运营。这通常是自上而下的,需要符合一定的人口规模、财政和公交分担率的需求,并且通过省级政府和国家发改部门的审核。② 以城市尺度的轨道交通向毗邻城市延伸的方式,建设区域性的快速轨道系统,这种方法通常是若干个城市政府在区域政策协调下相互协商的结果,呈现自下而上特征。这两种方式在交通战略、投融资体制、规划时序和沿线土地开发上均存在显著的差别。目前,珠三角、长三角和京津冀等地区的城际轨道交通规划和建设已经比较成熟,而以城市轨道交通跨市延伸构建轨道公交化区域的研究较少,也缺乏比较好的案例和行动导则。因此,以相对成熟的珠三角深莞惠都市圈城市轨道交通跨市延伸的规划实践为例,尝试解析这种模式下轨道公交化区域的行动逻辑和实施效果。本章尝试探讨三个问题:城市轨道跨市延伸具有哪些特征和功能?以这种模式构建轨道都市区域是如何演进的以及面临的主要挑战?如何评价这种模式的作用?

6.2 轨道交通公交化区域

6.2.1 轨道交通公交化区域的重要性

随着城市区域化和区域城市化发展模式的不断演进(林先扬等,2003;陶希东,2008;曹传新,2013),某个城市的社会经济要素不断拓展到周边城市,使得区域内部的某些地区成为各个城市功能拓展的叠加区。因此为了降低交通运输的成本,这些都市区内部的多中心功能区往往会对交通供给和服务提出新的要求。① 需要速度更快的交通服务方式,来降低客运和货运的时间成本。这种交通供给的改善有助于促进更大范围的空间联系(Yang, Fang and Ross, et al., 2011),增加城市功能叠加区的空间范围;② 在空间距离相对不变的情况下,期望通过降低运输金钱成本的方式,来增加城际社会经济流动的频率,增强城际交流的深度,而满足这一交通需求的重要方式就是推动区域交通的公交化。

伴随着都市区内部各种要素流交往程度的增加,城市交通区域化、区域交通城市化成为都市区交通规划和空间发展的重要趋势(中国城市科学研究会等,2012)。城际轨道交通建设是推动城市交通区域化、区域交通城市化的重要形式,因此,构建轨道都市区域对优化区域产业分工,提高区域跨界协作能力和竞争力都有重要的意义。

6.2.2 轨道交通公交化区域的特点

借鉴城市公交系统的运营特征,"轨道交通公交化"是指为了满足大规模交通客流的同时,将城市间的轨道交通系统参考城市公交的方式进行组织和运营管理,具有较高的发车密度、较短的等候时间、降低的交通成本等特征,实现旅客快速便捷的城际出行(冯启富,2006;杨斌,2008;王辉,李占平,2015)。

与国家铁路服务于中长距离的交通需求不同,跨市轨道交通的主要目的是满足都市区内部距离短、频率高和准时性高的交通需求。因此,这类交通服务的主要特点是:① 公交化:轨道交通公交化能以较高频次的交通供给来满足通勤、商务等出行模式的需求。② 快速化:快速化和准时性往往相互联系,这也是跨市轨道交通区别于城际客运、城际巴士公交的重要特点。③ 接驳化:满足都市区内部的交通需求,不仅仅体现了某种交通运输模式所耗费的时间,更重要的是为完成某次出行链中"门到门"的时间,因此这要求跨市轨道交通必须与其他交通模式(如城市地铁、城市公交等)实现良好的接驳。

6.3 构建轨道交通公交化区域的制度约束

单个城市政策往往难以有效组织区域性的交通建设和公共政策的实施(曹海军,霍伟桦,2013),容易造成交通设施供给不充分等问题,且缺乏协调的单个城市决策往往会阻碍同城化发展(林雄斌等,2015),这使得区域公共事务需要各个地方政府的合作与协调。因此,实施都市区多层级空间治理策略来降低跨政区的行政制度约束,推进区域协调发展成为都市区空间发展的主流方向。西方都市区空间治理理论经历了传统区域主义、公共选择理论和新区域主义的转变(洪世键,2010;叶林,2010;Ye, 2013),强调以市场机制、府际协调和公众参与建立一个地域空间组织协调框架。通过这种框架和制度的建立,平衡潜在的外部效应,统筹安排交通投资,有利于降低跨政区事务协调和社会经济要素流动成本。

上述特征和制度安排导致了轨道都市区域的构建需要区域内部多层级政府和社会组织的良好协作,但这对于仍缺乏一个统一的区域交通规划和发展机构的中国城市群来说,无论是城际轨道交通建设和城市地铁的区域化延伸,实现这种协作并不容易。首先,巨额的轨道交通建设需要城市政府具有较好的财政能力。其次,一些研究表明,轨道交通与土地利用紧密协调才能更好地发挥轨道的交通绩效,这使得跨市轨道交通在线路选择和站点选择上往往存在较大的博弈。

再次，现阶段我国城市政府过度关注本行政区内的经济效益，使得各自为政，缺少解决公共事务的合作动力。

6.4 珠三角深莞惠都市圈轨道公交化区域的实践

改革开放以来，珠三角城市群逐渐经历了城镇化的起步阶段，到城镇化快速和稳定发展阶段的转变。在区域交通领域，传统依赖道路交通的城际客运和货运组织方式，难以适应珠三角社会发展的需求。在此背景下，珠三角逐步进入基于轨道交通的城际交通网络，以轨道交通为主导构建公交网络。尤其是2000年以来，随着珠三角城际轨道交通网络规划的提出，以及广州、深圳、佛山、东莞等大城市地铁系统的建设，轨道交通逐渐成为城市和区域交通组织的重要形式。包括《珠江三角洲经济区城市群规划》《珠江三角洲城镇群协调发展规划》《珠江三角洲地区改革发展规划纲要》《大珠江三角洲城镇群协调发展规划研究》在内的珠三角历次区域规划和政策都强调了区域交通优化组织与城际轨道交通规划在区域发展的重要性。

在珠三角发展规划的框架下，深莞惠作为重点地区，已经建立了相对成熟的党政领导区域事务的联席会议制度，并先后通过《推进珠江口东岸地区紧密合作框架协议》《深圳、东莞、惠州规划一体化合作协议》《深莞惠交通运输一体化规划》等合作协议（林雄斌等，2015），推进城际巴士公交、轨道交通建设和交通供给一体化成为推动同城化发展的重要措施。结合珠三角铁路、城际轨道和城市地铁系统的规划和建设情况，在面向珠三角"十三五"规划和发展中，以统筹线网布局、加强枢纽衔接、完善管理等规划和体制来实现不同轨道交通方式的合理分工、有机衔接，形成高效一体化、公交化的轨道交通网络，将成为珠三角区域转型发展的关键。在实现这一目标的措施上，自上而下的珠三角城际轨道交通网络规划在打造轨道公交化区域中将发挥重要的作用。与此同时，城市地铁的区域延伸也将有助于珠三角轨道公交化区域的建设。目前，对于以城市地铁的区域延伸的方式构建轨道公交化区域的研究还相对较少，系统总结这一模式的建设情况和创新，能为其他城市群轨道公交化区域的建设提供经验借鉴。

6.4.1 莞深都市圈

在2015年12月29日召开的莞深轨道交通建设相关问题工作协调会上，东莞和深圳市政府在城市地铁系统的区域延伸上达成共识，东莞轨道交通1号线、2号线、3号线将分别与深圳地铁6号线、12号线和18号线、11号线对接。东莞地铁2号线于2016年6月前开通，是东莞首条开通的轨道交通线路，全长

55.7 km，共设车站 23 座，其中一期工程从东莞火车站至虎门火车站。根据东莞和深圳达成的协议，东莞地铁 2 号线将同时连接深圳地铁 12 号线和 18 号线。其中，深圳地铁 12 号线为普速线路(海上世界至空港新城)，是深圳地铁四期工程(2017—2022 年)建设规划线路之一，线路全长 33 km；深圳地铁 18 号线为东西向市域快线(空港新城至平湖)，线路长 43.2 km(图 6-1)。在此会议的基础上，深圳和东莞两市从规划层面上完成相关线路制式、线路通道、换乘方案的研究，进一步明确线路建设时序。

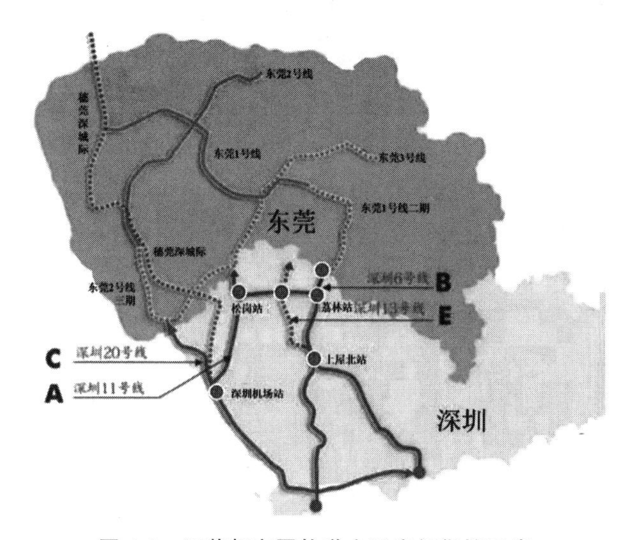

图 6-1　深莞都市圈轨道交通空间衔接示意

东莞地铁 3 号线(企石博厦站至长安新区南站)为东莞市西南与东部的切线，全长 66.2 km，经过 8 个镇(街道)，设站 24 座，将预留与深圳地铁 11 号线的接口。深圳地铁 11 号线为串联西部重要组团的市域快线(上海宾馆至碧头)，全长 54.3 km，设站 18 座，将经过福田枢纽、南山、前海、机场、沙井等地区。根据两市轨道线网规划和会议协调结果，深圳 11 号线将在松岗碧头站预留向东莞长安镇海悦花园站或长安步行街站与东莞 3 号线换乘衔接。

东莞地铁 1 号线(麻涌西至黄江南)是东莞市第二条开工建设的轨道线路，全长 69.6 km，设站 24 座，将经过东莞 11 个镇(街道)。其中，东莞地铁 1 号线一期(望洪站—黄江中心站)全长 58 km，共设车站 21 座，其中换乘站 5 座，于 2016 年 9 月份开工建设。这条线路将与广州、深圳连通。与广州联通方面有两种方案，一种是东莞 1 号线在以后的麻涌西站与广州 13 号线接驳，另外一种是东莞 1 号线在望洪站或广州夏园站预留与广州 5 号线的接驳口。与深圳市联通方面，根据两市轨道线网规划，深圳地铁 6 号线将与东莞轨道交通 1 号线衔接，在荔林站预留与东莞 1 号线站厅换乘的条件。深圳地铁 6 号线为轨道快线(科学馆至松岗),线路全长 49.7 km,设站 26 座。此外,东莞 1 号线还将与穗莞深、莞惠城际实现换乘衔接。其中,在东城南站和望洪站与莞惠城际实现换乘,在望洪站与穗莞深城际实现换乘。

6.4.2 深惠都市圈

从历史上,深莞惠三市具有很深的渊源关系和地缘基础。在 1979 年之前,深圳、东莞和惠州市都属于惠阳地区,随着 1979 年深圳成为中国首批特区城市之一以及 1988 年东莞独立设市,深圳、东莞和惠州逐渐分离至单独的行政区。尽管如此,但深莞惠都市区仍面临着较大的同城化发展需求。2006 年,惠州市政府就开始与深圳市政府讨论深圳地铁 3 号线延长至惠阳淡水的可行性,深圳市政府表示深圳地铁 3 号线在轨道建设上已经预留了与惠州城际铁路接驳的条件,但要等待省政府进一步规划。随着《珠江三角洲地区改革发展规划纲要》的颁布和实施,深惠都市区积极推动交通领域的合作和一体化发展。2008 年,惠州市制定《惠州市轨道交通网络规划(草案)》,根据该规划,至 2050 年之前,惠州将建设 6 条轨道线路,总长 247.5 km(地上线路 215 km,地下线路 32.5 km),并积极推动惠州地铁与深圳地铁的对接。在 2012 年 5 月召开的深莞惠第六次党政联席会议上,深圳、惠州和东莞市签署了《加快推进交通运输一体化补充协议四》,其中,深圳地铁相关线路延伸至惠州的可行性研究也位列其中。2013 年 8 月,召开深莞惠第七次联席会议,审议通过了《深莞惠区域协调发展总体规划(2012—2020 年)》,并签署了《深惠合作备忘录(2013 年)》等合作协议。在跨界道路交通衔接上,强调深莞惠三市有序建设以干线、次干线为主的跨市道路交通,完善交界地区的路网衔接,打通瓶颈路和断头路。在轨道交通对接上,深圳和惠州政府指出要做好深圳市轨道 3 号线、12 号线等延伸至惠州市境内的各项规划和对接工作。

2015 年以来,随着深圳市逐渐提出"东部崛起"的空间发展战略,以及深圳地铁向东部延伸的发展计划,这些再次为深圳和惠州的交通设施对接和联通的合作提供了良好的切入点。2016 年 1 月,惠州市提出将通过赣深高铁、深惠城轨、地铁等交通设施与深圳无缝对接的空间发展需求。2016 年 2 月,根据《深圳市轨道交通规划(2012—2040 年)》和最新的《深圳市轨道交通 14 号线交通详细规划(征求意见稿)》,深圳计划推动地铁 14 号线向邻近的惠阳区延伸。深圳地铁 14 号线(福田中心区至坑梓)是连接深圳市中心与龙岗和坪山地区的东部快线,预计 2022 前建成通车,其终点站(坑梓站)毗邻惠州市惠阳区,距深惠边界大约 2 km。惠州市政府将从惠城区修一条地铁至惠州南站,以实现整个地铁与深圳地铁的对接(图 6-2)。

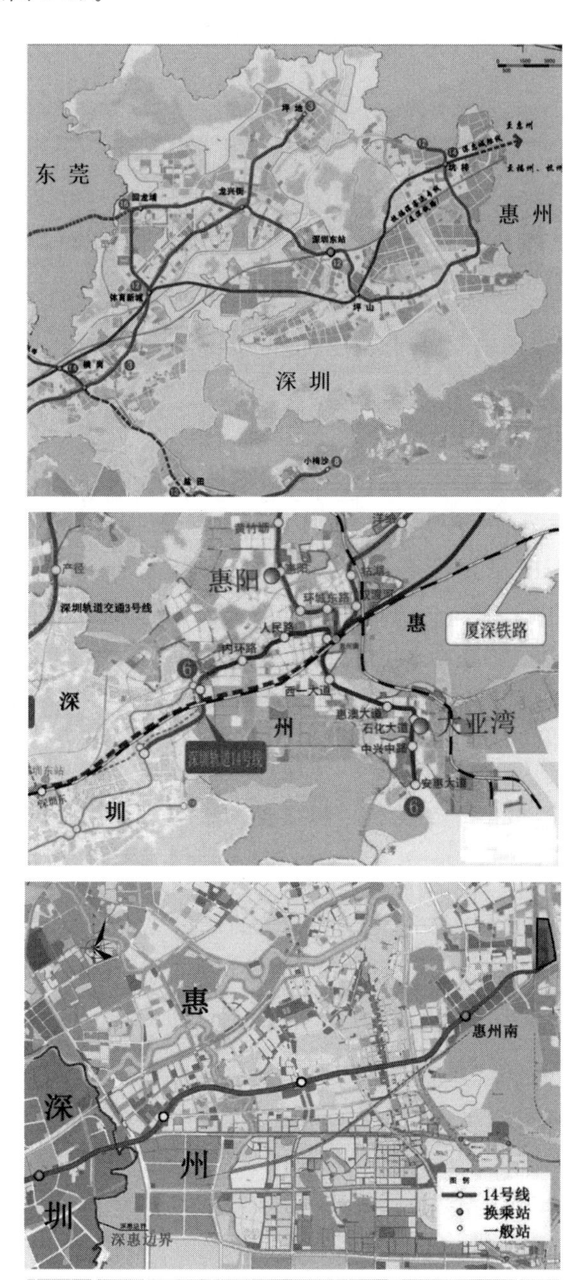

图 6-2　深惠都市圈轨道交通衔接示意

图片来源:根据网络资料整理绘制。

6.5 轨道公交化对都市圈发展的启示

城市轨道交通区域延伸是构建轨道公交化区域的重要策略之一，为城际交通联系提供了一种新的交通组织模式。深莞惠都市圈这一实践尽管经历较大的协调难度，但目前这些进展在一定程度上为满足城际交通联系提供了一种新的交通模式。深莞惠都市圈轨道公交化也能为其他城市群或都市圈的交通组织、空间发展和府际政策提供一定的借鉴。

6.5.1 深莞惠都市圈轨道交通公交化的区域特征

近年来，深莞惠都市圈城市轨道交通能在区域交通上扮演重要的作用，一个重要原因是珠三角历次颁布的区域规划都积极倡导区域同城化发展，并且《推进珠江口东岸地区紧密合作框架协议》《深圳、东莞、惠州规划一体化合作协议》《深莞惠交通运输一体化规划》等区域合作协议和交通一体化专项方案，为深莞惠都市圈轨道交通的区域化延伸奠定了一个重要基础。随着近年来珠三角各城市的快速发展和空间转型，深莞惠都市圈已经到了需要实施跨界合作发展的重要时期。在深莞惠都市圈中，深圳以独特的地理和经济优势，使得其经济发展好于东莞和惠州。因此，东莞和惠州都希望能依托深圳的经济优势，承接产业转移和经济外溢与深圳市形成快速、及时、可达性高的跨界轨道交通系统。而由于土地资源和空间的限制，深圳也需要采取向外疏散的方式，降低集聚产生的负外部性。这种空间转型发展的趋势，使得深莞惠都市圈延伸各自轨道交通系统，实现对接成为可能。

6.5.2 审慎评估城市轨道交通区域化延伸的作用

尽管城市轨道交通通过区域化延伸的方式使得城市交通系统也开始承担区域交通的责任。但需要指出的是，城市轨道交通的主要功能仍是服务于城市的交通系统，满足城市内通勤和各种出行的需求。这种城市轨道交通区域化延伸的方式也只是在满足一定条件下所产生的衍生功能。一个重要的原因是城市轨道交通系统属于地方基础设施建设的项目，在满足国家的规划和审批条件之后，往往缺乏省级政府的监管和政策支持，这使得两地轨道交通的对接缺乏一个统一的管理平台，容易产生缺乏规划平台和机制的问题，相关工作的进展也会相对滞后。例如，早在2006年的时候，惠州市政府就已经和深圳市政府就深圳轨道交通3号线延长到惠阳淡水地区的计划展开讨论，但由于各自轨道交通规划的相对独立性，以及两市缺乏长效的合作意愿和合作机制，使得这一方案至今没有落实和实施。

6.5.3　城市轨道交通区域化延伸为城市和区域交通提供新的组织方式

虽然，与专项的城际轨道交通相比，城市轨道交通区域化延伸方式并不是承担"城市交通区域化"和"区域交通城市化"最好的模式。但这种交通组织方式能更好地促进轨道公交化，并承担一部分通勤的功能。一方面是由于城际轨道交通的建设往往跨越两个和多个城市，会增加省市政府以及各城市政府之间的协调难度，使得城际轨道交通的实施进度相对缓慢。另一方面，虽然一些毗邻城市之间具有较好的高铁系统，城市政府往往难以确定高铁运营时间的选择，使得一些时间的选择难以承担通勤功能，降低同城化程度（表 6-1）。

表 6-1　深莞惠都市圈每日第一班高铁（城际）系统运营时间安排

车　次	惠州—深圳	深圳—惠州	东莞—深圳	深圳—东莞
	G9647	G6320	C7001	C7090
运营时间	惠州南（8:42）—深圳北（9:12）	深圳北（7:41）—惠州南（8:08）	东莞（6:44）—深圳（7:28）	深圳（6:20）—东莞（7:00）
耗时/分钟	30	27	44	40
是否能满足通勤	不能	能	能	能

数据来源：中国铁路客户服务中心（12306），数据收集时间：2016 年 2 月 4 日。

因此，这类组织模式也为有条件的都市圈的城市交通、区域交通的组织提供了新的组织方法。尤其在一些缺乏城际轨道交通专项规划和建设的都市圈，这类"市-市"协调和合作的交通组织方法能以较小的成本来满足这种区域性公交化的交通服务。因此，对于尚未进行城市轨道交通规划或者需要进行城市轨道交通规划修编的城市来说，将区域的交通格局纳入城市轨道交通铁线路选择和站点选择的考虑中，则有助于提升城市间轨道交通的公交化发展。

6.5.4　以良好的府际治理对轨道交通区域化延伸实施管理

目前，除广佛都市圈之外，其他地区以轨道交通的区域延伸来承担区域交通功能的方式刚刚起步，且离实施仍具有较长的时间。例如，深圳轨道交通 14 号线（福田中心区至坑梓）向惠州延伸，预计 2022 前建成通车。2016 年 2 月，深圳轨道交通 14 号线延伸至惠阳大亚湾的规划研究工作获得深莞惠经济圈（3＋2）党政主要领导第九次联席会议的通过，并对轨道交通线路和站点位置、对接方案和实施时序等问题进行统筹研究。而对于珠三角这样快速变化的都市圈而言，这些项目的规划和合作协议仍具有较大的变数。因此，为了真正落实这些城市交通区域化的组织方式，仍需要有较好的府际治理关系，对这些规划方案和实施进程进行良好的管理和监督。首先，应建立两市轨道交通对接项目的协调组织，能定期交流各城市轨道交通对接线路的建设进展，及时沟通潜在的线路调整等问题。其次，积极鼓励公众参与这些跨市线路的规划、建设和监督，通过第三方平台，最大化扩大线路的覆盖范围和潜在的交通作用。

6.6 结论与讨论

在人口密度较高和经济发达的都市圈内部，城际公交化的便捷、快速和高容量的轨道交通能进一步引导城市和区域的经济发展(陈韶章，2010)。在以城市群为主要空间形态的城镇化策略下，一体化交通体系的构建尤为重要。尤其是区域快速城际轨道交通是各城市群综合交通系统的重要组成部分(黄庆潮等，2010)，并且与道路交通、铁路、高铁、常规公交等模式的相互衔接有利于提高客流量和可达性，促进空间一体化(Mohino，Loukaitou-Sideris and Urena，2014)。在城市交通区域化、区域交通城市化的趋势下，促进区域层面轨道交通公交化，对构建区域公交都市，促进跨市交通联系和空间发展具有重要意义。对于社会经济与公共服务同城化需求更明显的珠三角地区，构建轨道公交化区域能呈现更显著的效应。本章以相对成熟的深莞惠都市圈各城市轨道交通系统的跨市延伸为案例，剖析这种构建区域轨道都市的基础、实践和潜在策略，能为城市群交通一体化提供借鉴。尽管这种发展模式仍处于探索阶段，最终方案的落实和交通绩效也有待时间检验。但站在区域的角度上，这种交通模式对都市圈交通组织和管理也具有一定的启示。尤其在跨市通勤比较明显但又缺乏城际轨道交通的区域，这类“市-市”协调的轨道交通跨市延伸的交通合作能以较小的成本满足区域快速公交化的需求。从项目落实的角度上，这种轨道交通相互延伸的方式仍属于地方政府主导的投资建设项目，往往缺乏一个统一的组织管理平台，也会缺乏省级政府的政策支持，容易产生缺乏实施机制的问题，增加工作进展难度。尤其是在协调机制尚未健全的背景下需要统筹经济成本和利益(叶林和赵琦，2015)，否则会显著增加跨市交通合作的难度。

之所以需要审慎评估城市轨道交通区域化延伸的作用，其中重要的一点是需要充分考虑这种城市轨道交通跨市延伸的项目如何实现上报和审批。目前，已经按城市轨道交通来运营和建设的跨市轨道交通的典型案例是广佛城际线，以及从上海延伸到苏州花桥地区的上海轨道交通 11 号线。其中，广佛城际线纳入珠三角城际轨道交通规划，由两市共同组织建设与运营，上海轨道交通 11 号线由上海、苏州分别向国家申报建设规划，再由两市共同组织建设与运营。国家当前对此类跨市交通规划和组织方式仍缺乏明确的报批程序、建设管理和运营补亏方式,这会增加构建轨道公交化区域的不确定性。由于深圳市制度改革和创新的基础,深圳市 14 号线可以由一个城市主导编制建设规划,上报国家审批的方式进行(谭国威等,2018)。但是对于其他城市圈而言,这种制度创新的难度可能较大。因此,可借鉴上海轨道交通 11 号线的报批和建设模式,由两市分别报批,再共同建设和运营管理,实现对接。为此,搭建"市-市"政府间对接平台,制定常规工作和利益分配机制,落实具体事项计划进度,有助于推动项目落实,促进地方同城化发展。此外,为了更好发挥这种城市间交通组织模式的作用,应加强"产业-空间-交通"三要素的统筹发展(张国华等,2015),优化交通沿线和站点周边的土地规划利用以及人口和就业的空间布局,保障城际适度的交通流量。

第七章

珠三角跨市巴士公交发展与治理特征

作为新兴起的区域交通模式，跨市巴士公交在城际毗邻区的客运供给公交化中承担了重要作用。在总结发达国家都市区规划委员会（MPO）和公交服务委员会（Transit Service Board，TSB）的基础上，本章[①]研究了相对成熟的珠三角深莞惠都市区跨市巴士公交面临的问题与治理策略，发现跨市巴士公交存在线路经营权冲突、运营亏损和服务水平相对较低等问题。在跨市多模式交通发展的趋势下，跨市巴士公交服务应实现政策和制度创新以提升运营效率，相关策略包括：成立跨市公交协调平台，统筹跨市公交规划和运营，实现跨市公交补贴和融资创新，并建立跨市公交线路信息共享与优化平台。

7.1 引　　言

伴随着持续的城市化进程，城市经济功能不断向郊区和邻近城市延伸，城市区域化的趋势日益明显。交通设施和服务的改善能降低客运、货运的运输成本，从而促进更大区域范围内的空间联系（Yang，Fang and Ross，2011）。尤其是随着城际多样化交通需求的增加，城市交通区域化、区域交通城市化的趋势更加明显（中国城市科学研究会等，2012），近年来，在道路客运公交化和城市公交公路化的双重趋势下，以公交化模式运营提供城际客运服务的跨市巴士公交开始显现（齐岩等，2012）。作为整个跨市交通系统的补充，跨市巴士公交在相邻城市的

---

① 本章主体内容已经发表：周华庆，林雄斌，陈君娴，乐晓辉，杨家文．走向更有效率的合作：都市区跨市巴士公交服务供给与治理 [J]．城市发展研究，2016，23(2)：110—117．部分内容有改动和更新。

毗邻地区发挥了重要的作用，不仅增加了居民跨市出行的交通选择，也显著降低了出行成本。目前，京津冀、长三角和珠三角等城市群均开通了跨越行政区的公交线路，实现区域层面客运交通的公交化运营。

虽然跨市巴士公交具有明显的优势，但在缺乏区域交通一体化协调机制下，这种交通模式的发展也并不顺利，在运营、管理、补贴和交通衔接等方面还面临较多挑战。跨市之间交通服务的改善会提升同城协作的深度，带来合作红利，同时这种可达性的改善也可能改变居民的就业和居住偏好，给一些城市带来一定程度上的财政收入损失。因此，在现有管理机制、财政补贴和区域交通一体化政策下，如何克服地方保护主义，提供更有效率的跨市巴士公交服务，进而实现从有限合作向更有效率合作的转变成为都市区跨市交通服务供给与治理的重要问题。

7.2　都市区跨市公交规划与政策

7.2.1　都市区空间治理与同城化

核心城市与邻近城市之间劳动力、资金和信息等要素的跨市流动不断加速，一定程度上重塑了区域空间结构，使城市发展边界日益模糊。实施都市区空间治理策略、降低跨区域的行政障碍、推进区域协调发展和深层次合作成为都市区治理的主要方向（刘卫东，2014）。都市区同城化治理的一个好处是有利于降低跨行政边界要素流动的成本，实现更有效率的资源配置。然而，现阶段我国城市政府考核过度关注本行政区内的经济效益，造成城市各自为政，缺少合作解决公共事务的动力。但实际上，这种单一的城市政府主体往往难以单独有效应对各类公共事务（曹海军，霍伟桦，2013），反过来也制约城市和区域的治理政策实施。西方区域治理经历了从传统区域主义向新区域主义（new regionalism）的转变（曹海军，霍伟桦，2013），强调市场机制、府际治理和公众参与的平衡，继而建立基于区域协调的地域空间组织。

7.2.2　发达国家都市区跨市公交规划与实施

区域交通建设和政策的实施需要各个地方政府的合作。由于都市区的交通投资往往会产生积极的溢出效应，若由单个城市政府出资则会导致基础设施供给不充分。因此需要一个区域性的组织来平衡潜在的外部效应，统筹安排交通投资。由此，西方建立都市区规划组织来协调区域交通系统的建设，并建立了公交服务委员会（TSB）协调公交供给中政府监管、线路规划、财政分配、票价制定等问题(King, 2007)。

1. 芝加哥都市区公交委员会

芝加哥都市区包括芝加哥市及其周围伊利诺伊州东北部的6个县,其交通网络以芝加哥市为核心向外放射分布(黄玮,2006)。芝加哥都市区公交委员会(Regional Transit Authority,RTA)成立于1974年,负责监管芝加哥都市区公交系统的运营和财政资金的使用,不直接参与公交服务供给。芝加哥都市区公交系统由三家运营机构运营,各有分工和服务范围。① 芝加哥公交管理局(CTA)负责城区巴士和地铁的运营,大多数线路发车间隔为10～20分钟;② 郊区巴士公司(PACE)与CTA的地铁和巴士接驳,发车间隔为30～60分钟;③ 城郊通勤铁路公司(METRA)在芝加哥市中心有四个始发站,11条到郊区的通勤铁路经过沿途240个站点,平均1～2小时一班,高峰时段发车频率会相应提高。公交系统运营支出的50%由三大运营商负担,其余50%由RTA的公共财政补贴(CTA, 2015)。CTA、PACE和METRA拥有车辆、站点和交通基础设施的所有权,负责制定公交服务水平、票价和运营政策。RTA负责监督三家运营机构的决策,同时协调都市区公交线网规划和乘客信息系统,为芝加哥地区的乘客提供一站式服务。

2. 慕尼黑都市区公交联合体

巴伐利亚州代表、慕尼黑市政府以及周边8个行政辖区的代表共同组建了慕尼黑都市区公交联合体(Münchner Verkehrs- und Tarifverbund,MVV)。MVV决定公交投资和运营的财政预算,提供集中的乘客信息中心,协商公交定价。慕尼黑都市区主要由两家公司提供公交服务:① 慕尼黑公交公司(MVB)主要运营地铁、巴士和有轨电车,服务区域是慕尼黑的内城;② 德国铁路公司(DB)运营通勤铁路,连接市区、郊区和周边城镇。在当地政府没有能力提供交通服务的郊区,MVV还直接与私人运营商签订合同提供巴士服务,参与区域公交服务供给。

在芝加哥和慕尼黑都市区,公交服务委员会作为区域公交服务供给和治理的主管机构,负责监督、协调都市区的公交服务供给。尽管职责上有一些差异,但都主导区域交通资金的使用、协调制定整个区域的票价、有区域统一的乘客信息中心,并且制定与MPO大都市区规划相协调的区域公交规划(表7-1)。

表 7-1　两种 TSB 模式职责对比

	分配公交资金	协商票价	管理乘客信息	制定区域公交规划	制定服务标准	制定票价	与运营商签订合同	拥有车辆等所有权
RTA	√	√	√	√	×	×	×	×
MVV	√	√	√	√	√	√	√	×

资料来源：参考文献（黄玮，2006）。

7.2.3　我国跨市巴士公交现状与进展

随着城际经济联系和区域一体化的发展趋势，城市间居民交通出行模式发生显著的改变，为了满足多样化的需求，跨市巴士公交模式逐渐受到政府和城市居民的重视。跨市巴士公交是指城际道路客运的公交化模式运营（贺丹等，2011）。在区域一体化空间框架下，跨市客运交通逐渐呈现短途客运公交化和城市公交公路化的趋势。尤其在城际的毗邻区，跨市巴士公交成为城际客运交通系统的主体，有效填补了城际边缘区的公交服务盲区（曹佳，齐岩，2013）。目前，根据经营主体的不同，我国跨市巴士公交可以分为道路客运企业主导经营、城市公交企业主导经营、联合企业经营和个人挂靠经营四种类型（表 7-2）。

表 7-2　跨市巴士公交的四种类型

经营主体	实现路径	优　势	劣　势
道路客运企业	道路客运企业经营	有利于平衡道路客运经营者的利益	与城市公交出现线路重合或接近
城市公交企业	延伸原有城市公交线路或开辟新的跨市巴士公交线路	城市公交企业在线路设置、运营经验方面的优势	与城际道路客运争抢客源、恶性竞争
联合企业	道路客运企业和城市公交企业合作共同经营	有利于平衡同一交通走廊上相关城市公交和道路客运经营者的利益	涉及利益主体多，操作困难
个人	个人出资购买车辆和经营权	灵活性和弹性较大，操作简单	经营风险较大，运营稳定性差

资料来源：调研整理。

跨市巴士公交兼具城市公交和公路客运的双重特点，能有效增加居民的交通出行选择，在方便居民出行、降低出行成本和加强城际联系等方面发挥了重要的作用。但与城市公交相比，跨市巴士公交普遍缺少政府的财政补贴，具有运营盈利的需求和压力，同时跨市巴士公交呈现运量小、空间分散的特点，这种空间特征增加了跨市巴士公交运营的难度和成本。① 跨市巴士公交运营主体不清晰,也缺乏政策上的明确规定,有的为城市政府下属的交运集团,有的为私有客运公司。这增加了跨市巴士公交线路规划和调整的难度,需支付较高的资金成本回购经营权以实现主体统一。② 跨市巴士公交补贴和盈利问题。目前,跨市巴士公交发展还处于起步阶段,在运营、管理、客源培育等方面尚不成熟,难以获得各级政府的补贴,加剧了经营困难。少数地区开通的线路获得当地政府的财政补贴或享受降低站务规费等优惠政策,但仍不能弥补运营亏损(李耀鼎等,2012)。例如,郑州至开封的跨市巴士公交在开通初期虽然获得了养路费、座位附加费、客票等补贴费用,但由于未能获得燃油补贴,造成每年约 600 万元的亏损(唐彬等,2014)。

7.3 深莞惠都市区跨市巴士公交概况

7.3.1 深莞惠跨市巴士公交政策

在区域空间协同发展的趋势下,能引导城市区域新的增长。伴随着城际多样化交通需求的增加,呈现城市交通区域化、区域交通城市化的趋势。城际轨道交通和快速道路交通系统能满足城市中心区之间及时性、快速化交通需求,在跨市交通体系中扮演重要的作用。除此之外,在联系紧密的都市区内部的各个城市外围的跨界地区之间提供跨市巴士公交也很有必要。这类交通的经济成本更低,覆盖的空间范围也更广,在跨市多模式交通系统的作用也不容忽视。珠三角区域一体化进程中,强调“完善区域公交网络”对空间协同发展的促进作用。在珠三角发展规划的框架下,深莞惠作为重点地区,先后通过《推进珠江口东岸地区紧密合作框架协议》《深圳、东莞、惠州规划一体化合作协议》《深莞惠交通运输一体化规划》等合作协议,推进“1 小时城市生活圈”发展。并且通过“三市联席会议制度”“深惠莞紧密合作高峰论坛”“珠江东岸论坛”等形式推进规划实施(余彬,2011)。在跨市交通规划上,已经建立了深莞惠交通运输一体化联席会议制度,推进包括跨市巴士公交在内的交通规划与交通政策的一体化。

随着深莞惠地区经济发展、土地利用和产业结构的变化,外围地区的跨界巴士公交的需求持续增加。2009 年《推进珠江口东岸地区紧密合作框架协议》指出,深莞惠之间将开通 9 条毗邻镇公交化线路。早期公交线路采取私自延长线路的方式,满足深莞惠地区跨市出行的需求。2008 年以来,在省政府和各市之间跨市发展框架下,深莞、深惠、莞惠和深莞惠等地区均开通了一些跨市巴士公交线路。例如,2009 年深惠首条跨市巴士公交化运营线路 168 路和 870 路以互相延伸线路的方式开通，票价为2元，发车间隔为7～9分钟，满足深圳市龙岗区坑梓街道和惠州市惠阳区秋水街道的交通需求。2011年由深圳观澜至东莞凤岗的深莞2线进行调整，延伸至深圳北站至东莞凤岗。2014年6月，深惠3B线路更改为深惠3线，调整后的线路向东莞延伸，成为跨越深莞惠地区首条公交线路，并与深圳轨道交通、城际高铁和城市公交等综合交通形成良好的接驳，全程耗时约3个小时，票价为13元。

跨市层面线路的公交化经营有效解决了城市外围地区跨市交通供给不足的问题，并且以较低的价格满足了居民出行的需要。然而，在实际运营过程中亦存在不少问题。第一，跨市交通运营亏损问题。公交化运营多在城市外围地区进行，在跨市多模式交通系统中价格较低、运营时间较长，且部分线路与其他交通模式存在一定的重合，这使得部分线路由于客运量较低，面临较严重的亏损。例如，东莞石龙至惠州石湾的跨市巴士公交上座率低于40%，惠州博罗圆洲至东莞石排的跨市巴士公交亏损超过160万元。第二，城市之间利益协调和博弈。跨市巴士公交开通初期，跨市间的路桥费成为重要的负担之一。例如，莞惠跨市巴士公交运营初期经过东莞时需缴纳20元的路桥费，而向惠州缴纳的是月票。目前深莞惠的跨市巴士公交已经达成共识减免路桥费。此外，跨市巴士公交线路的调整或取消也反映了城市政府之间的利益博弈。例如，2013年春运期间惠州208路公交从惠州惠阳的塘厦站延伸至龙岗双龙地铁站，显著改善两地的交通出行环境。跨市巴士公交的开通需两地交管部门共同确认，然而，由于深圳交管部门的不同意，最终取消了惠州208路公交跨市延伸至龙岗。

截至2015年6月，深莞惠都市区共开通26条跨市巴士公交线路，拥有14家经营主体。其中，深莞2线和深惠3线经历多次的线路经营权冲突和线路调整，所面临的问题和政策创新均具有更好的代表性。2015年1月和2015年4月笔者对上述线路进行实地踏勘调研，并通过与公交公司管理人员、司乘人员和乘客等进行深度访谈的形式收集相关资料。

7.3.2 深莞2线

2010年，深圳和东莞两市开通了深圳观澜汽车客运站至东莞凤岗汽车客运站的深莞2线，投放4辆公交车，每15分钟一班。公交线路的经营权和公交车由个体经营者拥有，分别挂靠在深圳市宝运发汽车服务有限公司和东莞市凤岗镇公共汽车有限公司，车辆和线路经营者每月向两家公司缴纳挂靠费、车辆保险等管理费用。

开通运营以来，深莞2线进行了数次线路调整。2011年9月，深圳发车点由观澜湖汽车站延长到深圳北站，衔接深圳高铁、地铁等站点，线路延长了1倍多，运营车辆增至28辆，发车频次由此前的每15分钟一班调整为每10分钟一班，公交票价也相应由此前的3元增至8元。由于调整后的经营线路也带来线路运营成本的增加，加之周一至周五工作日的客源不足，远途的乘客量更少，线路经营入不敷出，仅在周末和节假日乘客量较多时才能实现微薄盈利。2015年3月，深莞2线的深圳发车点再次调整，由深圳北站一个发车点调整为深圳北站和深圳地铁4号线终点站清湖地铁站两个发车点，但由深圳北站的线路发车频率从每10分钟改为每60分钟一班(图7-1)。

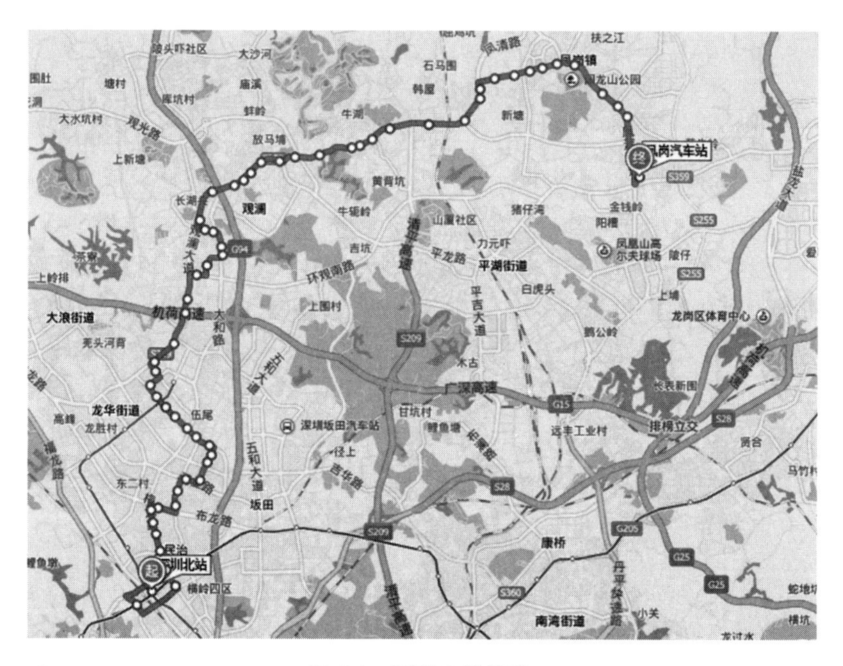

图7-1 深莞2线线路

资料来源：基于百度地图绘制。

7.3.3 深惠3线

2014年5月，深圳、惠州和东莞三市交通部门将深惠3B线更名为深惠3线，并对线路进行了调整。调整后的线路覆盖深圳龙岗、东莞凤岗以及惠州惠阳片区，实现了深莞惠都市区5个毗邻镇的跨界出行，并与深圳市轨道交通、城际高铁和城市公交进行接驳，成为首条跨越深莞惠三市的跨市巴士公交线路。深惠3线全程68 km，途经150多个站点，票价13元。但开通后的深惠3线客流远远低于预期目标，20多辆公交车每天亏损近1万元。同年12月，三市交通部门再次对深惠3线进行了线路调整，线路长度缩短为48 km，往返于惠州惠阳秋长白石总站与深圳平湖华南城之间(图 7-2)。

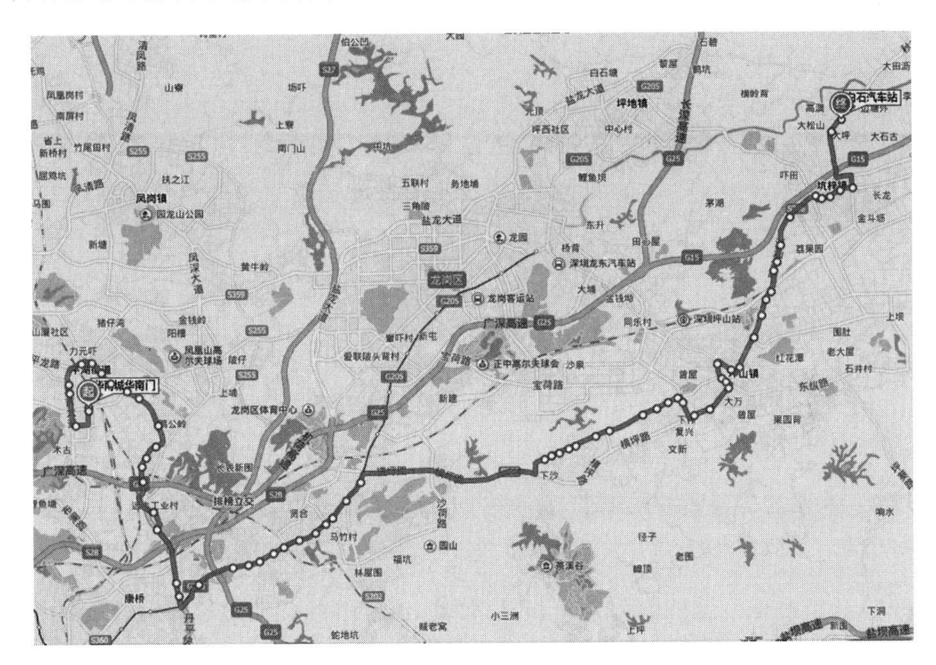

图 7-2 深惠 3 线线路

资料来源:基于百度地图绘制。

7.4 都市区跨市巴士公交问题解析

城际客运线路的公交化经营有效解决了城市外围地区公交服务供给不足的问题,并且以较低的价格满足了居民出行的需要。然而,在实际运营过程中亦存在不少问题,例如线路选线的协调,道路客运经营权调整,政府补贴与盈利压力等。

7.4.1 公交线路规划与协调问题

在单个城市范围内,公交线路的选址和道路经营权调整相对容易操作。但在超越单个政府的区域尺度上,公交线路选择与规划则需要两个或多个政府间的合作。一个突出的问题是,一个城市政府具有明显的开通跨市巴士公交的需求和意愿,而另一个政府则由于保护本市利益的考虑,迟迟不采取行动。例如,2013 年春运期间惠州 208 路公交从惠州惠阳的塘厦站延伸至龙岗双龙地铁站,显著改善了两地的出行环境。然而,由于深圳交管部门不同意该方案,最终取消了惠州 208 路公交跨市延伸至龙岗的方案。但是，深惠两地交界处仍有较大的交通需求，为此 208 公交线路自行将运营线路从深惠交界处站延伸到六联小学站，延长里程约为 1.6 km，但由于是违规延长线路，先后收到了深圳龙岗交通运输部门共计 3.3 万元的罚款。公交企业之所以会自行延长运营里程，是因为深惠交界处站的交通配套设施不完善，调整至六联小学站能与深圳 309 路、862 路等主线公交车实现无缝衔接，也符合广大乘客的交通需求。深惠交界处站不具备建设公交站配套设施的条件，如果不延长里程，广大乘客就需要走路至六联小学站。由此，线路选择与调整的问题从深层次的角度来说，反映了政府间如何实现利益的协调与结构优化。跨市巴士公交的开通以及较高水平的服务为居民跨市出行提供了良好的便利条件，从长远来说可能引导居民就业与居住的重新选择。若跨市巴士公交开通使得本城市的居民选择在邻近城市居住，则一定程度上意味着财政收入的损失。

7.4.2 道路客运经营权的调整

道路客运经营权是交通运输管理部门准许客运经营者在一定期限内进入客运市场从事运输经营的权限，具有政府特许、有限的经营期与经营范围、政府指导定价等特征(徐婷姿，戴波，2012)。在促进公交同城化进程中，一方面，可能需重新分配公交线路和提升城乡公交服务水平，另一方面也可能需要引入更有效率的公交经营主体。在保障市场运营效率和服务均等的前提下，这些方式均会涉及道路经营权的调整问题。若调整方式不恰当，则可能引起利益冲突或部分地区服务配置不到位的问题，反过来又会制约公交同城化发展。例如，在深圳至惠州的跨市巴士公交中，深惠 3 线的前身深惠 3B 公交线路在试运营首日就遭到比其早几年入驻惠州的深惠 3A 线的恶意抵制，试运营首日接连有四辆车被撞毁(黄仰鹏，2014)。从珠三角地区市民关于跨市巴士公交的主要投诉和建议来看，建议优化现状跨市巴士公交服务的达到 35.48%(吴佳，2014)。因此，在跨市巴士公交发展的制度框架下，应积极推进经营权调整和利益协商决策，推动多主体的相互协调与合作，实现公交同城化的多方共赢。

7.4.3 政府补贴与盈利压力问题

随着 2009 年以来我国成品油税费改革和城乡道路客运成品油价格补助专项资金的设立，城市公交企业和农村客运经营企业(个人)能获得不同程度的成品油价格补贴，而跨市巴士公交经营者却不在补贴对象范围之内。同时，跨市巴士公交也无法享受城市公交其他方面的优惠政策，包括公共财政拨款、免征车辆购置税、免征站场城镇土地使用税等。在缺乏补贴优惠的情况下，再加上跨市巴士公交票价较低和运量相对不足等问题，这些都加大了跨市巴士公交的盈利压力。例如，东莞石排至惠州博罗的跨市巴士公交线路，每辆车每日收入800元才能保证收支平衡，但由于客源稀少，开通之初每日每辆车车票收入只有三四百元，每月亏损达7万多元；东莞石排至惠州园洲首条跨市巴士公交由博罗县黄巴客运有限公司和东莞市石排镇公共汽车有限公司分别运营，全长为8 km，但开通3个多月以来，双方运营亏损额度就达40多万元；东莞石龙至惠州石湾的跨市巴士公交同样面临严重的亏损问题，该跨市巴士公交开通试营运仅10多天，石龙方面的运营亏损就达6万多元，只能将该跨市巴士公交与其他线路合并运营(龚萍，郑焕坚，2009)。此外，由于跨市巴士公交运营线路较长以及供给规模相对不足，使得跨市巴士公交等待时间和全程运营时间较长，导致跨市巴士公交服务水平相对较低，降低了竞争力。

上述跨市巴士公交存在的问题综合反映了现有城际客运公交化在都市区层面协调的不足：① 缺乏跨越空间范围与行政主体的协调机构。在都市区规划组织的区域协调的理念下，芝加哥和慕尼黑等一些都市区均成立了统筹区域公交规划、投资、建设和信息共享的公交服务委员会(TSB)，能以相对较低的协调成本和较高的效率满足跨区域交通出行的需求。然而，目前我国对于跨越行政区范围的巴士公交而言仍缺乏区域层面的交通组织和协调的平台，导致跨市巴士公交线路规划、经营权转移和运营补贴等方面缺乏统筹，使得跨市巴士公交的发展困难重重。② 缺乏线路规划和运营补贴的创新机制。跨市之间更加多样化的出行目的对跨市巴士公交供给提出了一些新的要求。若不能有效地提供符合居民需求的交通模式，则容易带来投资浪费以及更大的亏损，相应的交通服务水平也不高。

7.5 跨市巴士公交的制度设计与政策创新框架

国外MPO和TSB的经验表明，都市区跨市巴士公交服务供给与治理是一个涉及多个行政主体协调规划、多种交通模式相互配合和多家企业参与竞争的复杂系统。政府共治和市场机制能有效兼顾乘客、政府、企业等各方目标和利益诉求。其一，政府共治能有效解决跨市巴士公交服务治理中双方权责不对等、利益分配不均等、建设进度不统一等问题，发挥政府在公交服务供给中的调控作用，保证跨市巴士公交的服务质量。其二，跨市巴士公交经营模式多样，票价水平参差不齐，通过市场机制合理配置资源，激发跨市巴士公交经营者的积极性，提升跨市巴士公交服务的供给效率。

7.5.1 成立跨市巴士公交的协调组织或平台

跨市巴士公交区别于城市公交的最主要特征就是需要两个或两个以上城市政府共同供给与治理。西方都市区层面的跨市巴士公交规划和运营经验表明了MPO和TSB的重要性。在缺乏统一的协调组织的情况下,跨市巴士公交线路规划和运营等方面存在较大的压力。因此,建立一个由省级政府协调,跨市地方政府主导的跨市巴士公交协调平台,能在很大程度上降低地方保护主义,以及公交运营主体和线路的冲突。跨市协调平台的主要责任是统筹跨市巴士公交线路规划、道路经营权调整、融资、运营管理、制定财政补贴政策以及提供及时的运营信息(图7-3)。

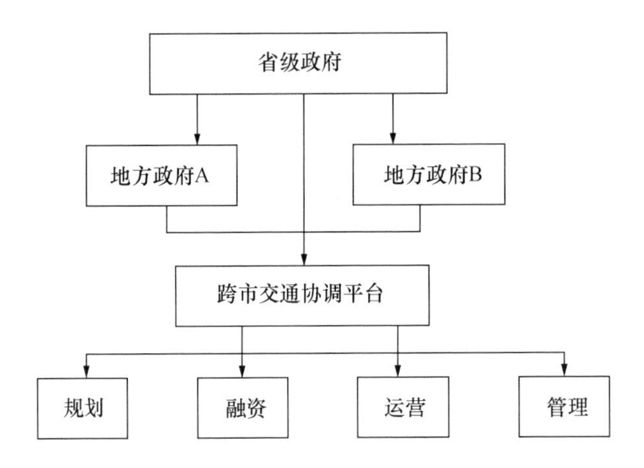

图7-3 跨市巴士公交协调平台及其主要职责

资料来源:作者自绘。

7.5.2 统筹跨市巴士公交规划和运营模式

应对跨市巴士公交存在运营时间和运营线路冲突等问题,需建立跨市巴士公交和城市公交一体化发展以及弹性的线路优化机制。① 制定都市区公交综合规划。合理的跨市巴士公交运营线路和运营时间,能有效实现跨市巴士公交线路和城市内部的公交系统的良好接驳(图7-4)。② 以弹性的线路优化机制进行道路客运经营权调整。新的跨市巴士公交线路建立或者是已有跨市巴士公交线路的优化往往会面临道路客运经营权调整和转移的问题。若不能及时地进行协调,往往容易出现线路冲突和运营低效率的问题。因此,应在跨市巴士公交规划的基础上,及时进行道路经营权调整,积极满足跨市巴士公交的市场需求,更好地平衡跨市巴士公交的公益性和市场盈利。在此其中，一个可行的策略是在道路客运经营权调整的基础上实行道路客运企业和城市公交企业联合经营，提供均等化的跨市巴士公交服务水平，同时也能获取一致的优惠政策。

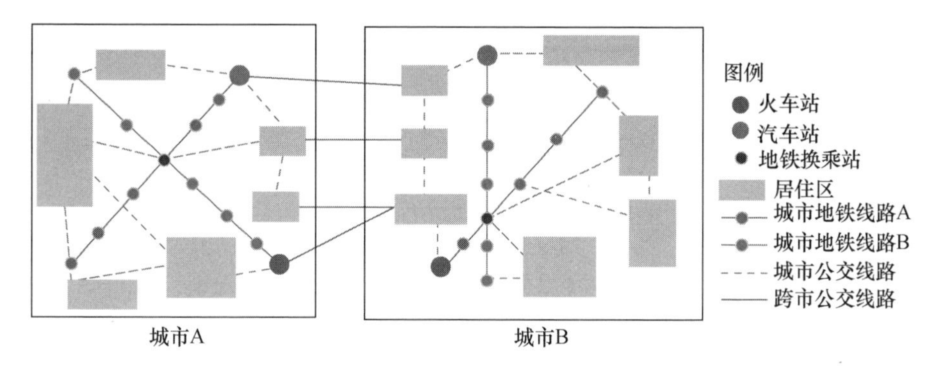

图 7-4　跨市巴士公交线路与城市公交的接驳系统

资料来源：作者自绘。

7.5.3　实现跨市巴士公交补贴和融资模式的创新

可持续的融资和市场盈利是跨市巴士公交发展的重要保障。然而，由于跨市巴士公交难以获取各层级政府的优惠政策和财政补贴政策，在很大程度上阻碍了跨市巴士公交的可持续发展。面对这种困难，需要区域政府和地方政府的联合，实现融资和补贴政策的创新。首先，可由省政府和地方政府共同设立跨市巴士公交的专项资金，用以补贴跨市巴士公交运营的亏损。其次，可以通过公私合营(PPP)的模式，引入相对具有运营经验和管理水平的公司，进行联合运营，以降低融资压力和运营亏损的风险。再次，通过一些成熟地区的跨市巴士公交站点周边的土地综合开发，通过土地开发收入补贴公交运营(图 7-5)。

7.5.4　建立跨市巴士公交信息分享平台和线路优化

对于跨市巴士公交而言，及时的公交运营信息的分享有助于居民出行时间和模式的选择及规划，保持跨市巴士公交竞争力。反过来，准确理解城市局面潜在出行特征和出行需求，有助于帮助政府或企业进行最优的线路安排。定制公交可以有效降低跨市出行信息不完善的问题，并能建立一个统一的信息分享和查询的平台，进而帮助实现最优的线路规划和运营时间的安排。若将目前城市层面相对成熟的定制公交思路拓展到都市区层面，则定制公交的区域化使用能有效满足居民的跨市出行需求，也能在一定程度上保障票价收入，有效避免运营

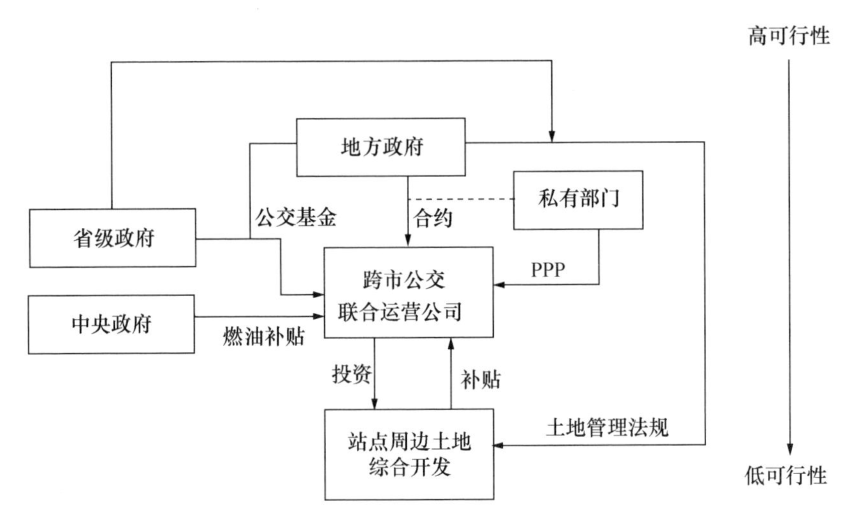

图 7-5 跨市巴士公交融资与补贴机制的创新

资料来源:作者自绘。

亏损。目前,这种模式已经在广州和中山之间得到实现。2015 年 6 月广州万顷沙至中山三角牌镇的跨市定制公交线路开始招募乘客,全程约 18.5 km,采用一票制票价,定价标准以市场运作为主导,根据报名人数分摊成本费用。这种理念的普及和运行机制的完善,将在很大程度上促进跨市巴士公交的发展。

7.6 结论与讨论

在都市区一体化发展的背景下,跨市交通需求模式逐渐呈现多样化的趋势,跨市巴士公交在城市间毗邻区的作用将继续增强。如何更有效地实现跨市巴士公交的服务供给、线路优化和运营补贴是推进跨市巴士公交的可持续发展的关键。深莞惠都市区的跨市巴士公交案例表明,在缺乏一个统一的协调框架下,跨市巴士公交发展呈现较低的自组织效率以及较严重的亏损和服务水平低下的问题。芝加哥和慕尼黑大都市区的经验指出了建立都市区尺度的区域公交规划组织非常有必要。在一个统一和规范的空间发展框架下,这有利于避免和规制运营主体之间的冲突问题,同时也更加有利于平衡各个地方政府的利益,进行更有效率和持续的跨市巴士公交补贴,以降低跨市巴士公交运营的亏损问题。此外,也更有利于实现区域公交和城市公交的接驳,继而提升都市区跨市巴士公交的吸引力。

总的来说,跨市巴士公交供给应紧密结合城市居民在区域尺度上的交通需求，并尽可能地提供一个准时和舒适的出行服务环境。在这样的要求和趋势下，跨市巴士公交服务的供给与治理需要不断实现政策和制度创新。

(1) 城市公交系统的政策创新也能拓展到跨市巴士公交。一个重要的借鉴是实现定制公交服务的区域化运用。通过定制公交来最大化地满足居民的出行需求，进而提供相应的公交服务。

(2) 实现跨市巴士公交的多样化供给。跨市巴士公交普遍面临线路较长、停靠站点较多和运营时间长的问题，可通过跨市巴士公交快线和慢线的供给，满足多样化的需求，提高运营效率。

(3) 考虑到跨市巴士公交的亏损和补贴问题，跨市巴士公交可适当引入私有资本，进行联合开发以降低融资压力和运营风险。

对于目前我国多地开展的同城化建设而言，深莞惠都市区的跨市巴士公交经验也有一定的借鉴。包括京津冀、长三角和珠三角在内的城市群和都市区都强调了交通一体化在引导同城化的作用，甚至将交通一体化作为同城化的基础。无论是市场引导还是政府主导的同城化，都需要一个合理的责权关系与成本利益调节机制。否则，在城市政府经济扩权的背景下，缺乏协调的单个城市决策往往会阻碍同城化发展。深莞惠的案例也在一定程度上说明了缺乏协调的交通规划与政策在促进社会经济要素流动与满足居民跨界出行方面的局限性，因此都市区公共服务供给与治理需要建立政府间良好的合作关系，同时也不能忽视社会资本和公众参与的重要性。

第八章

都市区跨市综合交通规划与政策

大都市区治理一直是城市与区域规划、发展与公共政策的主题。同城化作为区域一体化背景下城市间协作发展的新形式,对降低城市之间的行政壁垒,提升资源要素跨界自由流动与高效配置具有重要意义。跨市交通规划、建设与政策是促进各种要素同城化流动的重要基础,如何通过跨市交通规划与政策促进同城化发展成为研究的热点。本章[①]以国内发展相对成熟的广(州)-佛(山)同城化发展为对象,重点分析同城化背景下广佛城际轨道交通、道路交通、巴士与出租车的发展,揭示跨市交通发展的模式、问题与对策,为国内同城化规划与发展提供政策建议。

8.1 引　　言

大都市区治理一直是城市区域规划、发展与公共政策的主题(张紧跟,2010)。实现区域协调发展和推进深层次的区域协作是大都市区面临的挑战(唐燕,2010)。尽管城市之间存在空间的隔离和行政制度的障碍,但社会经济等功能联系却不断增强(张纯,贺灿飞,2010)。经济全球化和区域一体化发展趋势下,资本、技术、劳动力等要素的跨行政区流动需求不断提升。一方面,社会经济要素的跨市流动在一定程度上会重塑某些地区的空间结构和发展优势,导致其他地区失去相对发展优势。另一方面,城市之间的行政职能与组织特征会成为要素跨界流动的壁垒,降低资源流动与配置的效率,进而阻碍一体化的发展。如

① 本章主体内容已经发表:林雄斌,杨家文,谢莹. 同城化背景下跨市交通的规划与政策——以广佛同城为例 [J]. 国际城市规划,2015,30(4):101—108. 部分内容有改动和更新。

何有效管治加强城市之间功能整合与协调发展变得日益重要。在美国和加拿大，都市区管治呈现单一政府的合并与巩固、联邦制双重管理和协作管理等模式(Goldsmith M，2009)。在持续城市化的中国城市，如何降低城市之间的行政壁垒，提升资源要素跨市自由流动与高效配置变得非常重要。目前，同城化作为城市间相互协作的高级形式成为国内城市区域重要的空间战略治理模式。

同城化发展在规划战略或协议框架的基础上，通过城市之间基础设施、产业发展和行政管理等措施逐步推进一体化发展，以满足日益增长的城际联系与要素流动的需要。近年来，为满足和强化城市群内部城市间社会经济的联系，同城化发展成为提升地区联系和竞争力的新措施。如深港同城、京津同城、广佛同城、沈抚同城、厦漳泉同城、宁镇扬同城、长株潭同城、合淮同城等同城化规划与发展。跨市交通规划、建设与政策作为促进各种要素同城化流动的重要基础，涉及包括多个城市政府在内的多元主体的治理与调节。广佛都市圈作为珠三角区域一体化发展的重要载体，通过积极的制度与政策制定引导区域增长(Ye，2013)。如何通过跨市交通规划与政策促进同城化发展成为当前研究的重要问题。截至 2014 年 5 月 24 日，新浪网的调查显示 46.3%的调查者期待通过同城交通网建设促进广佛一体化(新浪广东，2014)。以广佛同城化发展为对象，重点分析同城化背景下广佛城际轨道交通、道路交通、巴士与出租车交通的发展，揭示跨市交通发展的模式、问题与对策，能为国内同城化规划与发展提供政策建议。

8.2　同城化：新区域主义下的空间与治理模式

8.2.1　区域公共问题与新区域主义的兴起

随着城市经济增长与空间形态向外扩张，区域公共问题逐渐凸现。单一城市政府主体难以单独应对各类公共性事务，需要逐渐转变为具有复合功能的大都市区(曹海军，霍伟桦，2013)。区域合作治理成为一个普遍的选择。如何有效推进区域治理，实现治理模式的创新，成为引导区域增长的重要基础。城市发展需求与实践不断推动大都市治理理论和新模式的推进(洪世键，2010)。现有研究总结了城市治理理论领域的三次范式转换，即从传统区域主义和公共选择理论学派转向新区域主义(曹海军，霍伟桦，2013)。不同的治理模式反映了都市区治理观念和资源配置机制的演进。从调控机制角度看，管治主要有科层、市场和网络三种资源配置与协调模式，分别对应着“政府集权化主导”“市场分权化竞争”和“多主体网络化合作”等三种治理模式(洪世键，张京祥，2009)。这三种不同的模式具有不同的侧重内容，过于强调政府或市场主导的治理模式由于内在缺陷而受到了质疑。例如，政府主导的集权化治理模式过于强调区域政府的权力与职能，导致难以保障公共资源的有效供给和合理配置，而市场分权化的治理模式则容易引发恶性竞争和资源浪费等问题，难以形成对集权化治理缺陷的有效弥补（于刚强，蔡立辉，2011）（图 8-1）。

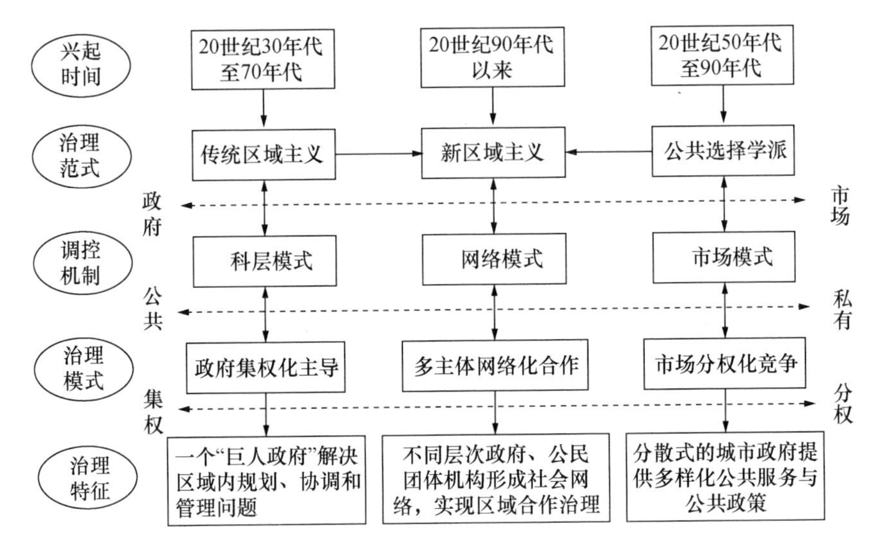

图 8-1　三种区域治理模式与特征

来源：根据相关文献整理绘制。

20 世纪 90 年代以来，新区域主义逐渐成为区域治理与发展的重要理论支撑。新区域主义致力于探索有效的地域空间组织和区域协调发展机制（韩会然等，2010），积极倡导"多种含义的区域空间、多层治理的决策方式、多方参与的协调合作机制"等论点（殷为华等，2007）。与传统区域观念和公共选择视角相比，新区域主义强调治理的过程，主张在相关主体间建立健全有效的协调机制以应对区域公共问题的挑战，提高城市区域的竞争力（张紧跟，2010）。这种开放性、介入性、包容性和合作性的治理方式能有效地推进区域合作治理的进程（全永波，2012）。在我国，现阶段政府政绩考核过分关注本行政区范围内的经济效益，这不仅导致行政区之间各自为政，缺乏有机联系和协作，并且同一个行政区内各部门也缺乏有效的衔接和功能整合，造成行政壁垒和效率降低等问题。因此，学者尝试从制度创新和协调发展保障等层面提出跨市增长的建议，如"保持开放的制度空间范围、形成多元化的组织管理模式、建立网络型的管治体系、重视非正规制度的建设、构建相互依赖的产业集群和公共设施建设"等策略（李红等，

2010)。

8.2.2　同城化:区域合作的高级形态

区域一体化有利于提高城市吸引投资的能力,缩小城市之间的差距,促进区域内部协调发展。同城化作为当前区域合作的高级形态,是区域社会经济一体化发展的重要阶段,其最重要的目的是打破城市之间的行政壁垒,建立良好的区域协调机制,在跨市的空间范围内统筹基础设施建设与公共服务发展。在区域竞合需求下,我国多个地区开展同城化实践,以不断加强区域一体化进程和城市区域综合竞争力。

同城化顺应城市竞争力提升的现实需求,反映特定阶段社会经济发展趋势。同时,同城化发展需要具备一定的基础,需要区域内各个城市之间存在一定的关联性、差异性和通达性(段德罡,刘亮,2012),表现出多个方面的特征:第一,同城化是相邻城市特定发展阶段的路径选择。如2000年年初《广州市城市总体规划(2001—2010)》正式提出"西联"佛山的空间增长战略,随后佛山市提出"东承"的空间策略,以实现广佛空间整合发展。只有在相邻城市经济密切、资源存在互补时才可能形成同城化的需求;第二,同城化具有距离门槛。在适宜的空间距离范围内,才能实现设施共享和一体化发展;第三,同城化城市是区域发展的增长极;第四,城市间经济结构的差异性是合作形成的基础。目前,在我国条件相对成熟的城市区域将同城化作为发展策略,以推动区域一体化发展。

8.3　广佛同城化的基础与特征

一直以来,广州和佛山市由于空间毗邻具有良好的空间联系与协作的传统。《珠江三角洲地区改革发展规划纲要(2008—2020年)》对广佛地区的同城化发展提出较高的定位和目标,通过两市的基础设施建设和公共服务共享等方式强化同城效应,成为珠三角打造"布局合理、功能完善、联系紧密城市群"的示范地区。为了更好推进广佛同城化发展,在《广州市佛山市同城化建设合作框架协议》的基础上,目前两市建立了包括"四人领导小组、市长联席会议、分管市领导同城化工作协调会议、对口职能部门专责小组"在内的多个层次的协调机制(吴瑞坚,2014)。在同城化进程中,广佛跨市交通规划和交通基础设施一体化成为重要的切入点。

8.3.1　广州-佛山的地缘合作基础

广佛两市具有200 km的接壤边界,在官方正式提出广佛"同城"之前,自20

世纪 90 年代开始，在佛山的黄岐出现延续广州中心区中山八路的“中山九路”现象，很多广州人搬到黄岐居住，广佛民间自发的融合开始显现（袁奇峰，2010；王达梅，2011）。从历史上，广佛两地的辖区基本上都隶属于南海、番禺两县的管辖，相似的历史、文化和经济等地缘特征成为广佛同城合作发展的重要基础。第一，历史渊源、地域相连与血脉联系。广佛两地均根源于广府文化，具有相似的文化和血缘基础。从历史上，秦代时期设置南海郡，郡治设于番禺。在很长的一段时间内，广佛均处于同一个行政建制内，相似的历史、文化观念成为广佛同城的文化基础（梅伟霞，2009）。第二，基础设施跨界连接。广佛地域毗邻，现有城际公共交通基础设施为两市开展同城化合作奠定了基础。第三，产业合作与经济联系基础。广佛两市产业结构具有良好的关联性和互补性（杨海华，胡刚，2010）。从历史上，20 世纪 30 年代后期佛山各镇街的商铺纷纷向广州转移，包括丝织业、制陶业、制药业等，原本就为商业旺街的广州西关的十八甫成为佛山商贾搬迁的目的地（陈鸿宇，郭超，2006）。广佛之间的产业发展与经济联系呈现“前店后厂”的模式，将店开在广州，而把生产基地留在了佛山（梅伟霞，2009）。如今，由于广佛城市功能的分工与差异，广州在休闲、商业等方面具有明显的集聚优势，而佛山更多地成为广州的居住选择地区（王世福，赵渺希，2012），广佛之间流动的需求和规模日益增大。

8.3.2 珠三角一体化下的广佛同城发展

2000 年以来，广佛同城空间发展战略逐渐从“广佛”城市层面上升为省级和国家层面，合作内容不断深入和具体。2000 年年初，广州市政府提出“东进、西联、南拓、北优”的空间发展战略，其中“西联”即指广州往西发展联合佛山（谢涤湘，2007）。此后，两市在行政区划上也有所响应。首先是广州市于 2000 年进行行政区划调整，番禺市和花都市撤市设区，并入广州市。随后，2002 年 12 月，佛山市响应广州市“西联”战略进行行政区划调整，撤销佛山市城区和石湾区，设立佛山市禅城区，原佛山市城区、石湾区和原南海市南庄镇的行政区域并为禅城区的行政范围；撤销几个县级市，即南海市、顺德市、三水市和高明市，设立佛山市南海区（不含南庄镇）、顺德区、三水区和高明区，初步形成大佛山的城镇空间格局。2003 年，针对广州的“西联”内容，佛山明确“东承”战略，提出主动承接广州的辐射和带动作用，实现错位发展。同年，广州市组织开展《广佛都市圈协调规划研究》，随后联合开展“广佛区域合作发展论坛”和《广佛两市道路系统衔接规划》。2008 年，国务院正式批复《珠江三角洲地区改革发展规划纲要（2008—2020 年）》提出“强化广州佛山同城效应，携领珠三角地区打造布局合理、功能完善、联系紧密的城市群”，广佛同城化第一次从区域合作层面上升到国家战略层面。2009年3月，广州、佛山第一次举行市长联席会议，并签署《广州市佛山市同城化建设合作框架协议》，同年编制《广佛同城化发展规划(2009—2020年)》。2010年，广佛地铁开通标志广佛同城化协作上升为新的高度(图8-2)。

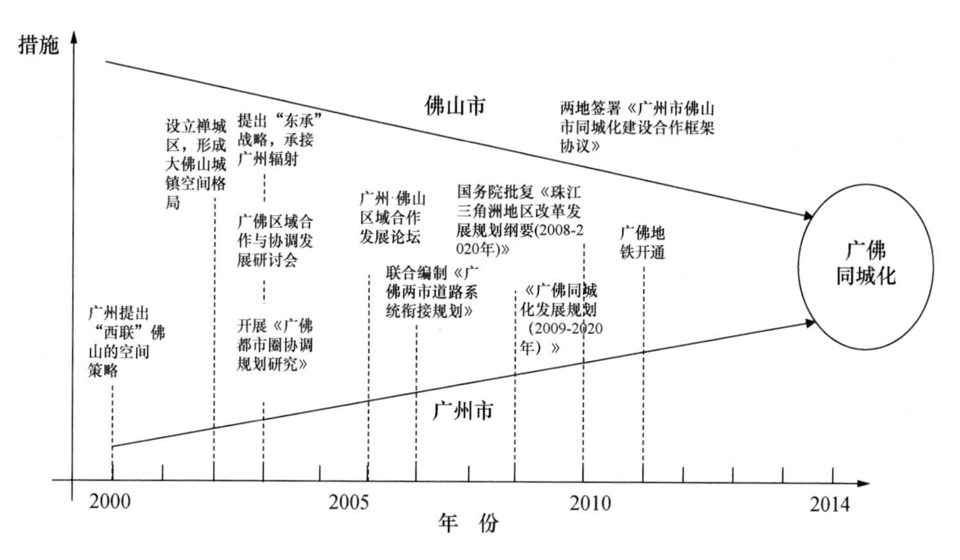

图8-2 广佛同城化的发展历程

来源：根据广佛同城发展相关措施绘制。

8.3.3 广佛同城发展下的跨界规划实施机制

良好的协调机制和规划实施是保障跨市发展的重要基础。目前，行政区划调整和非正式区域协调机制是两种重要的区域治理方式。对于广佛同城化发展而言，一方面，广州和佛山都通过各自行政区内的行政区划调整进行空间整合，另一方面，广州和佛山通过正式或非正式的协调机制以进一步推动同城化发展。目前，广佛同城以垂直型的合作框架(图8-3)，通过4个层面的管治机制(吴瑞坚，2014)，不断降低行政壁垒，提升跨区域资源要素流动的自由度和效率，促进同城化发展。第一，四人领导小组，由广州和佛山的市委书记和市长组成，进行广佛同城化进程中重大事项的协调和决策，制定同城化发展的大方向。第二，市长联席会议，由广州和佛山的市长召集会议，两市发改、交通、建设、环保等部门的负责人参加，原则上每半年召开一次，负责检查上一阶段同城化建设的实施情况，进行重大事项的协调，编制重点工作计划和同城化建设规划。第三，分管市领导同城化工作协调会议。由广佛分管副市长负责和组织召开，审批广佛同城化建设重点计划方案，解决同城化合作包括基础设施共享、道路衔接等建设的

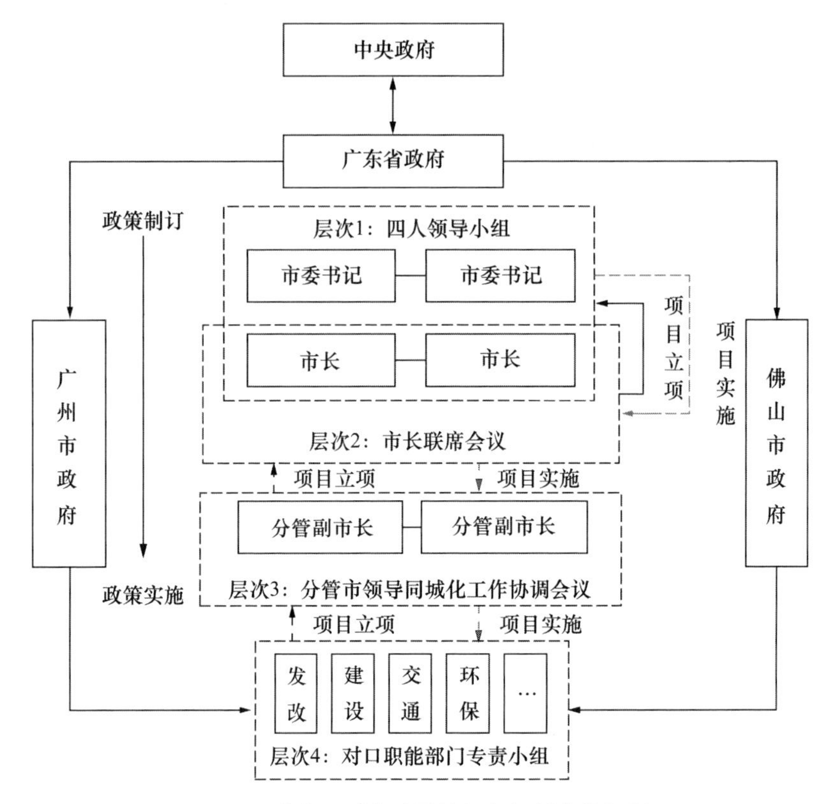

图 8-3　广佛同城化跨界协调与规划实施机制

来源：根据《广州市佛山市同城化建设合作框架协议》材料改编绘制。

具体协调事宜。第四，对口职能部门专责小组。由包括发改、交通、建设、环保等在内的职能部门组成，负责专职领域的衔接与协调，制定具体措施，协调建设项目的推进与落实。

在同城化项目的立项程序上，首先由规划、交通和经济等政府部门和区政府向市长联席会议办公室上报下个年度的工作计划，进而联席会议办公室根据同城化战略进行评估和筛选部门项目，成为新设立项目，并作为年度重点工作计划草案。其次，工作计划内的项目在经过广佛市长联席会议审批通过后开始落实与实施。在同城化项目实施上，自上而下受到包括市长联席会议、同城化工作会议等多个层面的监督和检查。在广佛同城化建设协调管理框架下，通过自下而上的立项机制与自上而下的项目实施与监督机制有机组合的形式，推动同城化项目的立项和建设。

8.4　广佛同城化的交通规划与政策尝试

跨市交通基础设施规划、建设与政策制定是促进城市之间经济要素流动的重要空间载体，是推行同城化发展的重要基础。广佛同城化战略制定以来，广佛两地通过跨市轨道交通、道路交通、巴士和出租车的建设与政策制定不断推进同城化发展进程。

8.4.1　广佛地铁合作建设

广佛地铁（即广佛线）横跨广州的海珠区、荔湾区和佛山的禅城区、南海区，于2007年6月开始建设，是珠三角城际轨道交通网络中最早开始建立的一条线路，也是国内首条跨市轨道交通。随着2002年珠三角城际轨道交通规划通过国家审批，广东省政府积极推进广佛地铁建设，旨在将其建设成为全省示范点。广佛地铁项目总投资146.75亿元。广州和佛山两市分别成立广佛地铁投融资代表，成立广东广佛轨道交通有限公司作为法人代表，负责广佛线的投资、建设、营运和管理，共有4个股东：广东省铁路集团有限公司（占22.2%），广州地铁公司（占45.2%），南海地下铁道有限公司（占16.8%）和佛山市地下铁道有限公司（占15.8%）。由于佛山市行政区划的调整，随后南海地铁与佛山地铁合并成立为佛山市轨道交通发展有限公司，代表佛山市政府进行广佛地铁建设融资。由于一些因素影响，原本由广东省政府承担的22.2%的股份撤销，只提供约14.7亿元的现金补贴，剩下的由广州、佛山两市按51%和49%的比例共同出资建设。由于广佛地铁融资主体和比例的调整，以及项目建设的时间约束，广佛轨道交通公司提议采用“建设管理委托业主代理”的形式，将建设与运营委托给广州地铁总公司。经过广佛两地政府的审议得到批准。这种方式直接运用广州地铁建设运营管理的经验和人才资源优势，同时广佛两地多次召开整体拆迁和项目建设的联动协调会议，提高了项目建设的效率，降低了建设成本。此外，广州当年正在规划建设的2号、6号、7号、12号等线路均预留接口与佛山地铁线路衔接，更好推动了广佛轨道交通的衔接。

广佛地铁由佛山市的魁奇站经过禅城区和南海区，广州市荔湾区和海珠区，至广州市的沥滘站，与城市轨道交通具有良好的接驳性。广佛地铁全长32.16 km，佛山和广州境内分别为14.80 km和17.36 km。2007年6月，广佛地铁全面动工，2010年10月，广佛地铁首通段（即广佛地铁佛山段，魁奇站至西朗站）开通运营，2015年将实现全线通车（魁奇路—沥滘）。在广佛地铁开通前，两地主要以城巴、快巴和公交车进行客运运输,票价 6～13 元,出行时间超过 1 个小时。广佛地铁开通后票价只需 6 元,出行时间约为 30 分钟,极大促进了两地的同城效应。广佛地铁开通以来,发车间隔从初期的约 8 分钟缩短为 5 分钟,准点率超过 99%。截止到 2014 年年底,广佛地铁佛山段共运送旅客超过 1.8 亿人次,日均 15 万人次。此外,为了扩大广佛同城的范围,《佛山市城市轨道交通建设规划修编(2015—2020 年)》显示广佛地铁佛山段将从魁奇站向南增加 4 个站点,延伸至新城小涌,延长线路约 6.678 km,计划投入 37 .1 亿元,将于 2016 年 6 月开通运营。在广佛地铁全线通车后,从广州海珠区到佛山的禅城全程仅约 40 分钟。

然而,广佛地铁二期(即广佛地铁广州段,西朗站至沥滘站)的建设却十分缓慢。受到广州市沥滘站拆迁滞后的影响,该段地铁的开通时间不断延后,从最初规划的 2012 年开通运营一直延后至 2017 年年底开通。沥滘站的拆迁面积约 5.5×10^4 m^2,自 2003 年启动房屋拆迁以来,房屋拆迁总计 371 户,截止到 2013 年 8 月仍有少量房屋未完成拆迁。广佛地铁广州段的土建工程开工累计从 2013 年 3 月的 63%增加至 2014 年 1 月的 75%,2015 年年初土建工程累计为 81%。根据佛山市召开的 2015 年全市路网建设推进会,佛山将继续以广佛同城为核心加强与广州城市路网的衔接,广佛地铁西朗至沥滘段,2015 年年底开通至燕岗,2017 年年底全线开通。在经济较为发达的地区,单纯依靠道路交通系统难以满足跨市层面日益增长的交通需求,由道路交通重点转向轨道交通是新的趋势(杨家文等,2011)。近年来,广佛地铁佛山段客运规模持续增长,但与广州地铁相比仍明显不足。事实上,2015 年 12 月开通运营一期后通段(西朗站至燕岗站),但广佛地铁二期(魁奇路站至新城东站)与二期后通段(燕岗站至沥滘站)分别于 2016 年 12 月和 2018 年 12 月才开通运营,与计划相比存在较大程度的滞后。广佛地铁广州段的开通意味着佛山与广州市内轨道交通具有更好地接驳性,将极大促进广佛同城化发展。

8.4.2 跨市道路交通设施规划与建设

2006 年,广佛两市的规划与交通部门联合编制《广佛两市道路系统衔接规划》,提出"共享共建区域交通基础设施",此后有 17 个路口、由佛山通向广州的佛山"一环"通车,缩小了广佛之间交通时间与费用。广佛政府根据《广州市佛山市同城化建设合作框架协议》,提出了通过交通枢纽、高快速路和轨道交通三方面的对接以实现广佛同城交通规划发展的三个目标,包括建设广佛共享的交通枢纽、构筑广佛 1 小时道路交通圈和打造广佛半小时轨道交通圈。在广佛跨市道路设施建设进程中，有些线路由于广佛政府利益的一致性，项目进展比较顺利，比如广佛新干线一期工程的建设。部分线路由于城市行政区内拆迁、税收等成本承担与利益共享不对等关系导致同城交通建设项目面临约束，进展缓慢，如海八路—龙溪大道和三善大桥建设。

广佛新干线一期全长 9.24 km，主路双向八车道，设计行车速度 60 km/h，是接通南海东西部板块和联系佛山与广州的重要干线通道，西起广佛公路大浩湖路口，向东跨越广佛高速公路、桂江公路与现有联桂路相衔接，下穿佛山“一环”东路，再跨盐步大道，同广州西环高速公路黄岐出入口相衔接。广佛新干线的建成将有利于佛山全面接受广州的辐射，促进沿线大沥南部地区的土地开发和产业发展，并有效解决南海东部广佛路的交通拥堵问题。广佛新干线建成后，由南海中心城区开车到广州中山八路上内环路只需 8 分钟；由禅城中心城区经广佛路大浩湖路口拐入“广佛二线”到中山八路，驾车时间可控制在 20 分钟之内；而“广佛二线”向西延伸到狮山新城区后，从狮山到中山八路仅需 20 分钟，将成为广佛中心城区之间最快的城市道路。2008 年 10 月，广佛新干线一期工程通车，成为来往广佛最快捷的道路之一(图 8-4)。

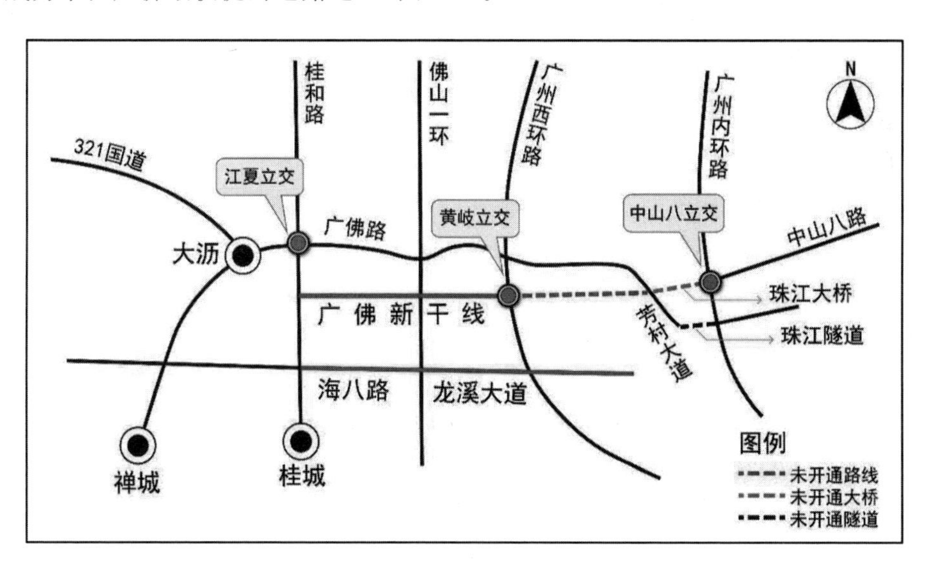

图 8-4　广佛跨市道路交通设施建设

从南海大道到海八路再经龙溪大道进广州是居住在佛山的“候鸟”去往广州常走的一条路。2011 年年底，投资 13.4 亿元的海八路金融隧道通车，随后，一直阻断在广佛间的五丫口收费站撤销。然而，广佛之间在快速路的对接方面仍存在问题，如佛山“一环”四通八达，但无法直接进入广州的中心区，仍然需要从海八路经龙溪大道，而龙溪大道未能实现快速化，交通灯较多，车速缓慢。2012年广佛同城化第五次市长联席会召开，两市对龙溪大道的快速化仍存在分歧。广州方面提出，虽然龙溪大道快速化改造已完成了方案设计，但涉及大量征地拆迁及桥隧建设，融资难度大，所以建议暂缓项目建设。但佛山方面却认为，海八路快速化已经全面完成，龙溪大道如果暂缓快速化改造的话，将会严重影响全路段的通行能力。

总体而言，广州与佛山之间衔接的路，通常是佛山先打通，而广州却没有进展。这与两市的修建道路成本差异较大有关。据统计，佛山修1 km公路需要资金大约1亿，而广州因老城区拆迁补偿最低2.5万元/m^2，导致其建设1 km道路成本高达10亿元。相似的同城化的积极性差异也反映在三善大桥扩建工程上。2009年，连接顺德龙洲路和番禺市良路的三善大桥扩建工程被列入广佛同城化工作计划。按照该计划，该工程应该在2012年完成前期工作并力争动工建设。2011年第四次广佛市长联席会议再次明确要求番禺、顺德两区共同扩建三善大桥，并在广东省的支持下签订共建协议。然而，2012年广佛第五次市长联席会议上，广州提出暂缓扩建该工程。广州方面认为，随着周边一些项目的完成，三善大桥的客流量下降，建议暂缓该项目。而佛山表示，目前该桥仅为双向两车道，项目缓建会形成交通瓶颈，影响国道通行能力，建议广州尽快落实项目资金，按原计划推进项目建设。

8.4.3 广佛巴士线路及政策的同城化建设

广州和佛山两地之间的跨市巴士在七八年前就已经出现了。南海的和顺、官窑和大沥等地区地处广州和佛山交界的“黄金走廊”区域，是连通广佛两地的重要桥梁。随着越来越多的房地产企业在南海开发楼盘，广州人在南海置业居住成为潮流。南海的和顺、官窑和大沥等地区也出现了多条直达广州的巴士线路。部分广州罗冲围和窑口等地区的线路向南已经延伸到南海大沥平洲的平南市场，覆盖了平洲的大部分地区，向北则延伸入黄岐、盐步城区，甚至连接到里水汽车站。

2007年6月，广州第二公共汽车公司以1.01亿元竞得南海客运交通70%的股权，并计划在3年内把原有的“个体挂靠经营”模式改为“公司直接经营”，佛山南海公交正式实施转制。2009年9月，广佛跨市巴士公交线路陆续开通，按照规划，南海与广州跨市的客运交通将形成三个层次的客运线路，共24条广佛普通巴士线路、15条广佛城市巴士线、5条广佛快速巴士线。第一，普通巴士，主要是到达两地的边界地带，如芳村、罗冲围等。第二，城市巴士，是广佛试点区域内公路班线公交化改造线路，只停大站，平均每隔1.5～2.0 km设置1个停靠站。第三，快速巴士，是广佛两地“点到点”直达线路，主要集中在广州火车站、汽车站、地铁、公交枢纽和大型商场、居民住宅区、休闲娱乐场所等公共场所，以及佛山市汽车站和祖庙商业区，以满足两地居民交通来往的快速化需求。

8.4.4　跨市道路收费政策调整

2008 年 10 月起实施的广州和佛山市籍车辆试行车辆通行费年票互通措施，也极大促进了广佛同城化发展。广州市籍的机动车辆凡购买了广州市有效年票，往返佛山市五区内所有收费站(共 19 个)，只要出示有效年票缴讫凭证就可以免缴车辆通行费。同样，佛山市籍的机动车辆凡购买了佛山市有效年票，往返广州市中心城区的 23 个收费站时，只要出示有效年票缴讫凭证就可以免缴车辆通行费。

据广州和佛山交通部门的统计，每年被广州收取通行费的佛山籍机动车辆约为 1204 万车次，平均每天约 3.3 万车次；而被佛山收取通行费用的广州籍机动车辆约为 1939 万车次，平均每天约 5 万车次。根据预测，广佛车辆通行费年票互通后，广州市区范围内相关收费站的收费额预计减少 30%。然而，在这次互通中，佛山将五区所有收费站全部纳入了年票互通范围，但广州则仅限于中心城区内，番禺、从化、花都、增城四个区域并不在年票互通范围内，即广州市籍的所有机动车辆来往佛山均不需再缴通行费，但是佛山市籍的机动车辆去番禺、从化、花都、增城仍要缴纳通行费。

8.4.5　广佛互设出租车回程候客点

广佛同城之前，两市出租车不能跨区载客，否则异地营运的出租车司机会面临 5000～10 000 元的罚款。广州出租车载客来佛山后，必须到原设立的 6 个回程点候客，而佛山出租车搭客到广州后只能空车返回。由于广佛旺盛的跨市出行需求，两地自发形成一些非正规的异地出租车回程载客点，如大沥黄岐、桂城海三路等。在广佛同城化趋势下，为了出租车返程时不用空载、资源浪费，两地交通部门协商后同意互设出租车回程候客点。2010 年 1 月，两地交通部门达成协议，广州开设坑口等 3 个佛山出租车回程候客点，而佛山则将在五区开设 16 个广州出租车回程候客点。新设置的出租车回程候客点规范了出租车运营，便利了居民异地打车返城，同时也为出租车跨城出车提高了经济效益(图 8-5)。

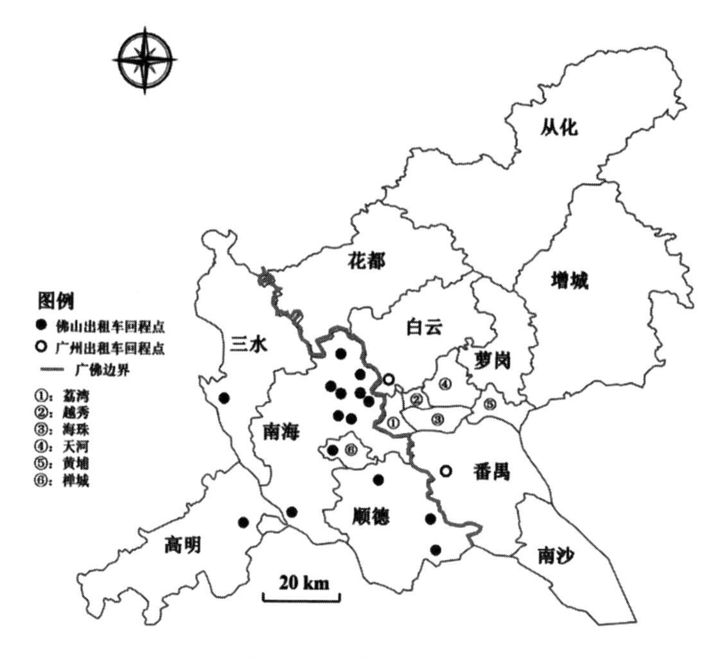

图 8-5 广佛两地出租车回程候客点分布

8.5 广佛同城化交通规划与政策的经验、问题与对策

8.5.1 政策推动:日益完善的广佛跨市公共交通系统

随着广佛同城战略上升为国家层面的发展战略,广佛逐渐从非正式的协调机制向正式的协调机制转变,通过垂直型的合作框架和管理机构,从项目立项和项目实施监督等层面促进跨市基础设施建设与同城化发展(图 8-6)。在佛山,形成南海、顺德、高明、三水四区与禅城区之间的公交专线和四区内部的公交线路系统。在广州都市区内部形成包括轨道交通、公交、出租车等交通线路网络(广州交通基础设施建设对策研究联合课题组,1998)。随着广佛地铁的规划、建设与运营,以及广佛综合交通衔接规划,广佛跨市巴士公交系统和出租车政策的日益完善,逐渐形成多层次、多模式的交通系统,以满足日益增长的跨市通行的多样化需求。在广佛的行政边界地区通过跨市地铁、道路建设、公交巴士和出租车回程候客点设置,使得跨市交通网络能与广州、佛山内部交通系统形成良好的衔接,促进一体化发展。

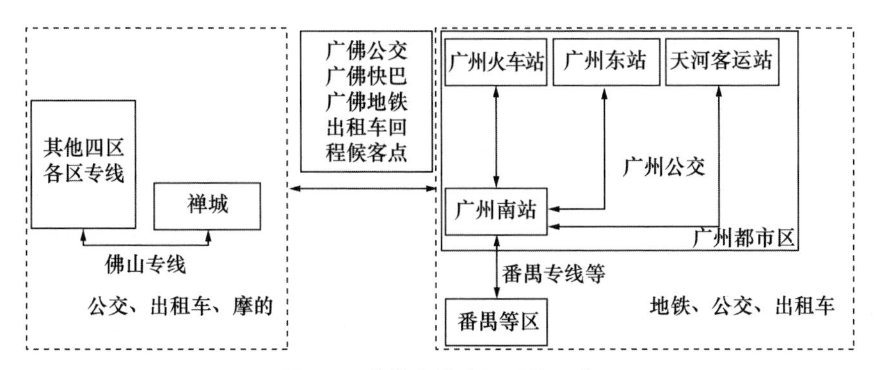

图 8-6　广佛公共交通系统示意

8.5.2　利益博弈:广佛跨市公共交通系统融合发展困境

新时期区域一体化发展需要地方政府之间建立合作机制,实行空间管治,消除行政壁垒,实现共赢的空间格局。然而,由于地方政府差异较大、缺乏有效的法律约束、政府合作机制和执行力薄弱、地方政府间利益协调困难等问题导致政府间合作存在障碍(蔡岚,2009)。对于广佛同城交通建设而言,尽管取得较大的突破和进展,但是也存在一些问题。在广州与佛山的道路衔接上,通常是佛山道路设施建设的进展较快,但广州由于建设成本高昂、拆迁困难等成本和利益的考虑,道路建设迟迟没有进展。由于广佛成本承担和利益分配的不对等关系导致广佛跨市交通衔接建设周期延长。[①] 一方面,由于广州和佛山分属不同行政区域,两地政府的地方保护主义难以避免(王达梅,2011)。另一方面,由于现有广佛合作框架下缺乏常规的管理机构和激励机制,导致同城化交通难以实现无缝对接与融合发展。例如,在海八路—龙溪大道快速化建设的项目上,佛山方面将其列为"龙溪大道快速化启动项目",并且强调项目建设的效率。而广州方面表示该项目只能完成前期立项,难以实施开展。直至广佛市长第二次联席会议上,在广州市市长督促下该项目才开始动工,但进程缓慢。因此,在广佛双方城市发展战略与利益的博弈下,需要建立常规的管理机构和良好的激励机制,实现成本分担与利益分配的对等和平衡,以调动广佛参与跨市交通建设与政策的积极性。

8.5.3　制度创新:广佛跨市交通一体化发展的战略方向

与传统的区域主义和公共选择理论相比,新区域主义下的空间管治模式更

---

① 广州和佛山在广佛同城利益诉求上有差异,佛山对广佛同城化更多关注交通问题,而广州更多关注西江水源和环境保护问题。

强调地域空间组织和包括多重利益主体在内的区域协调机制的构建。广佛同城空间治理模式是新区域主义理论在珠三角区域一体化进程中的有效实践，以推动广佛基础设施与公共服务的同城化发展。良好的制度环境、合理的组织安排和完善的区域合作规则是政府合作机制构建的重要基础(陈剩勇，马斌，2004)。在现有广佛合作协议框架下，跨市基础设施建设需要地方政府之间进行沟通与协调。然而，城市政府基于拆迁、税收等成本承担与效益分享的考虑，使得合作容易面临困境。随着跨市多样化交通需求的增长，寻求新的战略方向以突破地方政府合作的困境，构建良好的协调机制保障跨市交通供给，成为广佛同城化发展的重要挑战。

1. 构建权威、高效和常规的管理机构

现有中央政府对地方政府间的合作在组织管理、合作立法、多元合作、要素流动和税收等方面缺乏有效的政策保障与管理支持(陈剩勇，马斌，2004)。在中国构建区域一体化发展主要有两种做法，第一是撤市(县)设区，将邻近的城市纳入中心城市的管辖范围，扩大城市空间范围和行政管辖范围，提升区域一体化发展，这是“中国城市惯用的行政办法”；第二个办法是参考都市区的做法，构建一个由政府推动的协调平台，共同成立协调机构，在充分协调的基础上解决一体化问题(周一星等，2001)。面对大都市区增长的趋势和诉求，解决问题的关键更重要的是大都市区政府管理的能力，尽可能地管理复杂的网络和都市区的利益互动(Goldsmith M，2009)。目前，广佛同城发展与建设仅限于广州与佛山市政府之间的协调与互动，缺乏责权明晰的常规管理机构。在解决方案上，有学者提议构建独立于广佛政府之外的权威、高效的第三方组织(刘松龄，2012)，然而在现行行政制度下，这种方案的可操作性较低。由广佛两市共同代表成立面向同城化的重大事项建设与协调的常规行政管理机构，或许有助于突破现有政府合作的利益协调的困境，在基础设施融资、成本承担和利益分配等问题上实现协调，促进同城化发展。

2. 建立可操作的激励机制

合理的政府激励机制有利于资源合理配置，提升区域整体福利。处于探索阶段的广佛同城发展框架建立了良好的项目开展机制，但并未建立合理、可操作的激励机制，由于成本与利益分配不对等的困境，导致跨区域交通设施建设面临难以有效沟通和效率降低等问题。

3. 鼓励多元主体的公共参与和治理

作为我国快速城市化的前沿阵地，珠三角城市区域的空间治理呈现政府主导的特征，政府在其中扮演重要的推动角色(刘超群等，2010)。广佛地铁和公共交通建设以及出租车市场管理中，政府负责建设融资与运营管理，均扮演重要的角色。然而,广佛跨市交通在规划、建设与政策的制定的进程中缺乏企业、居民等其他利益主体有效的公共参与,在一定程度上也阻碍了跨市交通建设与政策实施。

4. 推动"政府+企业"的跨市交通建设

现有广佛跨市合作框架下,城市政府主要承担了广佛跨市交通设施建设和服务水平的提升。由于需要经过"立项、讨论、审批和实施"等一系列程序,导致跨市交通发展的进程相对缓慢。推动"政府+企业"共同推动的跨市交通发展有助于加快同城化发展,并提升跨市交通发展水平。从企业的角度来看,在具有利润空间的前提下,企业能更积极参与跨市交通的建设和交通服务供给,如广州第二公共汽车公司参与南海公共交通运营改革。

8.6　结论与讨论

在快速城市化和机动化的城市区域要素跨市流动的需求日益增长。在此背景下,城市政府之间需要建立良好的协调机制以消除行政壁垒,应对跨市交通的需求。在区域合作治理成为普遍选择的背景下,强调分权与区域协调发展的新区域主义逐渐成为区域治理的"第三条道路"。本章在回顾与总结空间治理理论的基础上,重点分析广佛在地铁投资、道路建设、巴士运营、年票互认和出租车管理等跨市交通建设的尝试,该案例研究不仅反映新区域主义治理模式在中国的实践,对其成功经验与问题的总结也能为国内跨市交通供给和空间管治问题提供参考。

我国现有空间管治的框架尚缺乏类似于美国都市区规划委员会(MPO)进行跨市交通规划与供给管理的行政机构,再加上城市间成本与利益共享机制难以协调,导致跨市交通设施合作建设与服务供给难以满足日益增长的多样化需求。由于同城化发展的需求,广佛跨市空间治理逐渐从非正式协调向正式协调发展,并且建立由广佛政府主导推动的跨市重大基础设施项目建议、建设和监督相互结合的协议框架,以推动交通、产业、环保等层面的同城合作与发展。在应对日益增长的跨市交通需求的层面上,这种层层衔接的跨市治理模式通过地铁投资、道路建设、巴士运营和出租车管理等方面的交通规划、建设和管理的协调,在一定程度上降低了行政壁垒,推动了跨市交通的高效率发展。然而,现行机制由于缺乏权威有效的常规管理机构、良好的激励机制和多利益主体的公共参与导致广佛跨市交通发展在融资模式、建设周期和覆盖范围等环节上存在分歧,降低了跨市发展的效率。

中央政府向地方政府、政府向市场的分权化发展是理解我国区域管治策略的重要基础。在区域一体化发展的空间战略下,我国跨市居住、旅行和通勤需求日渐增加,如何协调地方政府之间的利益关系,更加有效地推进跨市交通规划、建设和政策执行将成为快速发展的城市区域面临的普遍问题。广佛跨市交通规划与建设的成功经验和存在的问题均为类似问题提供了良好的借鉴。在不改变现有行政管理体制和行政区范围的前提下,未来我国跨市空间治理的重点是建立有效的实施机制与政策保障以协调城市政府之间合作的成本与利益分享,可能实行的政策创新包括:构建由广佛政府参与的权威、高效、规范的管理机构,建立可操作的政府激励机制,鼓励多元利益主体的公共参与、跨区域基础设施建设与公共政策的制定,以及建立“政府+企业”共同推动的跨市交通发展。

第九章

国家高速铁路的区间供给模式与治理

都市圈跨市公共交通规划和建设对促进空间一体化、刺激区域经济增长具有积极的作用。随着新型城镇化和区域化的不断发展，都市圈层面的交通需求逐渐增加。如何加快都市圈跨市轨道交通供给，并制定有效的治理机制成为跨政区合作和空间一体化的焦点。近年来，地方政府利用国家铁路来满足都市圈层面交通需求，逐渐成为创新区域轨道交通供给的创新模式。与城市间地铁衔接及区域政府主导投资的城际轨道交通系统相比，这种模式的融资来源、治理机制与运营效率仍缺乏系统的探讨。基于此，本章①以深莞惠都市圈的深惠汕捷运为案例，通过“半结构访谈”方法，来理解这一模式的融资过程、运营效率及治理机制。研究发现，深惠汕捷运的本质是以地方政府联合向国家购买铁路交通服务的形式来提供都市圈层面的交通服务，地方政府仅需承担运营成本而不用支付高额的基础设施建设成本，呈现较高的融资和运营效率。这种模式的顺利实施建立在快速增长的跨城市交通需求、上层级政府的有效干预以及多层级政府间有效协商等方面。深惠汕捷运的发展过程和治理机制能为我国其他都市圈跨市轨道交通供给提供新的思路。

9.1 引　　言

稳妥地推进城镇群规划建设是我国“新型城镇化”战略实施的要点之一。在

① 本章主体内容已经发表：林雄斌，杨家文．粤港澳大湾区都市圈高速铁路供给机制与效率评估——以深惠汕捷运为例［J］．经济地理，2020，40(2)：61—69．部分内容有改动和更新。

都市圈内创新跨市公共交通服务供给模式，成为加强社会经济功能联系、促进区域一体化的重要策略，也是区域层面实现协调发展和经济共享的重要载体。跨市公共交通超越单个行政区范围，我国仍缺乏在区域层面统筹交通融资、规划和管理的常规机构。那么如何合理引导跨市公共交通尤其是轨道交通的融资与建设，从而实现各政区间交通基础设施的互联互通，成为有序推进城镇群战略的重要问题。城市间轨道交通包括国家铁路干线、城际铁路、城市地铁跨市延伸等形式（傅志寰，陆化普，2016；林雄斌等，2017），不同供给模式的功能定位、投融资和运营模式呈现较大的差异。合理有效的治理机制会显著影响不同模式跨市轨道交通的运营及实施效果。目前城市区域公共交通投资的经济增长、居民职住选择、空间重构、能源节约等效应已经得到系统研究（Borck and Wrede, 2009；王成金，2009；Ogura, 2010；吴康等，2013；王姣娥等，2014；Choudhury and Ayaz, 2015；焦敬娟等，2016），然而都市圈层面交通融资体制与运营效率仍缺乏系统的研究和认识。

作为国家级城镇群之一，珠三角一直以来都强调促进空间功能融合的发展规划，并通过积极的规划和制度调整，来促进各行政区之间交通基础设施的互联互通。珠三角历次颁布的空间规划，如《珠江三角洲地区改革发展规划纲要（2008—2020年）》《大珠江三角洲城镇群协调发展规划》等，都强调构建核心城市之间、核心与外围城市"交通经济圈"的意义。近年来，粤港澳三地政府积极研究制定粤港澳大湾区空间发展及交通规划，以新的战略定位和行动计划来实现跨行政区、跨管理体制的一体化发展。在粤港澳大湾区建设背景下，加强深莞惠都市圈的协同发展日益重要，实现区域交通的公交化变得日益紧迫。目前，莞惠城际轨道交通、坪山快捷线、深惠汕捷运等多模式轨道交通系统的运营正加速推动深莞惠"1小时交通圈"的形成。尤其是2017年1月运营的深惠汕快捷线，成为轨道交通供给的新模式，显著增强深莞惠都市圈的交通联系。与广佛地铁、珠三角城际轨道交通相比，深惠汕快捷线是在国家投资建设的厦深铁路基础上，以新增列车的方式开通的都市圈层面的轨道交通，来满足深圳、惠州和汕尾之间"都市圈"层面的交通需求。深惠汕快捷线的本质是以地方政府联合向中央政府购买国家铁路交通服务的形式来运营都市圈层面的轨道交通系统，其融资过程、运营效率及治理模式具有一定的政策创新。此外，当前区域交通研究主要集中在交通需求及其变化（如交通可达性）（吴威等，2007；孟德友，陆玉麒，2012），以及交通投资的多尺度效应（如经济增长效应、人口分布效应、土地开发引导效应）等层面（乐晓辉等，2016；柯文前等，2018），而对区域交通供给结构及其治理机制的关注较为不足。因此，研究深惠汕捷运的供给过程和机制，能为我国其他都市圈跨市轨道交通供给提供新思路。

9.2　跨市交通规划与治理机制

9.2.1　跨市交通规划与治理研究进展

在区域一体化的趋势下，城市和区域的功能边界日益变得模糊。随着城市与区域相互交融、形态多样和体制复杂的都市圈逐渐形成（袁家冬等，2006），城市交通拓展至区域尺度的需求不断增强。增强跨市公共交通供给有助于社会经济要素流动、产业升级和转移、扩大市场覆盖范围等，并能引导区域空间精明增长，构建具备竞争力的公交走廊，缓解城市区域交通、环境、就业等问题（王晓红，2013；刘行健等，2017）。跨政区合作能发挥各自优势，形成功能互补，促进经济结构优化。城际空间合作涉及领域、网络和尺度等多个维度，在城际合作过程中，面对新的尺度或制度空间，不同行政主体的相对权力和资源配置能力共同塑造合作框架、管理权限和利益分配格局（马学广，李鲁奇，2017a；马学广，李鲁奇，2017b）。跨市交通条件的改善可能导致一些城市发展机会或收益的外溢，带来一定程度上的财税损失，这成为阻碍跨市公共交通发展的影响因素之一（林雄斌等，2015）。总体上，在都市区层面推进跨城市交通规划往往面临着三类矛盾：① 单个地方政府的政策选择和都市区战略的矛盾；② 公共政府决策和私有部门决策之间的矛盾；③ 短期政策选择和收益长期性存在的协调矛盾（赵庆杰，2015）。为了解决这类问题，国内外通过政策调整不断优化跨市交通规划与治理机制。

国外主要以都市区规划委员会的形式来实现跨政区的交通融资和治理。都市区规划委员会的设立包括中央/省级政府授权成立和地方政府发起成立的联合体等形式。一是由中央/省级政府授权成立，如加拿大温哥华的交通规划机构 Translink 由不列颠哥伦比亚省创建，为区域内各个城市规划、协调和运营公共交通，并实施区域交通需求管理策略。二是由地方政府发起成立联合体（council of governments），如斯图加特都市区域机构（Verband Region Stuttgart）由斯图加特市与周边 5 个县组成联合决策机构（唐燕，2010），负责制定都市区空间规划和公共交通规划，促进中心区与郊区城市一体化发展（李远，2008）。都市区机构设立目的是解决都市区发展普遍面临的规划协调问题，以“综合性（comprehensive）、合作性（cooperative）和连续性（cfontinuing）”的规划原则（程楠等，2011），来建立有效的机制以协调各级政府和部门参与交通发展、整合交通与土地利用、为都市区增长获取稳定的交通资金等。目前，美国共有超过 400 个大都市区机构（Sciara，2017），主要基于财政转移支付的视角，通过联邦政府交通资金的再分配,满足实现跨行政区交通建设的资金需求(李玉涛,荣朝和,2012)。

在我国,跨政区交通规划发展策略主要包括:① 实施行政区划调整,以建立与城市发展相适应的行政单元,统筹交通规划,促进经济功能一体化。② 建立城镇群空间战略框架下常规管理机构,协调和管理区域发展事务,如长株潭一体化领导协调小组、湖北省推进武汉城市圈建设领导小组办公室(赖昭华,2010)。③ 实施跨政区正式、非正式协调机制,例如广佛都市区包含"四人领导小组、市长联席会议、分管市领导同城化工作协调会议、对口职能部门专责小组"的规划协调实施机制(林雄斌等,2015)。

当前国内外跨市交通规划协调机制仍面临着一些困境。在美国,都市区规划委员会在争取联邦政府交通建设资金、协调区域交通规划等方面发挥了重要作用,但仍难以完全反映各政府的意愿和区域利益,且与地方土地利用决策难以协调(Sciara, 2017)。在我国,尽管都市圈层面的公共事务合作已广泛开展,但区域合作仍体现出"缺乏治理"的特征(张紧跟,2009;张衔春等,2017)。再加上我国实施"财政包干"制度,地方政府的"行政区经济"思维可能是阻碍城市间高效合作的因素之一。

9.2.2 研究框架与设计

在深莞惠都市圈内,随着交通一体化的实施,相当规模的深圳企业实施"研发总部-生产基地"相分离的发展模式,将研发总部留在深圳,但把生产基地设在东莞松山湖、惠州仲恺高新区等生产成本更低的区域。在此背景下,推动深莞惠跨市交通的建设能推动中心城市的产业转移和升级,降低中心城市社会经济活动的土地、劳动力成本,也能增强中心城市对外围城市的经济和技术外溢效应。总体上,深莞惠都市圈良好的经济合作基础,不断推动交通同城化发展。

深惠汕捷运的发展包括两个阶段:第一阶段是 2015 年 9 月运营的深圳北站至深圳坪山站的坪山快捷线;第二阶段是在坪山快捷线的基础上,于 2017 年 1 月全线开通的从深圳福田至汕尾的捷运化列车。不同于一般的新建铁路或者利用既有通道新建铁路,深惠汕捷运是利用国家厦深铁路的基础设施来增开新列车,以满足深圳至惠州和汕尾的交通需求。在我国,国家铁路的运营通常由中国铁路总公司下属的铁路局负责,利用厦深铁路运营深惠汕捷运需要省政府、各地方政府、广铁集团等主体在规划、融资、补贴等事务上实现协调。因此,深入理解深惠汕捷运发展过程中不同主体的利益诉求、面临困难和利益协调机制,并剖析这一模式对其他都市圈发展轨道交通的启示作用,能为跨市交通一体化提供新的视角。

为了实现这一目标，2018 年 3—4 月，研究团队分别对直接推动深惠汕捷运发展的行政官员（1 名）和规划编制人员（1 名），以及国家铁路规划专家（2 名）和广东省铁路建设融资领域的行政管理人员（1 名）开展“半结构访谈”，访谈次数共计 8 次，主要形式包括微信访谈（1 次）、电话访谈（3 次）和面对面访谈（4 次）（表 9-1）。访谈主要问题包括：① 深惠汕捷运经历了哪些过程？在推动过程中需要满足哪些政策和程序？②深惠汕捷运发展过程中面临哪些制度障碍，不同政府和部门是如何协调的？③深惠汕捷运在当前实际运营过程中还存在哪些问题？④深惠汕捷运成功的核心要素是什么？对其他都市区有哪些借鉴？

表 9-1　访谈对象信息与访谈形式

<table>
<tr><th>序号</th><th>访谈对象</th><th>访谈对象角色</th><th>访谈时间</th><th>访谈形式</th><th>编码</th></tr>
<tr><td>1</td><td>A 先生</td><td>北京市某轨道交通行业咨询公司规划师，在轨道交通行业工作十余年，熟悉国家铁路与城际轨道交通政策和规划</td><td>2018. 4</td><td>微信访谈</td><td>No. 1</td></tr>
<tr><td>2</td><td>B 先生</td><td>深圳市坪山新区某部门公务员，全程负责参与深惠汕捷运的规划及管理工作</td><td>2018. 4</td><td>面对面访谈（地点：深圳市）</td><td>No. 2</td></tr>
<tr><td>3</td><td>C 先生</td><td>深圳市某交通规划咨询公司规划师，全程参与深惠汕捷运规划及运营方案编制</td><td>2018. 4</td><td>面对面访谈（地点：深圳市）</td><td>No. 3</td></tr>
<tr><td rowspan="3">4</td><td rowspan="3">D 先生</td><td rowspan="3">广东省某铁路建设投资部门公务员，负责参与珠三角城际轨道交通融资和土地开发等事务，熟悉珠三角城际轨道交通政策</td><td>2018. 3</td><td>电话访谈</td><td>No. 4-1</td></tr>
<tr><td>2018. 4</td><td>电话访谈</td><td>No. 4-2</td></tr>
<tr><td>2018. 4</td><td>面对面访谈（地点：广州市）</td><td>No. 4-3</td></tr>
<tr><td rowspan="2">5</td><td rowspan="2">E 先生</td><td rowspan="2">北京市某高校教师，熟悉国家铁路、城市及区域轨道交通政策和规划</td><td>2018. 3</td><td>电话访谈</td><td>No. 5-1</td></tr>
<tr><td>2018. 4</td><td>面对面访谈（地点：深圳市）</td><td>No. 5-2</td></tr>
</table>

备注：按照研究惯例将访谈对象匿名处理。

9.3　深莞惠都市圈与跨市交通协同发展

9.3.1　深莞惠都市圈概况

深莞惠都市圈是珠三角城镇群三个次级都市圈之一。都市圈内各城市之间具有相似的历史和文化基础，社会经济联系紧密。20 世纪 70 年代，深圳、东莞和惠州在行政体制上同属惠阳地区，管辖惠州市、河源市、深圳市、东莞市、汕尾市以及增城市等地。1979 年撤销宝安县，改设深圳市。1988 年，惠阳地区分为惠州、河源、东莞和汕尾四个地级市。自 20 世纪 90 年代起，深莞惠地区就逐步确定一体化交通网络的发展目标。

2004 年《广东省城镇化发展纲要》(粤发〔2004〕7 号)指出建设以深圳、东莞、惠州为核心的珠三角东岸都市区，这奠定了深莞惠都市圈一体化的空间范围和制度框架。《广东省新型城镇化规划(2014—2020 年)》(公众咨询稿)指出，珠三角将拓展传统的"广佛肇""深莞惠""珠江中"都市圈，建设三大新型都市圈，即"广佛肇＋清远、云浮""深莞惠＋汕尾、河源""珠中江＋阳江"等大都市圈。2014 年 10 月，汕尾市和河源市被纳入东莞市召开的第八次深莞惠都市圈联席会议，传统"深莞惠"都市圈发展逐渐向共建"深莞惠＋汕尾、河源"新型都市圈转变。为了加强新都市圈经济联系和协同发展，各地方政府通过多种方式，积极促进跨行政区的经济合作，加强规划和制度整合，推动区域交通运输一体化(图 9-1)。

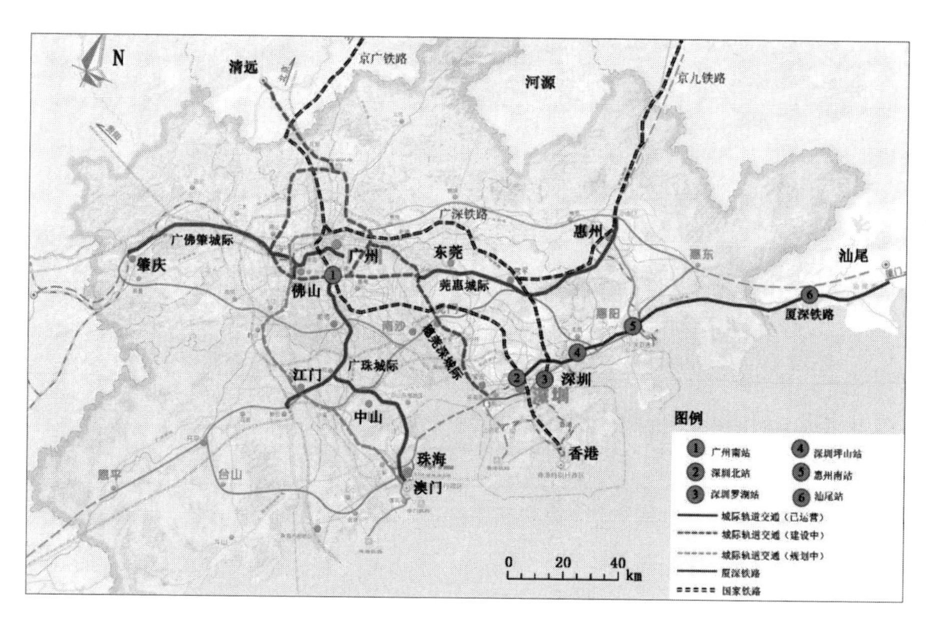

图 9-1 珠三角地区跨市轨道交通发展现状

来源：底图来自《珠江三角洲基础设施建设一体化规划(2009—2020 年)》，作者根据实际进展改绘。

9.3.2　深莞惠都市圈跨市交通治理框架

随着《珠江三角洲地区改革发展规划纲要(2008—2020年)》的颁布,深莞惠都市圈的社会经济合作日益紧密,逐渐从初始非正式合作意愿走向实质性区域合作。深莞惠都市圈的联席会议制度、跨区域交通规划编制、部门间工作协调配合等机制为深莞惠都市区跨市公共交通发展提供了良好的治理框架,逐步建立和完善深莞惠交通一体化的制度机制。

1. 党政领导联席会议制度

在珠三角区域发展框架下,深莞惠都市圈建立了常规的党政主要领导联席会议制度,定期对跨市交通的重大区域合作事项进行协调和决策。2009年2月,深莞惠召开了第一次党政主要领导联席会议,签订了《推进珠江口东岸地区紧密合作框架协议》,为推动区域经济一体化奠定了基础,如跨市空间规划的衔接、产业体系统筹错位发展、交通一体化建设等。这标志着深莞惠都市圈合作机制的初步确立。在此指导下,随后三地政府签订《深莞惠社会公共服务一体化合作框架协议》《加强推进交通运输一体化补充协议》,并启动《深莞惠交通运输一体化规划》编制。截至2020年,深莞惠都市圈共召开10次联席会议,其中跨市交通发展成为跨城区合作的重要载体,不断改善都市圈交通可达性和社会经济联系程度。例如,第九次联席会议确定的38项跨市合作重点项目中,交通运输类合作项目占23项,比例达60.53%,包括深圳至汕尾的捷运化列车、深惠城际线、深圳地铁14号线延伸至惠阳等规划研究。

2. 跨区域交通规划与部门协调

在党政联席会议的框架下,各城市政府为了加强规划协作和部门协调,设置了联席会议办公室,并成立重点事项专责小组,推动城市间合作意向和协议的落实。为了推动跨市交通规划和建设,深莞惠都市圈建立了多层次的协调机构(图9-2)。第一层次是深莞惠党政领导联席会议,负责签署跨城市交通规划和政策,审议相关合作规划。第二层次是交通部门联席会议,协商解决区域交通发展重大问题。例如,2011年3月举行的深莞惠交通运输一体化第二次联席会议确定了规划编制、路网对接、跨市公交、年票互通等合作项目。第三层次是交通部门主管领导协调会议,负责商议重要交通议题。第四层次是在交通委员会(局)职能部门层面设立的一体化办公机构,定期沟通、协调区域交通一体化衔接事宜,提出交通规划方案和实施计划。这些决策体制能帮助加强市级层面交通与其他部门的协调,提升区域交通发展战略地位,落实交通一体化的资金、用地等需求。

例如,《深莞惠交通运输一体化规划》提出了区域路网布局及边界道路衔接方案。2014 年 6 月,城际巴士公交深惠 3 号线开通成为深莞惠都市圈交通一体化的重要开端(周华庆等,2016)。当前,深莞惠已构建初具规模的跨市多模式交通网络,并逐步实现轨道交通一体化。

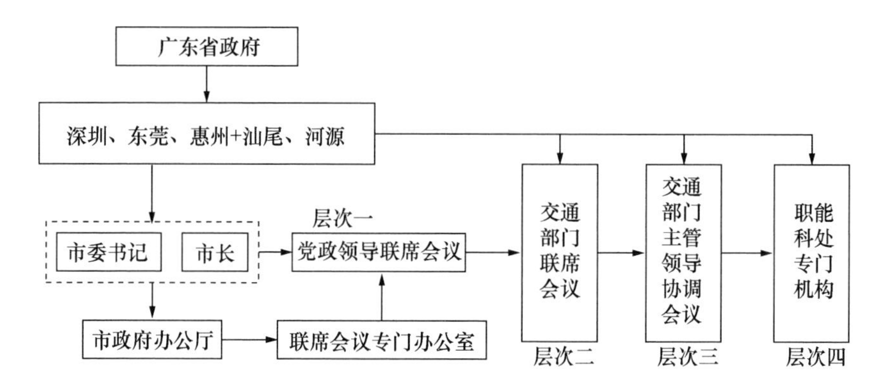

图 9-2 深莞惠都市圈跨市交通合作多层级框架

来源:作者根据相关资料整理自绘。

9.4 深惠汕捷运的规划与发展过程

9.4.1 第一阶段:坪山快捷线建设

发挥各城市的比较优势,推动产业协同发展一直是深莞惠空间协同发展的重点。随着深圳市中心区住房价格的不断飙升,无论对居民还是企业来说,将工厂或住房安置在坪山新区成为降低经济成本的重要策略,这导致了深圳中心区和坪山新区之间通勤规模的增加。在厦深铁路开通之间,坪山新区与深圳中心区之间一直缺乏国家铁路、城际轨道、地铁等轨道交通联系。2013 年 12 月厦深铁路正式通车运营,并在坪山新区设有停靠站。厦深铁路由中国铁路总公司与福建省、广东省合资建设,总投资规模约 417 亿元,其中广东省总投资约 288 亿元,深圳市出资 28 亿元,占比约 10%。

作为国家中长期铁路网规划的"八纵八横"高速铁路路网中沿海通道的组成部分,厦深铁路以承担中长途客运需求为主,虽然在坪山新区设有停靠站点,但在运营时间和运量供给上难以满足坪山至深圳北"都市圈"层面的交通需求。事实上，坪山新区政府早在2012年就与中国铁路总公司下辖的广铁集团[①]协商，探索在厦深铁路上运营深圳北至坪山新区间列车的可行性（访谈No.3）。坪山快捷线的运营无需建设新的轨道设施，只是在国家主导投资的厦深铁路的基础上增开列车，对此并没有明文规定（访谈No.1和No.5-1），但需要在线路"有富余能力，不影响远期路网"运营的情况下（访谈No.1），与广铁集团协商讨论运营安排和成本补贴方案（访谈No.2）。然而，当时这一政策探索并没有取得实质进展。据访谈对象No.2的介绍，主要原因包括：① 缺乏在国家铁路上运营区间铁路的经验，由于未确定向国家铁路购买交通服务的运营思路，使得方案难以获得广铁集团批准；② 当时主要是坪山新区政府、深圳市轨道交通指挥部办公室与广铁集团协商坪山快捷线的运营情况，由于协调层次不对等增加了该方案实施的难度；③ 坪山新区处于建设发展初期，新区至深圳中心区的交通需求较小。在测算深圳北站至坪山的客流规模时，也发现该区段的服务水平和客流量都非常有限（访谈No.3）。事实上，与地方政府注重轨道交通产生的社会效益不同，广铁集团更关注铁路的工程技术条件及运营效率（No.4-2）。例如，厦深铁路的主要任务是承担中长途的客运需求，增开坪山快捷线可能影响未来中长途客运的运营安排。

随着深圳市"东进战略"的实施及坪山新区的快速发展，改善坪山新区与深圳中心区的交通可达性变得日益重要。一方面，在深圳市"东进战略"的背景下，深圳市高层领导非常注重坪山新区的社会经济发展与交通改善（访谈No.4-1）。2015年6月，深圳市高层领导在坪山新区调研时，了解到坪山快捷线方案和面临难题时，直接和广铁集团高层领导沟通，探讨该方案的可行性（对象No.2和No.3）。随着更高行政等级协调的建立，坪山快捷线的运营变得更为可行。另一方面，坪山新区政府逐步确定以购买铁路交通服务的形式来运营坪山快捷线。随后，坪山新区政府与广铁集团签订坪山快捷线增开车次运营补贴协议，每年为坪山快捷线运营承担500万元的补贴。2015年9月，坪山快捷线正式开通使得深圳北至坪山的公共交通车程由70分钟缩短为20分钟，有效节约了出行时间。据统计，坪山快捷线日均客流约为4000人（访谈No.3），承担了大部分通勤和商务交通需求。

---

① 全称为广州铁路（集团）公司，2017年11月7日更名为中国铁路广州局集团有限公司。

9.4.2 第二阶段:深惠汕捷运的运营

1. 深汕(尾)特别合作区设立及其作用

深圳市经历了数十年快速的城镇化和经济发展之后,不断受到建设用地供给不足和社会经济成本不断上升等因素的制约。在此趋势下,深圳市经济活动的向外拓展日益增加。与此同时,广东省一直鼓励城市间经济活动的跨界合作,如2008年广东省同时出台了《珠江三角洲地区改革和发展规划纲要2008—2020年》和《关于推进产业转移和劳动力转移的决定》,将跨行政区的产业合作列为重要内容,不断鼓励珠三角核心地区产业向粤东西北的转移,并支持跨界产业园区建设,推动珠三角中心城市和外围地区的协调发展。在深圳市产业外溢的趋势下,汕尾市有较高的意愿来承接产业和劳动力转移。2008年年初,深圳、汕尾决定合作共建"深圳-汕尾区域发展特别合作区",首期工业园区的规划控制面积为10.98 km^2。2009年,深圳(汕尾)产业转移工业园作为深汕(尾)特别合作区的前身在汕尾市海丰县成立,占地面积为13.08 km^2。2011年2月广东省批复了《深汕(尾)特别合作区基本框架方案》,深汕(尾)特别合作区(以下简称深汕合作区)正式成立,下辖鹅埠、小漠、鲘门、赤石四镇,总面积为463 km^2,规划控制面积约为200 km^2。伴随着深汕合作区的成立,以及经济活动由深圳向惠州、汕尾市的转移,跨市出行规模持续增加。大容量、快速、准时的轨道交通服务成为应对深圳至汕尾出行需求的优先选择。深汕合作区的设立在一定程度上推进了深惠汕捷运的运营。

2. 深惠汕捷运的开通运营

坪山快捷线为坪山新区发展带来了显著的社会经济效应。随着2015年12月福田站的开通,增加了坪山新区将快捷线引入福田站的诉求,以进一步强化坪山新区与深圳中心区的交通联系。考虑到深汕合作区的建设,深圳市政府提议将坪山快捷线引入福田站的同时,也向深汕合作区延伸(访谈No.3)。随后,惠州市和汕尾市积极联系深圳市政府,探讨捷运列车在其辖区设站停靠的可能性。2016年2月,深莞惠第九次党政联席会议提议,在厦深铁路基础上建设运营深圳至汕尾的捷运化列车。2016年9月,深圳市与广铁集团签署合作框架协议,加强支撑深圳国家级铁路枢纽城市建设,并积极推动深惠汕捷运建设。随后深圳市政府审议通过深惠汕捷运补贴方案,并在同年12月获得中国铁路总公司批复。2017年1月,在充分利用既有厦深铁路运输能力的基础上,由福田、深圳北至坪山、惠州南、鲘门、汕尾的捷运化列车开通,以轨道交通"公交化"运营方式推动深莞惠经济一体化和空间协同发展(图 9-3)。

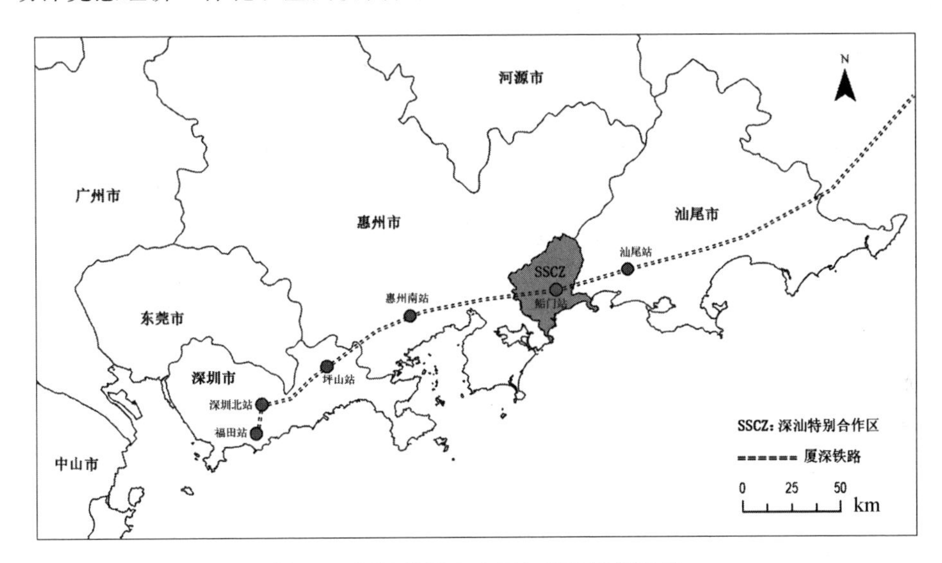

图 9-3　深汕特别合作区与深惠汕捷运线

来源：根据《深汕特别合作区总体规划》底图进行改绘。

9.5　深惠汕捷运的效率评估与治理机制

9.5.1　都市圈层面不断增长的交通需求

轨道交通供给需要和实际交通需求要相互匹配，否则容易导致供给不充分、不平衡或浪费投资等问题。早在 2012 年厦深铁路尚未开通之前，坪山新区就开始规划在厦深铁路上运营坪山快捷线的可能性，但这一政策尝试未能获得成功。除了缺乏政府购买服务的思路外，另一原因是坪山新区当时仍处于起步期，由坪山至深圳中心区的通勤、商务等客流量较低。到了 2015 年，随着深圳市"东进战略"的实施及中心区社会经济要素的向外扩散，坪山新区至中心区的通勤和商务客流明显增加。据规划方案预测，坪山快捷线的上座率可达到 40%（访谈 No. 2），日均客流量约为 3800 人（访谈 No. 3）。随着坪山快捷线的开通，无论是上座率还是客流量都与规划方案较为接近。目前，深惠汕捷运的日均客流量稳定在 7000～8000 人，其中约有 5000 人是坪山新区至深圳中心区的客流（访谈 No. 3）。可以看出，区域交通需求的快速增长在很大程度上推动了深惠汕捷运的建设和运营。

9.5.2 深惠汕捷运呈现较高的运营效率

事实上，除了深惠汕捷运，深莞惠都市圈还在探索其他模式的跨市轨道交通建设，包括深惠城市地铁的互联互通（如深圳 14 号线和惠州地铁的衔接）（林雄斌等，2017），以及珠三角城际轨道交通（Li, Luan and Yang, et al., 2013）。与其他跨市轨道交通模式相比，深惠汕捷运仍呈现较高的融资和运营效率。首先，深惠汕捷运是在国家主导投资的厦深铁路的基础上运营的，对于地方政府而言，只需支付轨道交通的运营成本，而不用承担昂贵的基础设施建设成本。而对于珠三角城际轨道交通来说，在"省市合作"的建设和运营模式下，地方政府仍需承担较大的建设成本（林雄斌等，2016），且珠三角城际轨道交通建设复杂，有时候会因沿线其他政府出资不及时，导致建设滞后，周期变长（访谈 No. 4-3）。其次，与深惠城市地铁衔接相比，深惠汕捷运的票价较高且运营方式缺乏弹性。然而，随着国务院办公厅颁布《关于进一步加强城市轨道交通规划建设管理的意见》的实施，地方政府建设城市轨道交通的门槛逐步提升，惠州市城市地铁网络规划能否获得国家层面的批复仍存在较大的不确定性（访谈 No. 5-2）。即使惠州地铁能获得批复，以城市地铁相连的模式来提供跨市轨道交通服务的效率仍然可能较低。一方面，城市地铁的融资通常由城市政府单独负责，各个城市具有自身的优先投资区，将地铁延伸至毗邻城市的优先度往往较低。另一方面，深圳外围一些地区并没有发展起来，将深圳地铁"过快向东莞和惠州延伸的话，会影响深圳外围地区的发展"（访谈 No. 2）。

9.5.3 多层级政府间正式和非正式的协调

在珠三角，中心城市和外围城市之间（如深圳与惠州）存在明显的经济差距。在深圳市社会经济要素空间溢出的背景下，惠州和汕尾市均有较高的积极性推动建设至深圳的城际轨道交通，以承接深圳市产业、劳动力和住房需求的转移，从而实现转型发展。深惠汕捷运的实施也得益于多层级政府间正式和非正式协调机制的建立。

首先，坪山新区积极推动坪山快捷线来满足坪山新区至深圳市区的交通需求，为后续深惠汕捷运的运营奠定了基础。同时，坪山新区至深圳市区日益增加的客流量也在很大程度上支撑深惠汕捷运的发展。其次，深圳市政府高层领导的重视，与铁路部门（广铁集团）建立了有效的沟通机制。地方政府强调区域交通带来的社会整体效益，而铁路部门通常更强调铁路交通运营效率。起初，广铁集团参与坪山快捷线和深惠汕捷运的意愿较低。一方面，国家铁路主要服务中长途铁路客运，增开区间线路可能会影响中长途客运班次，从而降低铁路的运营效率。另一方面，起初深惠汕区间的客运较小，除了深惠汕捷运，乘客也能在厦深铁路上购买去深圳北、坪山、惠州和汕尾的车票，这会降低深惠汕捷运的上座率。这些问题的解决有赖于深圳市高层领导的重视及其与广铁集团的利益协商。这反映出各层级政府在推动区域性事务时，沟通主体间政府层级对等的重要性。随着深圳市高层领导与广铁集团沟通机制的建立，使得坪山新区、深圳市轨道交通办公室在具体事务上（如运营时刻表、运营补贴方案等）与广铁集团的协商更加便捷与高效。在此基础上，确定了直接向广铁集团购买铁路服务的方式，并且就开行列车对数、服务费用、运营年限、费用支付方式等达成一致。再次，非正式制度文化在推动深惠汕运营时也发挥了重要作用。在延伸坪山快捷线时，深圳市初始方案是由福田、深圳北、深圳坪山直接延伸至深汕合作区，不在惠州和汕尾停靠。在此趋势下，惠州市和汕尾市积极与深圳市进行协调，争取在各自辖区停靠的可能性。一方面，已有一定规模的深圳市民在惠州市购房居住，在惠州停靠能满足这部分群体的跨城通勤需求。另一方面，随着深汕合作区的建立，再加上汕尾市一定比例的公务员有在深圳任职的经历（访谈 No. 3），这些非正式因素也推动了深惠汕捷运延伸至汕尾站。

9.5.4　合理清晰的责权分配机制

一个完善的合作框架在推动城际交通项目时变得日益重要。在深惠汕捷运中，多层级政府间合理清晰的责权分配机制是推动区域交通供给的必要条件之一。首先，深汕合作区的建立与管理体制强化了深圳市推动深惠汕捷运的动力。深汕合作区在省政府的管理协调下，由深圳、汕尾市政府联合成立。根据该政策导向区的制度框架，深圳市和汕尾市分别负责经济增长和社会公共事务。在财税分配上，12%的土地出让金归汕尾市政府，剩下部分归深汕合作区所有。2011—2015 年地方财政收入全部归深汕合作区，2016—2020 年深汕合作区享有 50%的地方税收，深圳和汕尾市各占 25%。此外，70%的国内生产总值纳入深圳市核算体系，剩余的 30%归汕尾市。可以看出，财税分配机制强化了深圳市在深汕合作区的主导地位（张衔春等，2018）。因此，加强深汕合作区与深圳中心区的交通联系，也能提升深圳市的社会经济收益。其次，深惠汕捷运沿线地方城市将按照列车停靠对数和服务里程，共同承担线路的运营亏损。经过各利益方的商议，开通深惠汕捷运列车的运营补贴规模约为 1.8 亿元，其中惠州市承担 21%（3735 万元），汕尾市承担 19%（3450 万元），深汕合作区承担 13%（2319 万元），坪山新区承担 47%（8496 万元）（张衔春等，2018）。

9.6 结论与讨论

9.6.1 主要结论

在人口密度高与经济繁荣增长的大都市地区，提供快速化、高容量的城际轨道交通服务，将有利于区域融合发展。深莞惠同城化的重要策略之一就是整合城际铁路、通勤铁路和地铁，构建发达的通勤铁路网，打造“轨道上的都市圈”。尽管我国城市区域仍缺乏都市区规划组织等常规来负责城际交通融资和相关政策安排（林雄斌等，2015），但多层级政府间正式、非正式制度安排已经在很大程度上扮演类似都市区规划组织的角色，在规划、融资、建设和运营跨市交通服务上发挥作用。深惠汕捷运开通的本质是地方政府联合向国家购买铁路服务，其成功的基础建立在快速增长的跨城市交通需求、上层级政府的有效干预以及地方政府与国家铁路部门有效的利益协商机制等方面。一方面，深莞惠党政领导与交通部门的联席会议能帮助协调城市间的交通规划和产业发展等事务，也为建立深惠汕捷运的职责共享机制奠定基础。另一方面，深惠汕地区不断增长的跨城通勤和商务交通需求以及行政上的正式和非正式联系，能有效降低各城市利益协调成本，提升区域交通供给效率。

（1）坪山新区及深圳市轨道交通指挥部办公室起初与广铁集团协商时，协调层次的不对等是导致协商过程面临困难的主要原因之一。随着深圳市高层领导和省政府的介入，以及合理补贴方案的建立，增强了广铁集团参与运营深惠汕捷运的动力。

（2）在深惠汕捷运沿线城市的协调上，深圳市占据了主导地位，但仍然建立了相对明晰的成本收益共享框架，根据列车停靠对数和服务里程共同承担运营亏损。深惠汕捷运的开通能为沿线各政府带来更可观的综合社会效益。如惠州和汕尾能承接深圳的产业、劳动力和住房需求转移。对于深圳来说，区域交通的改善可能会导致一部分深圳人在惠州和汕尾买房，而降低土地财政收入。但从另一个角度来看，这也能缓解深圳市居民的住房压力，帮助深圳市留住一部分人才，并为企业要素流动及其转型升级提供弹性时间。

（3）与国家铁路、城际轨道交通和城市地铁衔接等模式相比，深惠汕捷运也具有一定的效率。国家铁路具有复杂和严格的交通管理规则，这会增加出行者的等待时间，而城市间地铁衔接虽然具有明显的价格优势，但行驶速度低、停靠次数多，这些都会降低“门到门”的出行效率。相比之下，类似深惠汕捷运的城际铁路，能兼具上述模式的优点。

(4) 城际轨道交通效率的提升也依赖城市交通可达性的支撑，目前深圳坪山、惠州南、鲘门、汕尾等站点周边的城市接驳公交建设仍较滞后，这需要在未来发展中进一步完善。

9.6.2 讨论与展望

以“公交化”思路开通的深惠汕捷运仍处于同一个省的辖区范围。显然，跨越多个省级政府的城际轨道交通融资体制和运营效果的评估将更为复杂，但深惠汕捷运也能提供一定的借鉴。总体上，深惠汕捷运的开通有赖于上层级政府的重视，采取购买服务的创新供给模式，以及深圳市轨道部门的全力推进和全程跟踪，并统筹沿线各地方政府的需求，提出解决方案。2017 年，深惠汕捷运（福田至坪山段）入选国家发展和改革委员会颁布的《关于促进市域（郊）铁路发展的指导意见》的第一批试点项目。此外，河源市提出参照深惠汕捷运的思路，在赣深高铁的基础上，建设河源至深圳的城际高速铁路。这些从侧面反映了深惠汕捷运的典型意义，但这种模式在其他都市圈的适用性有待更多的研究总结。

需要指出的是，考虑到都市区核心城市和外围城市巨大的房价落差，建立毗邻城市间轨道交通供给将使跨城通勤变得可能。在当前土地批租制度下，地方政府能从接近轨道交通站点的土地市场中获得可观的收入（Yang，Chen and Le，et al.，2016）。为提升区域交通可达性和服务水平，地方政府可抽取一定比例的土地收入来支撑区域轨道交通发展，实现溢价捕获。

第三篇

长三角实证篇

第十章

长三角一体化背景下大湾区跨市交通发展

10.1 长三角概况及其一体化实践

长江三角洲(简称长三角)地区包含上海、江苏、浙江、安徽“一市三省”,是我国长江经济带与21世纪海上丝绸之路的交汇地带,对优化我国国土空间开发具有战略性意义。1982年,国家明确提出“以上海为中心建立长三角经济圈”(上海市人民政府发展研究中心,2020),由此经济层面的长三角城市群逐渐显现,并进入不断深化合作的阶段。1982年,国家领导人提出“以上海为中心建立长三角经济圈”设想,作为长三角城市群雏形的“上海经济区”初步确立,随后成立上海经济区规划办公室。1992年,“长三角城市群”正式确立,最初包括上海、杭州、宁波、湖州、嘉兴、绍兴、舟山、南京、镇江、扬州、常州、无锡、苏州、南通等14个地级市,随后泰州(1996年)和台州(2003年)分别纳入长三角城市群,以“16个城市”为主体形态的长三角城市群正式形成。2010年,国务院正式批准实施《长江三角洲地区区域规划》;2014年,国务院《关于依托黄金水道推动长江经济带发展的指导意见》提出促进长江三角洲一体化发展,打造具有国际竞争力的世界级城市群。2016年,国务院常务会议通过《长江三角洲城市群发展规划》,提出培育更高水平的经济增长极。2018年7月,《长三角地区一体化发展三年行动计划(2018—2020年)》正式印发。2018年11月5日,习近平总书记在首届中国国际进口博览会(China International Import Expo,简称“进博会”)开幕式的主旨演讲中,明确提出:“支持长江三角洲区域一体化发展并上升为国家战略,着力落实新发展理念,构建现代化经济体系,推进更高起点的深化改革和更高层次的对外开放，同‘一带一路’建设、京津冀协同发展、长江经济带发展、粤港澳大湾区建设相互配合，完善中国改革开放空间布局。”2019 年 7 月，由国家发展和改革委员会牵头拟定的《长江三角洲区域一体化发展规划纲要》正式通过审议并印发。这是指导长三角地区当前和今后一个时期一体化发展的框架性文件，是制定相关规划和政策的依据，规划期至 2025 年，展望至 2035 年（图 10-1）。长三角城市群将通过一体化发展成为全国经济发展强劲活跃的增长极、全国经济高质量发展的样板、率先基本实现现代化的引领区和区域一体化发展的示范区，成为新时代改革开放的新高地。总体上，自 20 世纪 80 年代长三角地区逐渐展开区域合作以来，长三角一体化经历了 20 世纪 80 年代的萌芽探索、20 世纪 90 年代的稳定发展、21 世纪以来的快速发展和 2018 年以来的高质量发展四个阶段的演化（上海市人民政府发展研究中心，2020）（表 10-1）。

图 10-1 长三角区域经济发展相关的重大政策

来源：作者根据相关材料整理。

表 10-1　长三角一体化的不同阶段

阶段	内　涵	主要标志事件	特　　征
20 世纪 80 年代	萌芽探索	• 1982 年组建“上海经济区” • 1988 年上海经济区规划办公室被撤销	• 组建第一个跨省区的经济区 • 上海城市功能、市场和产业单一 • 上海经济区辐射能力不强
20 世纪 90 年代	稳定发展	• 1992 年组建长三角 15 个城市经济协作办主任联席会议制度 • 1996 年组建长江三角洲城市经济协调会	• 市场与政府双向推动一体化 • 企业跨区域发展与政府间协作增强 • 国际市场逐渐开放，助推区域合作
21 世纪以来	快速发展	• 2010 年《长江三角洲地区区域规划》批复 • 2016 年《长江三角洲城市群发展规划》批复	• 中国不断加强长三角一体化 • 经济全球化成为长三角一体化动力 • 城市区域城镇化不断加速 • 长三角各城市功能不断转型
2018 年以来	高质量发展	• 2018 年长三角区域合作办公室成立 • 2018 年长三角一体化上升为国家战略 • 2019 年《长江三角洲区域一体化发展规划纲要》颁布	• 成立常规机构推动长三角区域合作 • 长三角一体化上升为国家战略 • 推动经济、社会、生态多领域融合 • 长三角由城际协作转型网络化协作

来源：根据参考文献(上海市人民政府发展研究中心，2020)等资料汇总。

近年来，长三角地区网络化的交通体系不断完善，一直加快构建纵横交错、便捷发达的城际铁路交通网和打通省际断头路，交通基础设施的共同建设、共同享有以及互联互通水平不断提高，形成分工合作、功能互补的基础交通设施体系。城际铁路网是构筑一体化大格局必不可少的骨架，在《长江三角洲城市群发展规划》(2016)中提出构建长江三角洲“一核五圈四带”的网络化空间格局(图 10-2)。

但由于都市圈具有向外辐射扩张的特点，都市圈与其周边城镇的关系越来越密切，交通网络也出现向外辐射扩张特点。此外，随着一体化进程的不断演进，社会经济不断发展，通勤、旅游等交通需求急剧上升，人们对区域交通的需求越来越旺盛。因此，随着现有交通设施难以满足居民日益增长的多样化交通需求，强化区域间城际轨道交通通行能力变得日益重要。《长三角地区高质量一体化发展水平研究报告(2018)》认为“最大限度减少行政壁垒造成的区域分割，通过设计合理的利益分享机制与利益补偿机制，已经成为长三角地区实现协调、有

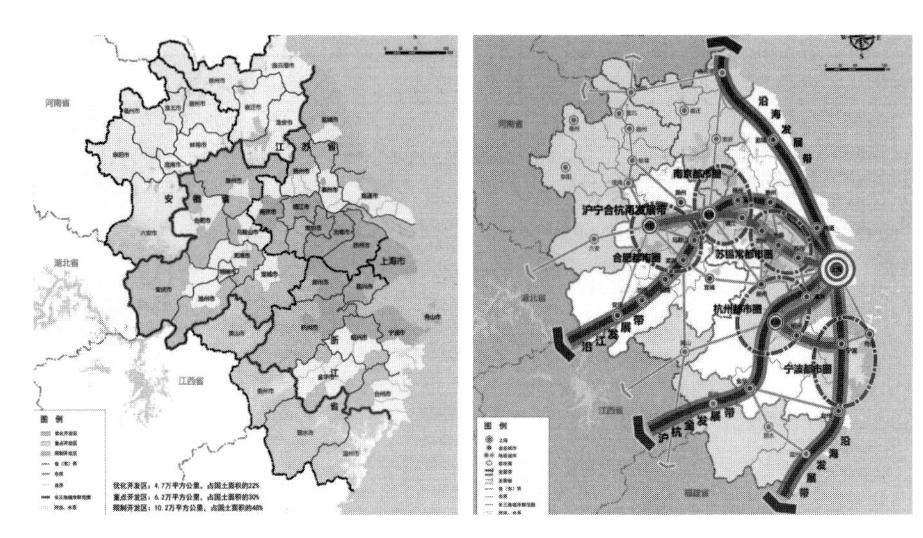

图 10-2 长三角城市群示意

来源:《长江三角洲城市群发展规划》,2016。

序和可持续发展的紧迫内生需求”。在《长江三角洲区域一体化发展规划纲要》(2019)中提出要以都市圈同城化通勤为目标,加快推进城际铁路网建设。建立市场化、社会化推进机制,设立一批跨区域一体化运作的轨道交通等专业推进机构。长江三角洲区域规划的演进及其内涵转型见表 10-2。

表 10-2 长江三角洲区域规划的演进及其内涵转型

规划名称	《长江三角洲地区区域规划》	《长江三角洲城市群发展规划》	《长江三角洲区域一体化发展规划纲要》
颁布时间	2010 年	2016 年	2019 年
规划范围	上海、江苏、浙江	上海、江苏、浙江、安徽部分城市	上海、江苏、浙江、安徽全域
规划面积	21.07×10^4 km^2	21.17×10^4 km^2	35.8×10^4 km^2
核心区	上海;南京、苏州、无锡、常州、镇江、扬州、泰州、南通;杭州、宁波、湖州、嘉兴、绍兴、舟山、台州(16 个城市)	上海;南京、无锡、常州、苏州、南通、盐城、扬州、镇江、泰州;杭州、宁波、嘉兴、湖州、绍兴、金华、舟山、台州;合肥、芜湖、马鞍山、铜陵、安庆、滁州、池州、宣城(26 个城市)	上海;南京、无锡、常州、苏州、南通、扬州、镇江、盐城、泰州;杭州、宁波、温州、湖州、嘉兴、绍兴、金华、舟山、台州;合肥、芜湖、马鞍山、铜陵、安庆、滁州、池州、宣城(27 个城市)
规划时间	2009—2015 年	2016—2020 年	2020—

（续表）

规划名称	《长江三角洲地区区域规划》	《长江三角洲城市群发展规划》	《长江三角洲区域一体化发展规划纲要》
发展基础	区位条件优越；自然禀赋优良；经济基础雄厚；体制比较完善；城镇体系完整；科教文化发达；一体化发展基础较好	区位优势突出；自然禀赋优良；综合经济实力强；城镇体系完备	经济社会发展全国领先；科技创新优势明显；开放合作协同高效；重大基础设施基本联通；生态环境联动共保；公共服务初步共享；城镇乡村协调互动
面临挑战	定位和分工不合理；重大基础设施尚未配套和衔接；现代服务业滞后，贸易结构不合理；自主创新能力不强；资源与环境约束；城乡公共服务不平衡	上海全球城市功能较弱；城市群发展质量不高，国际竞争力不强；城市包容性不足；城市建设蔓延，空间效率不高；生态环境质量恶化	世界经济增长不确定性；发展不平衡不充分；科创和产业融合不深；行政壁垒仍未完全打破；全面深化改革有待深入，国际规则衔接体系未建立
面临机遇	经济全球化和区域经济一体化深入发展，国际产业转移及亚太区域合作密切；国家重要战略机遇期；国家支持长三角	国家“一带一路”倡议和长江经济带战略；国家新型城镇化战略实施；全面深化改革新阶段；长三角科教创新优势；长三角绿色转型	全球治理体系和国际秩序变革、世界新一轮科技革命和产业变革；我国经济转向高质量发展阶段；“一带一路”倡议和长江经济带发展战略深入实施
战略定位	亚太地区重要的国际门户；全球重要的现代服务业和先进制造业中心；具有较强国际竞争力的世界级城市群	最具经济活力的资源配置中心；具有全球影响力的科技创新高地；全球重要的现代服务业和先进制造业中心；亚太地区重要国际门户；全国新一轮改革开放排头兵；美丽中国建设示范区	全国发展强劲活跃增长极；全国高质量发展样板区；率先基本实现现代化引领区；区域一体化发展示范区；新时代改革开放新高地
空间布局	“一核九带”	“一核五圈四带”	—

来源：作者整理。

10.2　浙江省大湾区战略与环杭州湾大湾区

10.2.1　浙江省大湾区战略

我国已经进入中国特色社会主义发展新阶段。在全球化、区域化、市场化背景下,“十四五”时期是区域社会经济发展格局重塑的关键时期,是国家推动区域协调发展的重要时期。2016 年国家发展改革委和住建部印发《长江三角洲城市群发展规划》提出在长三角城市群构建“一核五圈四带”的网络化空间格局,其中,加强杭州、宁波市都市圈和沪宁合杭甬发展带的聚合发展,成为推动区域一体化的重要内涵。2017 年《浙江省市域快速轨道交通二期建设规划》通过了省发展改革委审批,将构建快速、高效和便捷的都市圈轨道系统。

2018 年 1 月浙江省第十四次党代会和浙江省十三届人大一次会议作出“统筹推进大湾区大花园大通道大都市区建设”(简称“四大建设”)的决策部署。浙江省“四大建设”是一个有机整体,是统筹生产、生活和生态空间的顶层设计,其中,大湾区是现代化浙江的空间特征(突出环杭州湾经济区,联动甬台温临港产业带和义甬舟开放大通道发展);大花园是现代化浙江的普遍形态(以衢州丽水为核心区,突出现代化浙江的底色);大通道是现代化浙江的发展轴线(突出三大通道、四大枢纽、“四港”融合)。2018 年 5 月浙江省正式颁布“大湾区大花园大通道大都市区”建设行动计划。与粤港澳大湾区的“一国两制、三关税区、四核心城市”多元格局不同,浙江省大湾区处于沿海与长江经济带“T”字形交汇处,具有独特的地理区位。

大湾区建设从宏观、中观和微观层面统筹推进。① 在大湾区宏观建设上,统筹建设“一环、一带、一通道”的总体布局,即环杭州湾经济区、甬台温临港产业带和义甬舟开放大通道(图 10-3)。其中,环杭州湾经济区,包含杭州、宁波、嘉兴、绍兴、舟山和湖州 6 个城市,是浙江省大湾区建设的核心。② 在大湾区中观建设上,构筑“一港、两极、三廊、四新区”的空间格局。[①] ③ 在大湾区微观建设上,一方面,充分发挥现有产业优势,顺应未来产业方向,整合延伸产业链,打造若干世界级产业集群。另一方面,推进产业集聚区和各类开发区功能的整合提升,打造若干集约高效、产城融合、绿色智慧的高质量发展大平台。浙江省大湾区建设的目标是:到 2022 年,湾区经济总量达到 6 万亿元以上,数字经济对经济增长的贡献率超过 50%,高新技术产业增加值占工业增加值超过 47%;到 2035 年,高水平完成基本实现社会主义现代化目标。

---

① “一港”:高水平建设中国(浙江)自由贸易试验区,争创自由贸易港。“两极”:增强杭州、宁波两大都市区对环杭州湾经济区高质量发展的辐射带动作用。“三廊”:杭州城西科创大走廊、宁波甬江科创大走廊、嘉兴 G60 科创大走廊。“四新区”:杭州江东新区、宁波前湾新区、绍兴滨海新区、湖州南太湖新区。

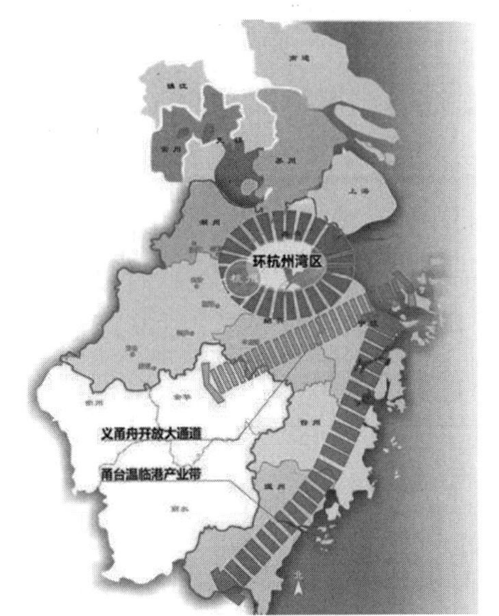

图 10-3　浙江省大湾区"一环、一带、一通道"总体布局

作为省域空间开发与未来社会经济发展的重要目标任务之一，推动大湾区发展及各城市的同城化发展是浙江省实施"八八战略"、打造现代化先行区、全面建成小康社会的战略举措，也是各地有效落实浙江省"八八战略""两创""两富""两美"总战略，实施创新驱动发展的战略方向。与此同时，围绕环杭州湾大湾区建设，能全方位理解新时期上海、嘉兴、杭州、宁波和舟山等重点城市的各自优势、发展定位和合作模式，发挥大湾区的战略意义，加速推动同城化进程，提升协同发展效果。

10.2.2　环杭州湾大湾区战略

湾区(bay area)是国家和区域社会经济发展的优势地区。目前，世界公认的湾区(纽约、旧金山和东京湾区)已经成为经济发展、环境友好、科技创新突出的核心地区，并且成为全球经济和生产网络的核心节点。在我国，粤港澳大湾区已经成为国家"十三五"发展的核心地域。在《珠江三角洲经济区城市群规划》《珠江三角洲城镇群协调发展规划(2004—2020)》《珠江三角洲地区改革发展规划纲要(2008—2020 年)》等区域规划指导下，粤港澳大湾区已经形成以多样化的合作模式，有效支撑着湾区转型增长。2003 年浙江省制定了《浙江省环杭州湾产业带发展规划》。在粤港澳大湾区的激励下，浙江省正在加速规划建设环杭州湾大湾区。

2017年6月，浙江省十四次党代会报告正式提出环杭州湾大湾区概念，并上升为省“十三五”重点发展目标，力争在2035年建成世界级大湾区。目前，环杭州湾大湾区的经济总量占浙江省的比例超过75%，尤其是杭州和宁波市是环杭州湾大湾区的重点组成城市。例如，杭甬同城化有助于探索区域协同发展新模式，推动环杭州湾大湾区建设，提升浙江省在国家“一带一路”倡议中的战略地位。推动杭甬同城化发展不仅要加强空间规划、交通投资、产业布局等政策协调，更要建立现代化空间综合治理体系，推动杭州市和宁波市城市功能的高度融合，避免城市间的过度竞争，实现杭州市和宁波市的协同发展、错位发展。宁波市作为浙江省综合实力和核心竞争力的重要部分，应针对杭甬同城化实施新的战略和行动计划，演绎好“双城记”(图10-4)。

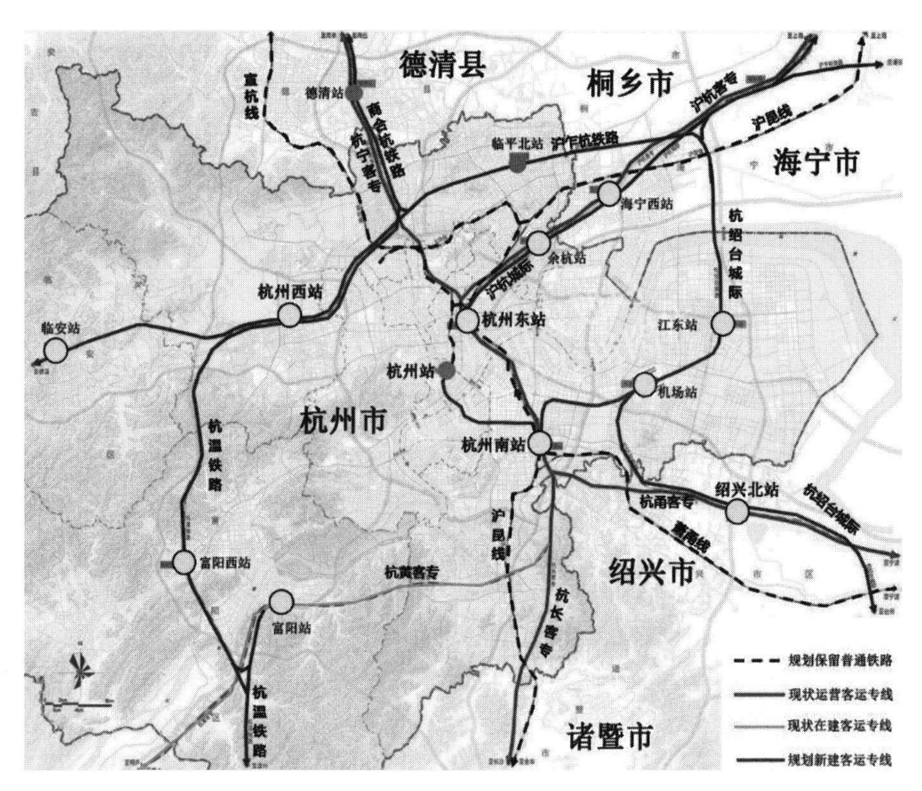

图10-4　杭甬都市圈多模式轨道交通建设和区域联系

来源：作者自绘。

浙江省十四次党代会指出未来将重视大湾区的经济建设，未来的地位将有飞跃性的提升，开辟新的区域经济格局，预计2035年有望比肩全球的大湾区。

从长远来看，浙江的产业、人口等因素都集中在杭州湾区中心的沿海地区。它们构成了浙江省东北部杭州湾地区的经济重点和浙江省西南山区的生态系统重心。从经济飞跃性的发展可见环杭州湾大湾区对浙江省有不言而喻的集聚效应和巨大的贡献。

为了实现环杭州湾大湾区在未来十几年成为世界级大湾区的总目标，要做好湾区的功能定位，也就是促进湾区经济发展。环杭州湾大湾区建设应充分利用浙江区位优势，借鉴国际著名湾区城市发展经验，实现环杭州湾大湾区的功能定位，把环杭州湾大湾区打造成为数字经济高地、科技创新高地、金融核心中枢。

（1）打造数字经济高地。中国正处于经济结构转型升级时期，电子商务、手机支付、共享单车等都显示着数字经济的高速发展。浙江在数字经济发展方面有着丰富的创新经验与雄厚的技术实力，一直处于全国经济发展的前列。2017年12月，数字经济成为浙江省“一号工程”（章转轮，2018）。数字经济是促进经济高质量发展的动力，要坚持实事求是，脚踏实地，保持走在前列、干在实处的精神，挖掘数字经济与实体经济的结合点，使实体经济与数字经济更好地结合，赋能实体经济，引领实体经济与数字经济更好发展（兰建平，2018）。

（2）打造科技创新高地。湾区的科技创新决定着湾区经济的长远发展。随着世界科技产业的变革，湾区的经济发展从利用港湾资源优势发展贸易和临港工业，到依靠服务经济，湾区逐步意识到科技创新的重要性。世界四大湾区都注重科技创新发展，浙江省大湾区建设也意识到了这一点，浙江将高水平建设国家自主创新示范区，并且集聚人才，建设一批创新应用示范基地和布局国际水准的创新载体，以高新区、高教园、科技城为依托，加快培育新技术产品以及新方案。

（3）打造金融核心中枢，重视金融产业的发展。杭州湾经济总量在浙江省所占比例较大，是浙江省经济的重要组成部分。浙江省要增强杭州、宁波两大城市的辐射带动作用，构筑“两极”格局，带动环杭州湾经济区创新、开放、联动发展。上海位于我国东部沿海，是中国的金融中心，浙江毗邻上海，具有优越的区位优势。推动环杭州湾大湾区金融发展，加强金融合作，协同发展，形成以上海为龙头、以杭州湾为依托的金融核心圈。不断搭建金融平台、集聚金融要素、汇聚金融人才，把环杭州湾大湾区打造成为金融核心中枢（马宏欣，徐士元，2018）。

10.3　环杭州湾大湾区的空间与发展概况

10.3.1　环杭州湾大湾区的空间构成

根据国际大湾区的定义，其形成有以下几个必备要素：有一定规模的产业聚集带,核心城市的经济活力强、带头作用突出,具备广阔的可发展经济腹地。2003 年《浙江省环杭州湾产业带发展规划》发布,政府开始承担统筹计划的责任。在 2015 年首次提议建设“湾区经济”,并详述具体的工作计划和未来方向。2017 年浙江省第十四次党代会提出落实大湾区建设,意味开始重点建设环杭州湾大湾区(孙会娟,2017)。环杭州湾大湾区的行政区划涵盖 6 个城市:杭州、宁波、嘉兴、湖州、绍兴和舟山,是全省经济发展的核心,以 4.6×10^4 km^2 的国土面积(约占浙江省的 44.1%),集聚了全省 55.3%的人口,经济总量占全省的比例超过 60%,集中了全省 3/4 的国家级高新区,高新技术产业产值占全省约 75%(吴可人,2018)。环杭州湾大湾区的总人口,2017 年比 2010 年增长了 156.7 万人,城镇人口增长水平比全省快,说明环杭州湾大湾区城镇化水平高,城镇经济对人口的吸引力强(表 10-3)。

表 10-3 环杭州湾大湾区各市人口自然变动情况

地 区	年末常住人口/万人			自然增长率/(‰)		城镇人口比例/(%)		
	2010 年	2016 年	2017 年	2016 年	2017 年	2010 年	2016 年	2017 年
杭州市	870.0	918.8	946.8	6.0	7.4	73.3	76.2	76.8
宁波市	760.6	787.5	800.5	5.0	5.2	68.3	71.9	72.4
嘉兴市	450.2	461.4	465.6	5.5	5.9	53.3	62.9	64.5
湖州市	289.4	297.5	299.5	2.6	3.7	52.9	60.5	62.0
绍兴市	491.2	498.8	501.0	2.1	2.8	58.6	64.3	65.5
舟山市	112.1	115.8	116.8	3.2	3.5	63.6	67.5	67.9
大湾区总计	2973.5	3079.8	3130.2	4.1	4.8	61.7	67.2	68.2
全省	5442.7	5590.0	5657.0	5.7	6.4	61.6	67.0	68.0
大湾区占全省比例/(%)	54.6	55.1	55.3					

来源:根据浙江省统计年鉴整理汇总。

2017 年,环杭州湾大湾区生产总值为 35 600 亿元,占浙江省的 67.2%(表 10-4),显示了非常明显的集聚效应。环杭州湾大湾区的城镇居民人均可支配收入为 53 647.3 元,农村居民的人均纯收入为 30 470.8 元,分别是浙江省的 103.8%、111.2%。环杭州湾大湾区第一、第二、第三产业结构比为 3% : 45% : 52%,与全省其他区域的产业结构相比较,第二产业、第三产业比例明显更高。由此可见,环杭州湾大湾区具备更高质量的城市化进程和经济增长。

表 10-4　环杭州湾大湾区国民经济主要指标(2017 年)

城　市	年末常住人口/万人	生产总值/亿元	第一产业/亿元	第二产业/亿元	第三产业/亿元	城镇居民人均可支配收入/元
杭州市	946.80	12 603.36	311.08	4362.48	7929.80	56 276
宁波市	800.50	9842.06	305.81	5119.45	4416.80	55 656
嘉兴市	465.60	4380.52	135.55	2317.92	1927.05	53 057
湖州市	299.50	2476.13	129.12	1171.75	1175.26	49 934
绍兴市	501.00	5078.37	207.54	2472.50	2398.33	54 445
舟山市	116.80	1219.78	140.48	402.85	676.44	52 516
大湾区总计	3130.20	35 600.22	1229.58	15 846.95	18 523.68	53 647
浙江省	5657.00	52 986.02	1996.59	23 028.00	27 961.43	51 703
大湾区占全省比例/(%)	55.3	67.2	61.6	68.8	66.2	103.8

来源:根据浙江省统计年鉴整理汇总。

10.3.2　浙江省交通运输发展情况

城市的集聚效应和城市生活方式的变化促进了对出行的需求。随着区域一体化的发展,需要高效完善的城际交通体系支持。2017 年浙江全省铁路营业长度达到了 2587 km,相对 2010 年增加了 46.9%;民用航空航线条数为 586 条,比 2010 年增长 170.0%(表 10-5)。在多种交通运输方式中,公路运营里程最多,铁路运营里程的增幅最大,说明铁路系统正在迅速发展,并给交通系统结构带来了重大变化。

表 10-5　浙江省运输线路长度

指　　标	2010 年	2016 年	2017 年	2017 年比 2010 年增幅/(%)
铁路营业长度/km	1761	2540	2587	46.9
#复线长度/km	1164	1983	2072	78.0
公路通车长度/km	110 177	119 053	120 101	9.0
#高速公路/km	3383	4062	4154	22.8
一级公路/km	4293	6359	6765	57.6
二级公路/km	9101	10 162	10 263	12.8
内河通航长度/km	9704	9769	9766	0.6
民用航空航线/条	217	481	586	170.0
#国内航线/条	174	389	482	177.0

来源:根据浙江省统计年鉴整理汇总。

2017 年，以宁波-舟山港和嘉兴港为主的沿海港口，货物处理量 125 744 万吨，比 2010 年多 45%；以杭州港和湖州港为主的内河港口，货物吞吐量为 33 088 万吨，比 2010 年减少 2585 万吨。其中，宁波-舟山港占大湾区以及全省多数吞吐量，2017 年占全省 80%(表 10-6)。宁波-舟山港对外面向东亚及太平洋，对内辐射长江经济带和丝绸之路经济带，为推进世界级大湾区的发展奠定了基础，且未来依旧有巨大潜力。

表 10-6 浙江省主要港口货物吞吐量

港口名称	货物吞吐量/万吨			2017 年比 2010 年	
	2010 年	2016 年	2017 年	增长/万吨	增幅/(%)
沿海港口合计	86 700	114 202	125 744	39 044	45.0
宁波-舟山港	69 393	92 209	100 933	31 540	45.5
温州港	6950	8406	8926	1976	28.4
台州港	5099	6771	7057	1958	38.4
嘉兴港	5258	6817	8829	3571	67.9
内河港口合计	35 673	26 664	33 088	−2585	−7.2
杭州港	8929	7279	10 714	1785	20.0
湖州港	14 668	8664	10 540	−4128	−28.1
嘉兴港	10 690	8423	9432	−1258	−11.8

来源：根据浙江省统计年鉴整理汇总。

从全省看，2010 年浙江省公路客运量占总客运量的 95%，周转量比例为 71%；而 2017 浙江省公路客运量占总客运量的 75%，周转量占 39%。2010 年浙江省公路货运量比例增加 2%，铁路货运周转量减小 2.7%。铁路客运量和客运周转量比例分别增加了 15%、31%，与基础设施的增设有关。水运在货运中优势明显，其比例的不断增长与完善港口条件相关。客货运周转数据的比对，呈现了公路在交通运输系统中的地位，但随着专门用于客运的新型铁路系统高速、现代化的发展，公路客运量有大幅下降，城际轨道交通已成为一个新趋势(图 10-5)。

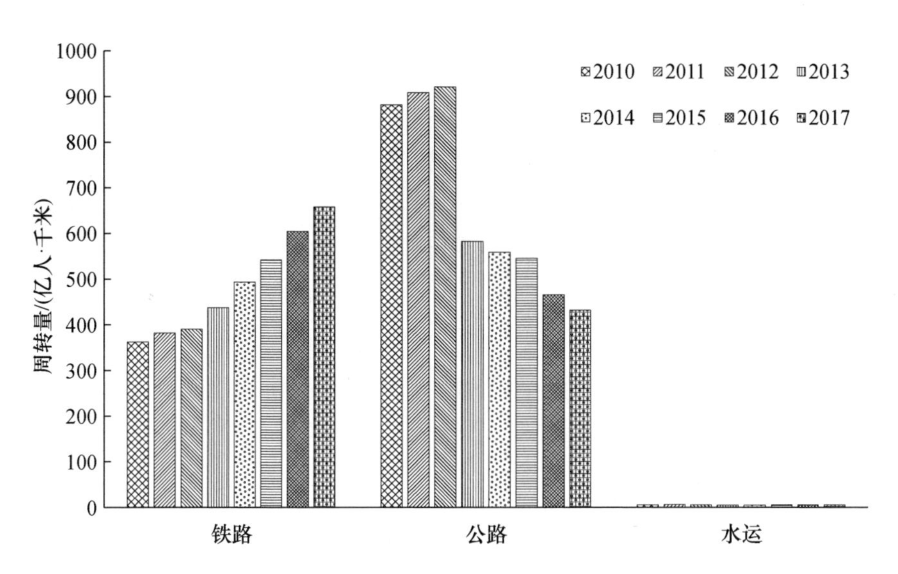

图 10-5　浙江省旅客周转量

来源：根据浙江省统计年鉴整理。

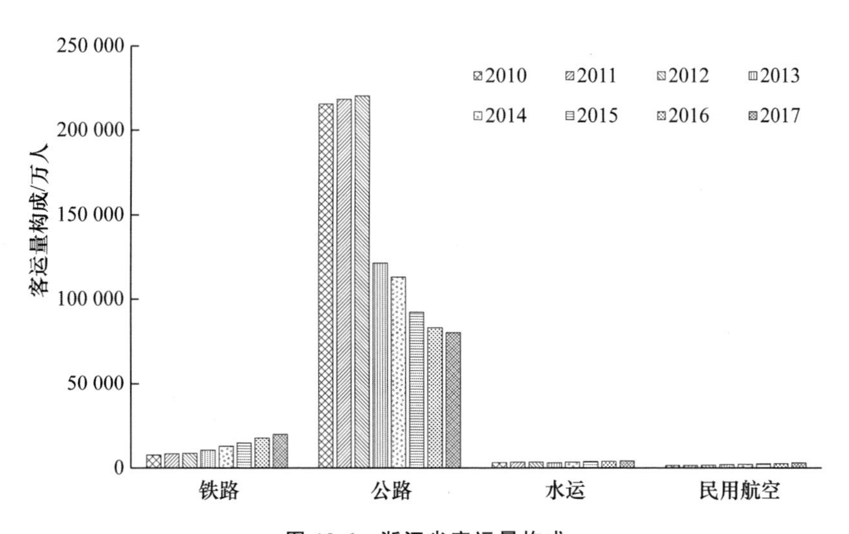

图 10-6　浙江省客运量构成

来源：根据浙江省统计年鉴整理。

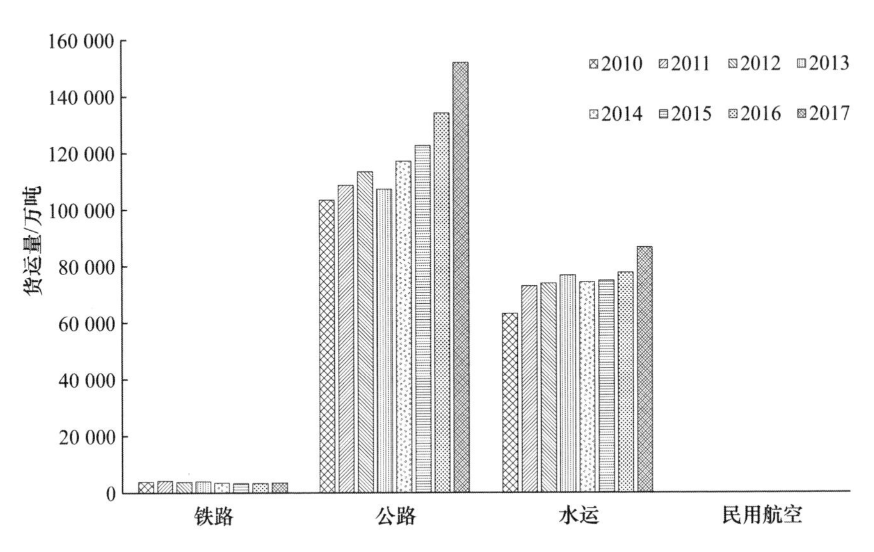

图 10-7　浙江省货运量

来源：根据浙江省统计年鉴整理。

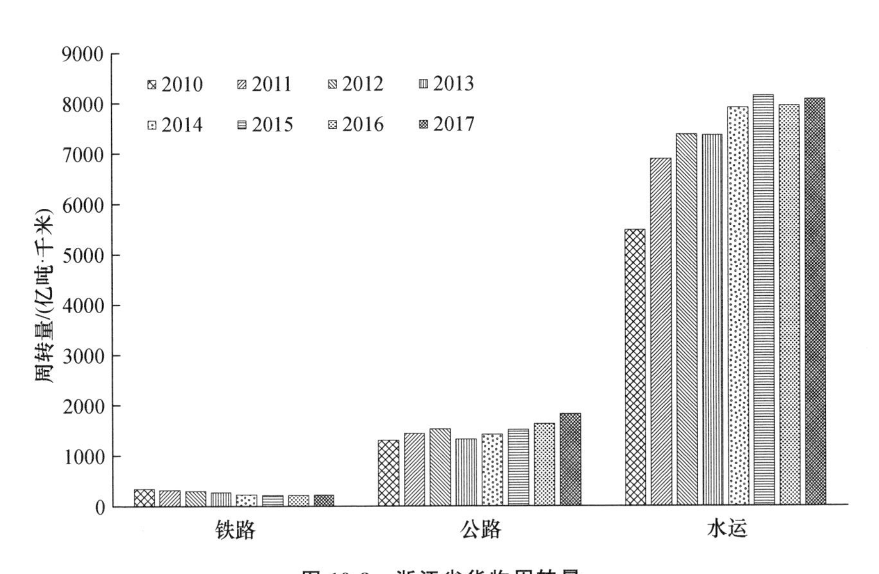

图 10-8　浙江省货物周转量

来源：根据浙江省统计年鉴整理。

10.3.3　环杭州湾大湾区交通运输发展

环杭州湾大湾区高速公路长度 2341.1 km，占全省 56%(表 10-6)。大湾区各线路的客运量不到全省的 1/2，但其中水运航空的货运量比例较高，超过全省的 3/4(表 10-7)。作为一种高端的城际交通方式，高铁主要与航空运输竞争。城际轨道交通和公路、航空优势不同，都扮演着不可或缺的重要角色，只有多种运输方式彼此协调，才能更好地发挥公共交通的作用。

表 10-7　环杭州湾大湾区公路运输线(2017 年)

城　　市	公路长度/km	
	境内公路	高速公路
杭州市	16 424.07	632.04
宁波市	11 236.00	514.00
嘉兴市	8140.00	393.06
湖州市	7958.00	319.00
绍兴市	10 136.00	441.00
舟山市	1931.00	42.00
总计	55 825.07	2341.10
全省	**12 0101**	**4154.00**
大湾区占比/(%)	**46**	**56**

来源：根据浙江省统计年鉴整理汇总。

10.4　本 章 小 结

综上，环杭州湾大湾区功能定位的实现需要各种基础设施的保障，建立湾区轨道交通网，制定科技创新政策，创新产业的发展，集聚国际化人才，优化湾区环境，努力实现湾区的功能定位。在大湾区的基础设施建设中建立湾区轨道交通网，实现以下几点要求尤为重要。一是完善公路、铁路及轻轨的建设，建立大型铁路综合枢纽，加强城市之间以及与经济腹地的联系，加快货物的运输。二是建设航空机场，增加航班，加强对外联系，不断扩大经济辐射范围，打通铁路与机场之间的通道，促进资源的有效输出。三是增加港口功能，扩大港口吞吐量，加快港口物流业的发展。高水平推进港口、水运、航空、路网、物流等现代交通五大建设。加快推进疏港公路铁路、江海联运主通道建设，推进大花园大通道建设，使湾区内交通网络高效便捷(马宏欣，徐士元，2018)。

表 10-7 环杭州湾大湾区各市客运量和货运量(2017 年)

城市	客运量/万人				货运量/万吨			
	公路	水运	航空	总客运量	公路	水运	航空	总货运量
杭州市	13 019	638.00	1825.34	15 482.34	29 378	5044	58.95	34 480.95
宁波市	4303	185.19	939.07	5427.26	29 002	21 054	16.96	50 072.96
嘉兴市	2984	79.99	—	3063.99	12 832	9109	—	21 941
湖州市	5166	94.60	—	5260.60	9817	6939	—	16 756
绍兴市	2805	121.17	—	2926.17	12 055	1371	—	13 426
舟山市	2629	2806.00	102.00	5537.00	8460	23 245	0.02	31 705.02
环大湾区总计	30 906	3925	2866	37 697.36	101 544	66 762	76	168 381.93
全省	83 945	4288.31	3720.3	91954	154 804	83783	84.16	238 671.16
大湾区占比/(%)	**36.82**	**91.53**	**77.05**	**41.00**	**65.60**	**79.68**	**90.22**	**70.55**

来源:根据浙江省统计年鉴整理汇总。

第十一章

环杭州湾大湾区城际巴士公交发展

在城市化进程中，伴随着城市经济辐射范围和城市之间联系的不断扩大，有效应对随之产生的跨市交通需求成为跨市交通规划和空间协同发展的重要方面。在快速城市化与城市区域转型发展背景下，城市工业化经济增长和规模扩大导致核心城市的经济生产和信息交流等向邻近地区溢出的现象逐渐出现，使得核心城市与邻近城市之间的劳动力、资金和信息等要素的跨市流动不断增加。如何应对这种跨越行政边界的社会经济发展的诉求，成为跨城市区域治理的重要问题。在此其中，包括机场、轨道交通、高速公路、城际巴士公交等内在的跨市多模式交通系统成为应对上述问题的重要基础。这意味着需要通过多种交通模式的供给来满足不同人群的出行需求。此外，交通设施和服务的改善能缩短客运、货运的送达时间，从而促进更大区域范围内的空间联系（杨家文等，2011），这对跨越行政边界的两个或多个地区均能带来社会经济效益。

跨市交通规划能带来潜在的增长红利，但同时也意味着交通投资和服务供给的经济成本。在现行财政、土地和交通政策下，如何协调跨市交通与政策的经济成本，进而鼓励更加有效的交通设施建设和服务供给，成为影响空间协同发展的因素之一。为了应对经济活动范围与行政区域范围不统一的矛盾，目前欧洲、北美等城市区域已经建立多层级的都市区管治体系，进行有效的空间管理，进而引导跨市地区的联合增长。例如，美国建立都市区规划委员会（MPO）对区域交通、土地利用和空间策略进行统一规划，应对跨市流动需求和空间协同发展的趋势。虽然我国尚未建立类似的规划协调组织，但在区域层面上建立便捷的交通设施和多样化交通供给模式的需求日益增长。通过上一级政府的推动、行政区合并（consolidation）或者建立（非）正式的协调框架成为协同发展的重要策略。例如，在珠三角地区，广佛都市区已经建立相对稳定的省政府引导下的广州和佛山跨市层面的交通规划和发展协调机制(吴瑞坚，2014)，并积极推进广佛同城化发展。

11.1 研究问题与案例

我国缺乏城市或区域层面的规划组织机构。在竞争和合作并行存在的背景下，跨界管治与协调发展已经成为我国城市、都市区和区域层面需要面对的重要问题，这不仅涉及城市区域规划的如何编制和实施，也关系到如何降低城市区域协调发展的成本和实践效果。在都市区"中心-外围"管治发展中，需要尝试建立常规的管理部门，并进一步理顺多层级政府在融资、财税、事权等方面的互动关系，进而提升县市、都市区和区域的综合竞争力。因此，以相对成熟的国内宁波都市区和杭州-德清都市区为例，重点分析我国不同地区跨市交通规划政策和发展经验，理解跨市规划与协同发展的模式和存在问题，并提出相对规划建议，能为理解我国都市区发展和空间治理提供政策建议。①

改革开放以来，宁波都市区的发展以县域经济为主要模式。一方面，随着都市区郊区化和区域空间区位的变化，宁波都市外围区呈现离心化的趋势，导致中心区极化效应较低。另一方面，在长三角"一核心、多中心"的发展模式下，宁波都市区的发展面临区域层面剧烈的竞争。因此，促进宁波都市区"中心-外围"跨界管治与协调发展变得非常重要。本章首先回顾了跨界管治与协调发展的相关理论，然后分析了宁波都市区发展特征和"中心-外围"协调发展的需求，进而总结宁波都市区"中心-外围"融合发展的相关实践，最后尝试从建立常规协调管理部门、构建多模式空间协调模式和鼓励社会资本参与区域协调等方面提出相关的政策建议。

在杭州都市圈，德清县是毗邻杭州最近的一个县，德清与杭州具有超过100 km的接壤边界。2001年德清县就提出"零距离融入杭州"的发展策略，并在《浙江省城镇体系规划(2008—2020)》中被明确纳入杭州都市经济区范围。随后，德清县提出"开放带动，接轨沪杭"战略，要"全面融入杭州大都市经济圈"。目前，通过跨市规划和公共服务共享机制的建立，德清县在跨市交通设施与政策、产业对接与转移、公共服务共享和空间融合发展等方面已经逐渐融入杭州都市经济圈。《杭州市城市总体规划(2001—2020年)》(2016年修订)提出建设跨越杭州的"一心八射"交通网络，目前杭海城际、杭(绍)柯城际正在建设中。2017年10

---

① 本章主体内容已经发表：林雄斌，杨家文，孙东波．都市区跨市公共交通规划与空间协同发展：理论、案例与反思［J］．经济地理，2015，35(9)：40—48．部分内容有改动和更新。

月,《浙江省都市圈城际铁路二期建设规划(2017—2022年)》提出以四大都市圈(杭州、宁波、温州、金华-义乌)为依托,建设城际铁路项目,杭德线(杭州-德清)成为重点项目。2018年3月,杭州市颁布了《杭州市城市综合交通专项规划(2007—2020)》(2018年修订),提出加快轨道交通线网的规划实施,加强杭州都市圈与宁波等周边城市的交通联系。

目前,杭州湾跨海大桥及杭州至宁波的客运专线(杭甬客专)已开通运营。随着浙江省提出构建"杭州、宁波、温州、金义都市区和温台、浙中城市群等中心城市与重要城镇、组团之间1小时交通圈",杭州、宁波作为浙江省中心城市,与周边城市的交通联系将更为便捷。

本章选取宁波都市区和杭州-德清都市圈作为案例,见表11-1。

表11-1 研究案例选取与跨市交通规划政策类型

研究案例	跨市交通规划与政策	涉及政府主体关系	关注重点
宁波都市区	跨区域合作与政策	市-市关系;市-区关系	空间协同发展面临哪些困难,如何建立跨市规划与政策协调机制?
杭州-德清都市圈	国内首条跨市公交与多模式交通系统	省-市关系;市-市关系	

来源:作者整理绘制。

11.2 宁波都市区跨界发展与城际交通

城市与区域的互动关系与互动模式一直是人文地理学和区域经济学研究的重要问题,随着经济全球化和城市区域化等发展,城市与区域的互动变得日益复杂化(丁志伟,王发曾,2012)。在当前快速发展的中国,协调城市区域发展在社会综合发展中扮演重要的角色。一方面,在快速城市化和空间拓展的背景下,社会经济要素跨区域流动的速度和规模不断增长,构建低成本、高效的跨区域流动体制有助于获得社会经济增长的外部动力,并以此提升城市区域的竞争能力。另一方面,随着我国从"中央政府—地方政府""计划经济—市场经济"渐进式分权改革,各级地方政府强化社会经济管理的职能,以应对激烈的竞争环境和发展压力(陈浩等,2010)。在上述两种发展趋势下,打破各级政府之间行政分割带来的缺陷,促进要素和资源在跨界地区自由流动和优化配置有利于发挥城市区域的整体效应(吴蕊彤,李郇,2013)。因此,为了构建更加有效的跨区域协调发展框架,"跨界管治"(cross-border governance)(吴蕊彤,李郇,2013)、"跨界冲突-协调"(interjurisdictional conflict-coordination)(王爱民等,2010)、"复合行政"(compound administration)(王健等,2004)等成为国内外城市区域跨界治理的研究热点。

《浙江省城镇体系规划(2011—2020)》指出,杭州、宁波、温州和金华-义乌都市区的核心区域是发挥中心职能的空间载体,是浙江省落实国家战略,参与构建长三角世界级城市群的节点。宁波都市区作为浙江省4个核心区域之一,具有较高的经济实力基础,但是在经济全球化、城市区域化和区域城市化的背景下,仍然面临经济增长和外部竞争的巨大压力。城市区域的善治(good governance)能促进经济增长(Kaufmann and Kraay, 2002)。不少学者已经指出统筹宁波都市中心区和次区域空间协同发展的重要性(赵艳莉,2006;沈磊等,2008;赵艳莉等,2012)。从长远来看,整合宁波都市区"中心-外围"地区的空间增长,降低行政区阻碍,促进中心城区与余慈、奉宁象外围地区[①]的联系强度,能显著促进宁波都市区、浙江省、甚至长三角世界级城镇群的发展。因此,有必要分析宁波都市区"中心-外围"地区跨界需求、管治协调现状,这将有助于促进都市区空间整合、协同发展和综合竞争力提升。

11.2.1 宁波都市区发展特征与跨界发展需求

大都市区一般指由一个大城市和若干个小城镇组合形成的,具有地理、经济和通勤联系的城市密集区(张紧跟,2005;唐燕,2010)。现有大部分关于城市发展的理论模型都是基于市场的基本假设(周伟林等,2007),强调市场在资源配置中的主导力量,而忽视了国家和政府在社会经济发展中的作用。在中国,由于特殊的社会经济文化特征及其地域差异,使得行政区划对城市区域的发展具有深刻的影响作用。行政区划将我国领土划分为若干层次和大小差异的行政区划,并且在各级行政区域设置相关的地方国家机关,实施行政管理(刘君德,1996)。改革开放以来,长三角主要经历市管县、撤县设市、市辖区调整、撤县(市)设区和行政级别提升等行政区划调整形式(刘君德,1996)。目前,宁波都市区由宁波中心区和邻近地区组成下辖"6区2县3市"。在长三角以上海为核心,杭州、宁波、南京等为中心的发展策略下,宁波都市区的发展面临周边中心城市的激烈竞争。但是宁波作为区域中心城市,其极化效应并不明显,急需提升都市区的首位度和辐射能力。在长三角区域一体化和宁波市发展方向扩展下,实现外围地区和宁波中心区的空间整合将有助于发挥宁波市的整体竞争力。

1. 宁波都市区面临区域层面社会经济增长的竞争压力

在全球化发展的背景下,都市区的发展不仅受到相邻城市的挑战,同时在区

① 宁波都市区的中心地区指海曙区、江东区、江北区、鄞州区、镇海区和北仑区。外围地区指余慈地区(余姚市、慈溪市)和奉宁象地区(奉化市、宁海县和象山县)。

域层面也面临着剧烈的社会经济增长的竞争压力。宁波都市区作为长三角南翼的经济中心、浙江省四大都市核心区之一和东部沿海副省级城市之一，在过去的几十年取得了较大的社会经济成就，在长三角和浙江省的发展中具有较强的竞争力。2012年，宁波都市区常住人口数量为577.71万人，实现地区生产总值和人均生产总值分别为6582.21亿元和11.41万元(表11-2)。然而，宁波都市区未来发展将面临更大的竞争力。一方面，宁波都市区现代服务业发展水平较低，第三产业的比例低于上海都市区(60.45%)和杭州都市区(50.94%)的水平，仅为42.49%。在全球化资本流动、快速城市化和转型发展的背景下，以工业为主的宁波都市区的发展面临较大的挑战。尤其是在金融危机以来，经济增长速度明显下降，2002—2007年年均经济增长率为18.02%，而2007—2012年年均经济增长率下降为13.89%。另一方面，宁波都市区过去在基础设施、社会服务和生态环境等方面形成较高的融资负债，通过政府融资在一定程度上推动社会经济总量的增长。截至2012年年底，宁波都市区政府负债达到1732亿。随着长三角地区提出建设世界级城市群的发展战略，这将赋予宁波都市区更多的全球化角色和国际化职能。然而，考虑到宁波都市区政府还债的压力，如何在新型城镇化和产业转型升级的背景下，继续保持都市区综合增长的竞争力，将成为宁波都市区发展面临的重要问题。

2. 都市外围地区的"离心化"趋势

伴随长三角区域一体化和后工业化时代的发展，赋予宁波都市区在现代服务业、金融贸易、港口和全球化发展等新的角色，应积极寻求新的空间增长模式，有效应对这一区域和时代发展的需求。2006年，宁波都市区提出统筹中心区和余慈地区的发展力度，突破行政界限，促进资源空间配置的优化。"十一五"期间宁波都市区实施"东扩、北联、南统筹、中提升"的空间发展战略，以进一步实现区域经济协调发展和区域竞争力的有效提升。2012年，宁波市中心区常住人口为350.97万人，外围区人口数量超过中心区，达到412.93万人。相比宁波都市外围区，虽然中心区在经济总量、人均生产总值和经济增长速度等方面具有较大的优势，然而都市外围地区的"离心化"趋势逐渐展现，尤其是2011—2012年经济增长速度，外围地区已经逐渐超过中心区(图11-1)。在此背景下，如何保持中心区的增长速度，促进中心区和外围区的统筹力度，将有效提升整个都市区的综合竞争力。

表 11-2 宁波都市区与长三角、浙江省都市区、东部副省级城市社会经济发展对比

	指 标	人口总量/万人	土地面积/km²	经济总量/亿元	三产比重/(%)	人均GDP/万元	人均地方财政收入/万元	2002—2007 年年均经济增长率/(%)	2007—2012 年年均经济增长率/(%)
长三角核心城市	上海都市区	2380.43	6340.5	20 181.72	60.45	8.54	1.57	17.64	10.61
浙江省四大都市核心区	杭州都市区	700.52	16 571	7802.01	50.94	11.18	1.23	18.14	13.73
	宁波都市区	577.71	9816	6582.21	42.49	11.41	1.26	18.02	13.89
	温州都市区	800.21	11 786	3669.18	46.39	4.59	0.36	15.32	11.32
	金华-义乌都市区	470.63	10 942	2710.77	45.43	5.77	0.46	16.59	13.09
华东地区副省级城市	南京市	816.1	6587.02	7201.57	53.4	8.82	1.75	0.18	0.14
	济南市	609.21	8177	4803.67	54.39	6.94	1.30	0.20	0.11
	青岛市	769.56	11 282	7302.11	48.96	8.27	0.87	0.17	0.09
	厦门市	367	1 573.16	2815.17	50.7	7.7 3	2.01	0.16	0.12

来源：相应城市或省份的统计年鉴。

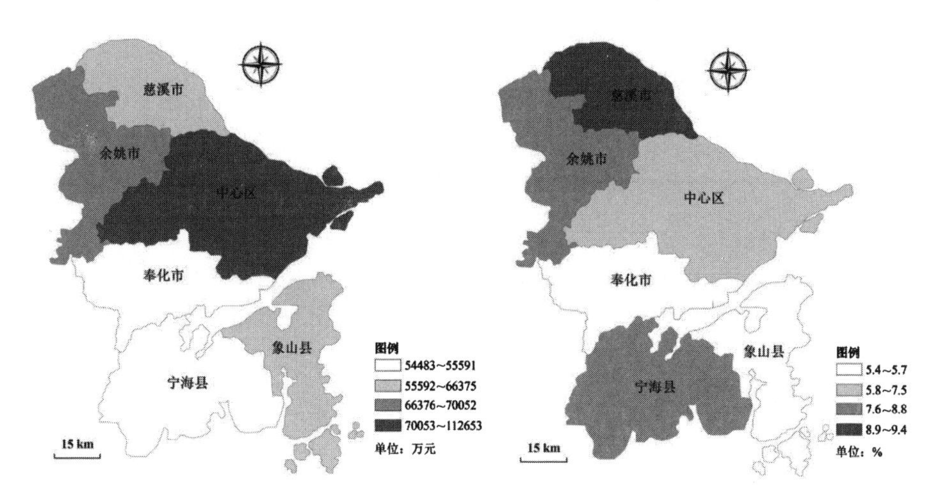

图 11-1　宁波都市区"中心-外围"地区人均生产总值和经济增长速度

来源：宁波统计年鉴，2013。

3. 都市区"中心-外围"跨界融合发展需求

上海是我国东中区的核心，宁波作为一个很大区域的门户城市，是这个核心的副核心（周一星，2013）。在以上海为核心的长三角一体化发展趋势下，在较长的时间内，宁波都市区发展具有两个重要发展方向：① 继续融入长三角，不断扩大在长三角的地位和影响力；② 持续拓展自身腹地。宁波市继续向北、向南和向西拓展自身腹地，不断扩大其与舟山[①]、金华-义乌-衢州、上海-嘉兴的联系。在空间组织上，宁波都市区曾提出"分片极化方案""等级分散方案""网络化组团方案"（周一星，2013）。宁波都市区为了增强与其他城市或都市区的联系和协同发展，在都市区内部建立"中心-外围"地区跨界协同发展是重要的基础，能使宁波都市区以整体的优势建立与其他都市区的联系与合作，也能避免宁波都市区"外围"地区的"离心化"的可能。宁波中心区与余慈、奉宁象地区相对沿着"东西—南北"方向发展，在日益严峻的竞争压力下，不仅具有都市区内部跨界协同发展的需求，并且对保持长远时期的综合竞争力非常重要。

11.2.2　宁波都市区跨界管治与协调发展策略

近郊中小城市融入都市圈能实现共享都市圈的效应，进而促进经济社会的快速发展。在上述分析中，宁波外围区呈现与中心区"离心化"的趋势。因此，为了提升都市区的综合竞争力，需要加强中心区和外围地区的空间整合强度，提升

① 宁波市要建立甬舟大都市区，不断加强与舟山的城市联系。

都市圈的整体效应。具体来说，从中心地区与余慈地区、中心地区与奉宁象地区两方面提升整个都市区整合强度，提升竞争力。

1. 中心地区与余慈地区的跨界管治与协调发展

2006年4月，宁波市提出统筹余慈地区发展战略，将余慈地区作为构筑宁波都市区北部中心的发展战略。实施余慈统筹发展是贯彻宁波"东扩、北联、南统筹、中提升"区域发展战略的必然要求，并且在产业发展、空间协调和基础设施建设等提出统筹战略。① 在产业发展上，为了适应产业结构优化升级和生态经济的发展要求，通过建设环杭州湾产业带，将余慈地区建设成为宁波都市区北部中心、浙江省特色先进制造业基地、长三角区域性现代物流基地、浙东南生态旅游基地。② 在空间协调上，进一步优化空间布局，加强各片区之间的功能协调，加强重点区块的规划建设。具体表现为，以慈溪中心城、余姚中心城、姚北新区-周巷组成的组合型中心，以姚北新区-周巷片、泗门姚西北滨海产业片、杭州湾滨海新区片、观海片、慈东片为发展片区进行规划建设。同时，通过相关规划的衔接，提升规划共同编制与实施的效率。③ 在基础设施上，加快推进综合交通网建设，加快推进公共服务设施建设。

2. 中心地区与奉宁象地区的跨界管治与协调发展

奉化、宁海和象山分别作为宁波市"中提升"和"南统筹"的主要节点，均是宁波中心城市规划组团的重要组成部分。随着宁波都市区郊区化和都市区功能扩散发展，中心区南部的奉宁象地区融入宁波都市区对进一步提升大都市区建设和加快这些外围县区的发展具有重要意义。2011年奉化市开展《奉化市融入宁波都市圈发展研究》，从"交通优先、功能融入、项目带动和联动发展战略"提出融入宁波都市圈、接轨宁波发展规划的发展战略。① 交通优先策略：主要包括构建铁路、高速公路、轨道交通、城市快速通道、水路立体化的多模式交通体系，建设方桥港码头和推进"宁波—奉化"公交的一体化发展；② 功能融入策略：以低成本和可实施的方式建设成为宁波大都市区有机组成部分，承接宁波产业转移，明确奉化北部、中部、西部和东部四大片区的空间布局和功能，实现与中心区的错位发展和对接；③ 项目带动策略：基于社会经济与资源环境的背景，发挥奉化市区位、资源、产业和生态等优势，通过城市建设投资资金以及重点地区、重点项目的带动效应，提升奉化市与中心区的互动，形成奉化地区新的增长极，提升综合实力；④ 联动发展策略：在中心区和奉化市发展和规划建设中，通过规划对接、功能对接、基础设施对接和人才对接，形成同城效应，实现奉化与宁波中心城联动发展。

象山县也逐渐加大融入宁波都市区的力度。在象山北部发展中，2012年随着象山港大桥开通，象山到宁波中心区的距离将从2小时缩短为0.5小时，逐步融入宁波半小时经济圈。在象山南部发展中，依托2012年7月成立的浙台经贸合作区(象山石浦)，[①]建设两岸经贸合作的创新平台、海岛开发的实践平台、农渔产业的合作平台、人文交流的示范平台和共建共享的海港新城。同时，2013年12月象山与宁波保税区合作开发“宁波象保合作区”，建设成为对台经贸合作试验区和浙江省海洋经济发展重要功能区等。此外，积极促进象山港区域生态经济港湾、现代海洋产业和国际港口物流业等主导产业的发展。

改革开放以来，宁波市以发展县域经济为主要方向，随着全球化和区域竞争的加剧，县域经济的局限性逐渐显现，例如，宁海县域经济呈现边缘化和弱优势丧失的问题(张伟标，2014)。在国内外复杂的经济趋势下，宁海县积极推出行动计划和产业错位发展等规划的协调和对接工作，通过多层次和多角度融入宁波都市区，接轨全域经济发展。主要策略为构建轻轨、高速公路、铁路等多模式交通基础设施融入都市区，打造产业发展与区域开发高层次平台等。

11.2.3　宁波都市区跨界管治与协调策略机制的构建

提升都市区中心地区和外围地区的管治能力和协调程度，不仅有利于培育中心区的首位度、主导作用和极化效应，也有利于外围地区借助中心区的辐射能力，改善区位条件，实现与中心区的衔接和错位发展，进而提升整个都市区的综合竞争力。尤其在“一核心、多中心”结构的长三角地区，在城市区域郊区化趋势和激烈竞争的发展背景下，发挥都市区的规模效应和整体优势变得非常重要，否则容易导致都市区边缘化和优势度下降的问题。然而，在市县体制框架下，一方面是都市区内部“中心-外围”地区之间、都市区之间不断增长的跨界需求，另一方面是分权趋势下市县政府间管理职能、事权财权划分和发展定位的模糊，以及基于本地社会经济发展的利益冲突。这些因素说明“中心-外围”跨界管治的必要性，也意味着跨界管治的成本和难度的增加。综上指出了宁波大都市区提升中心与外围地区的管治和协同发展的必要性和重要性，外围地区通过发展规划、综合政策和合作开发等方式提出融入中心区的尝试。在未来发展中，仍需要进一步加强跨界管治，提升中心区的极化效应。

1. 建立常规的“中心-外围”协调管理部门

无论在区域还是城市尺度，我国行政管理体制缺乏类似都市区规划委员会(MPO)的管理机构。在跨界发展中，这容易在规划编制、基础设施衔接、公共服务供给、资金融资和规划评估等过程中造成管理体制混乱和利益冲突等问题。跨界地区管治包括政治动员、建立管治和统一战略等方面(Perkmann, 2005;

---

① 2011—2012年，浙江省政府先后批复整合设立了苍南、象山、普陀、玉环4个浙台经贸合作区。

Perkmann，2007）。Nunn 和 Rosentraub 指出合作目标、合作策略、制度形式和合作效果是建立跨界合作的有效框架（Nunn and Rosentraub，1997）。相对跨市和跨省的协调管理机构，在市级同一行政区的管理体制下，建立都市区“中心-外围”协调管理部门相对容易。例如，宁波都市区已经专门成立了隶属于宁波市城乡建设委员会的常设机构——余慈地区统筹建设办公室，负责推动余慈地区与中心区的互动发展（沈磊等，2008）。因此，建立“中心-外围”协调管理部门的重点是如何采取更加有效的融资、规划、建设和评估的措施，协调常规管理部门与其他部门的垂直关系和水平关系，推进跨界协调的效率和成效。一个可行的步骤为：① 建立都市区“中心-外围”常规协调办公室，明确该办公室与市县政府，以及与市县政府下属规划、招商、环境、交通等部门的关系，明晰相应的责权关系；② 建立该办公室常规职能和工作流程：包括与市县及其下属部门明确中心和外围地区发展面临的问题与合作诉求，形成统一的战略认识，达成合作目标，建立近期与远期的协调事项、任务与合作策略；③ 建立规划与项目的评估与反馈机制：都市区“中心-外围”的跨界管治需要有良好的规划衔接、公共服务同城化以及明晰相应的责权关系，并且依据合作目标和任务，建立规划、建设和跨界管治的评估与反馈机制。

2. 构建多模式空间协调与互动发展模式

都市外围地区与中心区的协同发展具有“行政融入、经济融入、功能融入和文化融入”等多种模式。[①] 改革开放以来，通常以行政性的手段，包括行政区划调整、撤市（县）设区等方式扩大行政范围，促进协同发展（周一星等，2001；张京祥等，2011）。这种方式通过行政干预体现较高的效率。同时导致旧管治方式的消失以及新空间规划关系和组织形式的组建。然而，这种“一刀切”的方式并不意味着能提升所有区域的管治能力和发展效率。以行政、经济、功能和文化等多模式融入的协调与互动模式，能充分基于不同外围地区的发展现状和特征，发挥其相应的比较优势，进而以更小的协调成本和协调难度，提升中心区的极化效应。在宁波大都市区案例中，构建“核心区-中间区-外围区”空间单元，通过基于多利益主体空间协调和多模式网络化空间关系构建，使得外围地区能更好地适应都市区发展需求，发挥其作为重要节点的作用，促进大都市区综合竞争力（图11-2）。

① 宁波市政府. 奉化市融入宁波都市圈发展研究. http://gtog.ningbo.gov.cn/art/2011/10/13/art_15846_870780.html，2020-06-05.

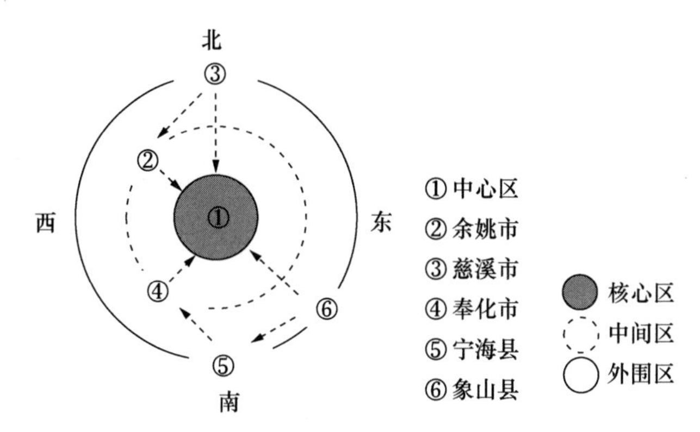

图 11-2　宁波都市区"核心区-中间区-外围区"空间互动模式

3. 发挥社会资本项目带动与区域协调的作用

区域政府和市县政府是推动"中心-外围"地区跨界管治的重要主体,并且扮演非常重要的作用。然而,政府在进行跨界管治进程中,容易滞后于市场发展的需求,在一定程度上阻碍都市区"中心-外围"的协调发展。宁波都市区具有良好的社会资本发展的环境,在推动中心与外围地区发展中,社会资本的参与有助于降低成本和提升效率。例如,随着象山港大桥的开通,2013 年 1 月象山影视城和石浦渔港旅游接待数量同比增长分别达 500%和 800%,极大促进中心城和象山地区的互动发展。因此,社会资本在"中心-外围"地区的交通基础设施建设与对接、同城公共服务供给、社会经济合作、文化旅游促进等方面能发挥重要的作用。在"中心-外围"地区经济、技术、人才、资金流动的趋势下,选择政府调控与市场引导相互结合的管治模式,通过稳健的体制确定社会资本参与的形式、规模和收益比例,有助于提升整个都市区的发展效率和竞争力。

11.3　杭州-德清都市圈跨界发展与城际交通

11.3.1　杭州-德清都市圈同城化多维基础与需求

德清与杭州具有超过 100 km 的接壤边界,是距杭州最近的一个县。2001 年德清就将"零距离"和"融入杭州"作为城市发展战略。随后,提出"开放带动,接轨沪杭"战略,要"全面融入杭州大都市经济圈",并在《德清县公路水路交通规划(2004—2020)》中,预留了与杭州轻轨的接口。2007 年国务院批准了《杭州市城市总体规划(2001—2020 年)》,根据这一轮规划,杭州将形成"东动、西静、南新、北秀、中兴"的大都市格局,德清依靠邻近杭州的优势,成为杭州都市区"北秀"发展的有机组成部分。根据浙江省建设厅、省城乡规划院联合编制的《浙江省环杭州湾地区城市群空间发展战略规划》，又把德清纳入杭州大都市外圈城市之中，而且杭州轻轨规划也在德清预留了接口。2014年5月，在杭州、宁波、温州、金华-义乌四大都市区规划纲要编制工作部署会上，进一步明确杭州都市区规划纲要的覆盖范围为杭州市域、德清县域、安吉县域、桐乡市域、海宁市域、绍兴市域以及诸暨市域。在杭州-德清都市圈中，相似的历史人文基础、边界的区位和交通设施、互补的产业结构是构成同城化发展的多维基础。

1. 相似的历史人文基础

德清地区同时受到吴越文化和杭派文化的影响。虽然德清与杭州分属不同的行政区域，但两地地缘相近、人缘相亲、文化相融。历史上的武康县曾多次划归余杭郡，隶属杭州；1914年，德清、武康两县还同属钱塘道，塘栖水北则在新中国成立后由德清划归杭州。有五千年文明史的良渚文化遗址至今还保存在德清与余杭交界的东苕溪两岸。长期以来，两地文化、经济等方面一直保持着良好的交流和沟通，历史文化渊源颇深。

2. 便捷的区位与交通设施

从区位上看，德清县11个乡镇有7个乡镇与杭州接壤，县城武康镇与杭州直线距离仅23 km。目前路经两地的杭宁高速公路、申嘉湖杭高速公路、104国道等道路已经建成通车，铁路有杭宁城际高铁和宣杭铁路2条，水路有京杭运河、杭湖锡线和东苕溪3条，同时连接德清汽车总站和杭州武林门的国内第一条跨地区城际公交线K588路已经通车。两地已形成了比较便捷的多模式交通联系系统。在未来跨市交通规划发展中，规划中的杭州“二绕”西复线，起点位于德清市新市镇，穿越德清境内，将连接杭州都市经济圈外围的德清、余杭、临安、富阳、诸暨等城市。德清三合到余杭仁和的公路、新安到余杭塘栖的公路、新市到余杭临平的公路德清段都已经开工建设，德清和杭州在跨市交通规划、资金筹措等多方面开展合作。融杭水路交通网也在搭建，提出推进武新线、京杭运河两条航道高等级改建，续改建白三线、下湘线、洛东线支线航道，初步形成“一横三纵五支”的主骨架航线。在跨市轨道交通上，规划杭州地铁为德清预留了连接口，由德清县武康中心城区城南科技新城，经下渚湖湿地南侧进入余杭良渚组团，最终接入杭州地铁。依靠跨界的区位优势和跨市发展的需求，德清-杭州两地积极从公路、铁路、水路等建立跨市多模式交通系统，推动杭州都市经济圈跨市融合发展。

3. 区域互补型产业结构

杭州是全国重要的高技术产业基地和旅游休闲中心，现代服务业和战略性新兴产业基础强、发展潜力较大，其中文化创意、旅游休闲、金融服务、电子商务、信息软件成为现代服务业中的优势和支柱产业，先进装备制造、物联网、生物医药、节能环保、新能源成为战略性新兴产业中的重点领域。德清逐步形成先进装备制造、生物医药、装饰建材支柱产业和地理信息、通用航空等战略性新兴产业为主的“3＋X”工业产业体系。德清、杭州两地逐渐依靠支柱产业和战略性新兴产业的差别化发展，形成具备错位竞争、共赢发展的基础。随着杭州市工业经济发展逐渐向现代服务业转型升级，部分市场主体和经济要素逐渐呈现空间外溢的趋势。由于空间毗邻的发展优势，德清主动承接杭州产业的转移，开展引进杭资的活动。为深化“开放带动、接轨沪杭”战略，逐步实现“杭州北区、创业新城”的发展愿景，目前德清规划和发展“一核心四区块”临杭产业带，以加强德清与杭州的产业联系，实现两地间社会经济联系密切化发展。

11.3.2　杭州-德清都市圈的跨市规划与政策共享

1. 杭州-德清跨市规划与同城发展历程

当代中国区域经济一体化与行政区划冲突的根本原因，在于政府职能的转变尚未完全适应市场经济的发展需求（王健等，2004）。2001 年德清市首次提出“融杭”的发展理念。随后，杭宁高速浙江段通车为德清融入杭州提供快速通道。2003 年实施“开放带动、接轨沪杭”发展战略，并于 2004 年与杭州签订人才资源开发合作协议。2005 年 2 月浙江省公布《浙江省环杭州湾地区城市群空间发展战略规划》，将德清纳入杭州大都市区，并在突破行政界限的基础上协调土地利用、产业布局和交通建设。同年 7 月，德清和杭州签署经济社会全面合作的协议。2006 年以来，在合作协议的基础上，两市在金融、医疗等方面开展合作。2007 年 8 月，杭州市政府下发的《关于构建杭州都市经济圈的实施意见》，进一步明确将德清纳入杭州都市经济圈，推动杭州在长三角的发展。2008 年 12 月，杭州都市经济圈首届县市长论坛在杭州举行，德清作为融杭的先行区和示范区发表《德清宣言》，并成立了节点县市的首个驻杭州办事处。此后，杭州都市经济圈市长联席会议多次举办，为都市圈全方位和深层次融合奠定基础。2009 年 1 月，德清出台《关于加快融入杭州 共建都市经济圈的实施意见》，提出了“杭州北区、创业新城”的发展蓝图，提出了规划共绘、产业共兴、交通共联、环境共建、社会共享等融杭重点工作。2009 年 3 月，德清经济开发区临杭工业区规划建设正式启动。根据《浙江省城镇规划体系（2008—2020）》，明确将德清纳入杭州都市区，进一步推动德清与杭州大都市的融合发展，提出以杭州都市经济圈发展战略为引导，通过创新体制机制，突破行政区域局限，加强两地合作交流和全面对接。2011 年，结合实际发展情况，德清将发展战略修改为“开放创新，接沪融杭”。

2. 杭州-德清跨市规划与同城发展实施措施

（1）跨市交通与职住同城化发展措施

为有效推进德清与杭州的跨市社会经济联系，跨市多模式交通网络规划与建设成为促进跨市发展的重要基础。目前,德清与杭州在道路交通、城际轨道交通、巴士公交等多模式交通上初步实现协调发展(表11-3)。

① 逐步解决德清与杭州之间的公路对接及收费问题,实现两地交通共联。

② 建立全国首条跨市K588路巴士交通。K588路是全国第一条跨地区的公交线路,于2008年1月开通(图11-3)。德清至杭州城际公交线路全程50 km,设计用时80分钟,起点站设在德清客运总站,在德清县境内还设立三个公交站点,经杭州北站停靠后,终点站设在武林门。每趟公交车间隔时间为20分钟,价格为12元,杭州市民卡可通用,[①]全程票价比快客票价低。两地居民乘坐公交车即可以方便到达城市中心区,为杭州、德清两地居民的出行提供了极大的方便。

③ 跨市铁路建设。在城际轨道交通上,杭州市政府常务会议通过了关于建设"杭州—德清—安吉"城际轨道交通的方案,意味着杭州至安吉的城际轨道交通正式纳入杭州城际轨道交通规划。[②] 随着高速铁路在中短距离出行优势的凸显,一定程度上促进了德清和杭州的"就业-居住"一体化的空间格局。2013年7月,杭宁高速铁路建成并通车,德清与杭州间每天发车21趟,每趟所用时间仅需14分钟,加大了两地的"时空压缩"效应,进一步加快德清融入"杭州都市圈"的步伐。在跨市交通不断便捷化的趋势下,加之德清拥有"莫干山""下渚湖""新市古镇"等一批自然人文景观,相对完善的配套服务设施以及德清市区较低生活成本等方面的优势,德清市成为杭州市民居住的重要选择地。

表11-3 德清—杭州跨市交通方式与时间安排

交通方式	交通类型	发车时段	班次数量	发车频率/分钟	所需时间/分钟	车票价格/元	距离/km
铁路交通	高铁(G)	7:19—21:17	21	42	14	一等座27 二等座16	38
	动车(D)	9:55—21:58	4	180	15	一等座17.5 二等座11	35
	快速火车(K)	2:24—20:01	11	120	60	硬座12.5 硬卧63.5	68/86
道路交通	跨市公交(K588)	6:30—19:00	37	20	80	12	50
	长途巴士	7:00—18:00	16	60	50	15	47

数据来源:中国铁路客户服务中心,http://www.12306.cn. 整理时间为2014年10月。

① http://www.chinahighway.com/news/2008/227666.php, 2019-03-28.

② http://ajnews.zjol.com.cn/ajnews/system/2011/06/01/013811485.shtml, 2019-04-05.

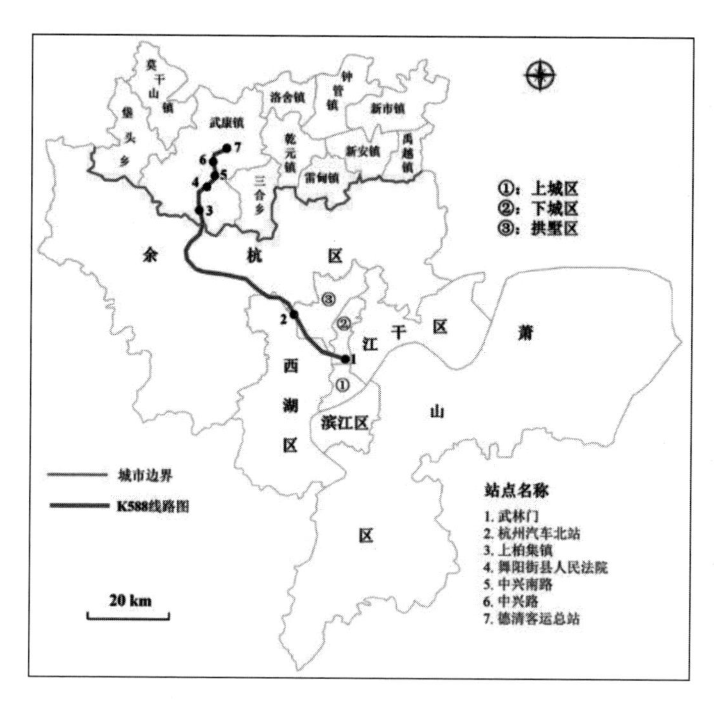

图 11-3 德清—杭州城际巴士公交 K588 线路图

底图来源：http://www.hangzhou.com.cn/hdbus/和杭州市行政区划图。

(2) 跨市产业同城化发展措施

近年来，随着城市经济、社会的发展，杭州面临产业“退二进三”“优二兴三”等结构调整的需求，部分杭州企业为缓解土地和劳动力成本上升以及环境规制的压力，逐渐转移到具备区位优势和投资环境的德清县，以寻求新的发展空间。因此，德清积极通过产业规划和优惠政策，吸引杭州产业的空间梯度转移。一方面，创造投资环境，提高配套服务质量。另一方面，利用德清和杭州“地价差”优势，结合杭州产业转型升级的契机，策划“临杭”工业带计划。2009 年，德清成立“临杭”工业区，涉及乾元、雷甸两镇 13 个行政村，分为临杭工业区核心园区、临杭物流园区和新材料园区，总规划面积 40.57 km^2，主动通过工业园区规划和优惠政策，逐步吸引杭州的招商引资，进而带动德清专业市场、房地产和社会经济的全面发展。截至 2011 年 10 月，德清的杭资企业的数量达到 576 家，实际完成投资 140.15 亿元，对德清经济的贡献率超过 1/3。据统计，杭资占德清全县到位资金的比例达 70%。

(3) 跨市公共服务同城化发展措施

《德清县域总体规划(2006—2020)》指出以“南京-湖州-杭州”城市带为发展

方向,全面实施"开放带动、接轨上海、融入杭州"战略,并充分依托杭州都市经济圈建设,发挥德清在区位、产业、生态、人文等方面的比较优势,成为融入杭州都市经济圈的实验区,建设成为"杭州北区、创业新城"。杭州-德清跨市交通与产业发展是空间协同发展的物质载体,而推动跨市公共服务发展也是杭州-德清同城发展的重要基础。目前,杭州-德清在教育、医疗、金融和人才等跨市公共服务上取得较大的进展。第一,跨市教育合作。推进德清与杭州在教育事业和文化事业方面的交流合作,加强德清与杭州知名中小学签订全面合作协议,争取在杭高校、科研机构到德清设立校区、独立学院或分支机构,提升德清的文化内涵和城市品位,增强德清的对外知名度和综合竞争软实力。第二,跨市医疗合作。2007年7月,德清县人民医院正式与杭州市实现医疗保险实时联网,成为杭州市医保中心第一家跨市的定点医院,同时,德清第三人民医院被审批确认为杭州市医保定点医院,实现杭州医保卡在德清的覆盖。第三,跨市金融合作。德清县农信联社参加杭州银行同城票据交换,杭州银行德清支行正式开业。以加强与各个国有商业银行总行和省分行沟通协商的形式,进而提高德清和杭州两地贷款同城化的审批效率,实现各国有银行业务的同城化。同时,统一两地国有商业银行业务的收费标准,推进支付清算的同城化,推进德清和杭州两地的同城票据交换。第四,跨市人才合作。杭州和德清签订人才资源开发合作协议,并且两市在战略合作的基础上,2014年11月浙江工业大学成立德清校区以进一步促进两地教育和人才交流合作。

11.3.3 杭州-德清都市圈跨市协同发展机制构建

目前德清已经逐步融入杭州都市经济圈的发展,并且通过杭州和德清跨市规划和公共服务共享机制的建立,在跨市交通设施与政策、产业对接与转移、公共服务共享和空间融合发展等方面取得一定的成果。由于双方尚未建立一定深度的跨市事务的协调机制,杭州-德清都市圈跨市规划与协调发展的进程比较缓慢,仍需建立多方面、深层次的协调促进的机制。

1. 杭州-德清都市圈跨市协同发展的特征

在过去的十几年,德清县一直通过各种发展战略、产业规划和政策措施等加强融入杭州都市圈的步伐。杭州-德清都市圈跨市发展从无到有,并且逐渐走向成熟,通过两市融合发展的历程发现,杭州-德清都市圈协同具有"多维度"共享、"强弱型"合作和"非稳定型"实施等发展特征。

(1)"多维度"跨市基础设施规划与服务共享。杭州-德清都市圈通过道路、公交等多模式交通基础设施和产业、医疗、教育、人才等多维度合作,促进了两市之间各种"流"空间的交流与融合。

（2）“强弱型”跨市规划与协同合作特征。与京津、广佛等地区的跨市合作不同，杭州-德清都市圈合作呈现“强弱”的特征，由于发展战略的差异，杭州作为区域中心城市对杭德融合发展的重视程度远远低于德清县，无疑扩大了两市跨市合作与协同发展的难度。

（3）“非稳定型”跨市规划协调与项目实施机制。杭州-德清同城化发展缺乏常规管理机构，导致两市基础设施建设和公共政策制定缺乏有效统筹，也在一定程度上增加了跨市合作的有限性和常规性。例如，2004—2007 年，德清县建立了与杭州主流媒体的高层定期互访制度，然而由于缺乏常规的管理架构使得这种跨市协作方式缺乏稳定性。

2. 杭州-德清都市圈跨市公交与多模式交通体系

2001 年以来，德清先后提出“零距离融入杭州”“开放带动，接轨沪杭”“全面融入杭州大都市经济区”等战略。2005 年 2 月浙江省公布《浙江省环杭州湾地区城市群空间发展战略规划》，将德清纳入杭州大都市区，并在突破行政界线的基础上协调土地利用、产业布局和交通建设。《杭州市城市总体规划（2001—2020 年）》中提出，德清成为杭州都市区“北秀”发展的有机组成部分。《浙江省城镇规划体系（2008—2020）》明确将德清纳入杭州都市区，提出以杭州都市经济区发展战略为引导，通过创新体制机制，突破行政区域局限，加强两地合作交流和全面对接。目前，德清与杭州在道路、城际轨道、巴士公交等多模式交通上实现协调发展。

11.4　都市区跨市交通与协同发展的一般特征

在区域空间一体化发展的框架下，通过跨部门和跨区域的交通合作来提升城市区域综合竞争力的方式，已经日益受到国内外都市区发展的认同。跨市公共交通规划与政策的实践和政策选择在珠三角和长三角等城镇密集地区均已得到不同程度的证实。多模式跨市交通体系在促进城际社会经济要素流动和基础设施共享等方面发挥重要的作用。在国家先后颁布几十个城市群发展规划中，完善城市群内部各城市的交通系统，成为推进城市群建设的重要策略之一。

然而，受制于我国地方政府的角色和发展任务，尤其是在地方政府职能尚未完全适应市场化发展需求下，空间一体化发展与行政范围仍然存在不协调的现象（王健等，2004）。目前，包括轨道交通、道路交通、巴士公交等在内的跨市公共交通规划和发展，在线路协调与优化，线路进度保障与合作深度，社会公共参与等方面仍存在一些问题。

1. 线路协调与优化

跨市公共线路包括交通模式之间和交通模式内部线路的协调和优化。例如,在杭州德清都市区,随着2013年高速铁路的开通,高铁价格(一等座27元,二等座16元)与跨市公交K588路的价格(12元)相似,但运营时间能减少近1个小时,这使得跨市公交K588的客运量降低约40%,单日客流量从2500人减少到最少1000人,导致每月超过16万元的高额亏损。在深莞惠,由于价格低廉和线路部分重合,深惠3线的前身深惠3B公交线路在试运营时就遇到3A线路的抵制。

2. 线路进度保障与合作深度

在区域一体化和跨市交通不断完善的趋势下,地区交通可达性的改变增加了企业生产和居民活动空间选择的范围。就区域层面而言,这种趋势降低了跨区域社会经济联系的成本,有助于企业和居民进行更加合理与有效的区位选择,进而提升了区域增长的效率。然而,就单个地方政府而言,跨界便捷的出行在一定程度上往往意味着一个地区社会经济效益的增加,另一个地区效益的减少或者增长幅度降低。过去几十年,社会经济增长成为地方政府考核的主要指标,并且土地效益成为地方财政增加的主要方式之一,在这种发展体制和潜在"成本-收益"的考虑下,地方政府会更加谨慎地对待跨市层面的公共交通发展。例如,在广佛地铁建设中广州段的开通运营一直延缓,深圳市交管部门暂缓惠州公交208路向龙岗区的地铁双龙站延伸。

3. 社会公共参与

国外经验表明,"政府决策失误、对市场失灵的不作为以及市民未能提供合理的价格信号和政策引导"是影响公共交通体系建设的重要原因(黄伟等,2012)。政府、企业和市民的良好互动和调节相互的利益诉求,进而提供及时的信息帮助和决策支持是更好地推进跨市公共交通的基础。然而,跨市公共交通规划与政策实施在线路建设、站点选择、交通-土地利用综合开发等方面相对缺乏社会的公共参与。

11.5 重构都市区跨市交通与协同发展机制

跨市交通是空间协同发展的重要基础,其进程与实施效果受到协调机制、组织制度因素和社会经济变化的影响。Marra(2014)总结了协同发展的策略包括共同的政策制定,规划、利益的管治,行政效率与绩效的管理评估(Marra,2014)。洛杉矶公共交通发展的经验表明,区域内部各城市沟通和协商的目的往往是自我利益保护,其焦点并非在于全局利益的最大化(黄伟等,2012)。在我国,由于地方政府角色的影响,再加上尚未建立有效的跨市层面交通规划与发展的协调机制,导致都市区跨市规划与协调发展的进程相对缓慢,仍需建立多方面、深层次的协调促进的机制。跨市公共交通规则与政策发展框架见图 11-4。

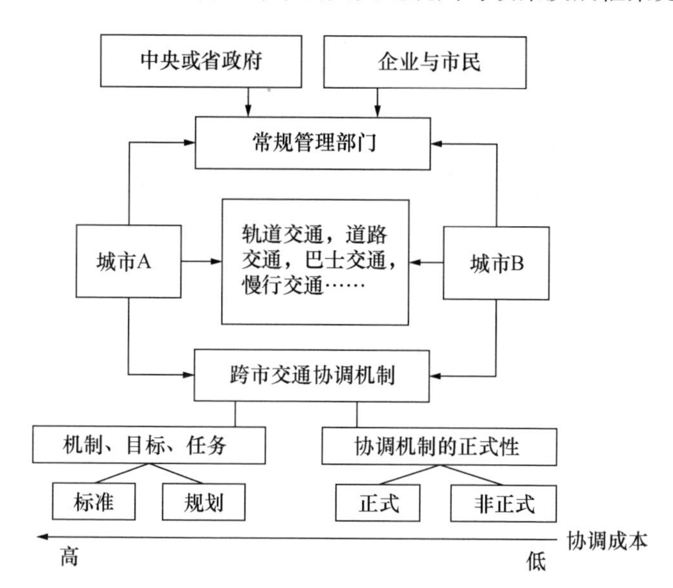

图 11-4　跨市公共交通规划与政策发展框架

11.5.1　重构行政组织，建立超越行政边界的常规稳定的管理机制

随着城市和区域社会经济发展的变化，地方政府不应只关注特定辖区的发展，而需要实现更高行政层面的统筹协调。由于不同行政区发展阶段和规划战略的差异，以及潜在的成本与收益分享的不统一，这些因素可能会增大毗邻城市间的协调成本和协同发展的难度。在区域层面，我国尚缺乏相对统一的规划协调组织或常规管理机构，更增加了城际交通一体化发展难度。在都市区发展中，对社会经济发展相对落后的城市而言，若能加强与中心城市的交通通达性，可能带来一定的增长潜力，从而使得其在空间协同发展中的积极性普遍提高。例如，在杭州-德清都市圈和广州-佛山都市圈，德清县和佛山市分别作为相对落后城市，向杭州市和广州市发达地区提供交通、教育、医疗等公共服务的积极性普遍更高，以承接发达城市的经济外溢机会。因此，有必要优化都市区毗邻城市的行政管理模式，建立跨行政区的常规管理部门，增强城际轨道交通、道路交通、巴士公交等综合交通的空间规划与一体化落实方案。通过制定城际协同机制、协同发展目标和重点任务，整合多利益主体的互动关系，统一评估城际规划和政策方案，以正式或非正式协调等方式降低城市间协调成本，促进协同发展。

11.5.2 深入协作程度,推动跨市交通规划与政策共享

在跨市交通协同发展进程中,仅仅通过单方向的规划和政策制定并不能保障跨市交通的可持续性。在跨市交通发展中,仅仅依靠交通规划方面的改革,其作用仍然有限。跨市交通发展受到站点或沿线土地开发、财政收益、公共交通补贴等多方面因素的综合影响。在区域公交优先主导政策和上层级政府的空间规划框架下,地方政府之间在交通、规划、财政、土地、产业等方面开展更加深入的合作,才能真正提升跨市公共交通的运营水平。一方面,随着区域交通与城市交通的衔接将从公路为主导走向复合交通(刘金,2010),需综合统筹跨市层面多种公共交通运营的合理安排和高效换乘,为企业和市民"门到门"的出行提供多层次、多模式的交通选择,并降低交通体系之间的空间重叠和相互干扰。另一方面,跨市交通系统的深入合作意味着地方政府之间应降低地方利益的保护,从更长远的视角对待跨界增长。例如,如上文所述,跨界地区交通可达性的改善,意味着企业和市民拥有更多的区位选择的机会,这可能导致居民的就业和居住分散在两个城市。在地方政府以土地税收作为主要财政的现状下,从短期来看,可能导致一个城市土地或房地产税收收益的降低。然而,从长远来看,可达性的改善增加了区域经济发展的效率,对城市政府而言,一定程度的竞争会有助于产业升级和创新。值得提出的是,上层政府的参与和监督有助于地方政府之间相对有效的协调机制,例如广佛和深莞惠地区的部门联席会议或者区域发展论坛,能显著促进跨市交通深层次的合作。在杭州-德清案例中,由于缺乏稳定的合作框架,德清积极通过以多模式交通规划与政策推动杭州人才、资金和信息等要素的跨市发展,而杭州在推动德清向杭州发展中采取的措施则相对有限。在未来发展中,在常规管理部门建立的基础上,应进行跨市交通发展的水平协调和垂直协调来提升跨市协作的深度。

11.5.3 适当引入企业和市民力量的参与,增强交通运营效率

在跨市公共交通的供给和服务上,应加强政府、企业和市民的互动与参与。一方面,政府在跨市交通规划和政策制定上具有较高的权威和主导性,而与交通企业相比,政府相对缺乏交通运营和盈利的经验,需要增加与企业的合作降低运营成本,提升效率。例如,西方"政体理论"指出,20 世纪 80 年代以来城市政府在一定程度上与企业和发展商形成"伙伴关系",完成单靠地方政府不能实现的目标(尼格尔·泰勒,2006)。然而,公共交通的市场化运作需要有比较苛刻的条件,例如运营成本、票务收入、政府补贴等,这会导致公交企业基于利润主导来选择服务范围、线路布局和运营时间,难以保障更大范围内高水平的交通服务(黄

伟等,2012)。另一方面,市民在跨市公共交通的站点/线路布局、运营时间和票价等方面有自身的出行需求。因此,政府和企业应充分考虑市民的出行模式,以便做出最优的线路选择与规划,反过来亦能增加客运规模,提升运营效率。

11.6　结论与讨论

在社会经济与功能联系不断加强的背景下,城市行政区之间的制度差异逐渐成为跨市协同发展的障碍。在政府间分权和市场性分权的趋势下,中央政府和地方政府逐渐意识到推动区域协同发展的重要性和潜在的增值效应。尽管在战略层面容易达成协同发展的共识搭建(consensus building),但在实际跨市公共交通运营中仍存在较大的难度。伴随着跨市多模式交通系统的发展趋势,国内相对成熟的都市区在区域空间发展框架下,依靠正式或非正式的协调机制共同推动跨市轨道交通、道路交通和巴士交通等融合发展。跨界地区公共交通通达性的改善,不仅有助于重塑区域过去以小汽车为主导的交通模式,缓解区域交通问题和生态环境问题,此外区域内部公共交通的完善也有助于提升区域联系的空间范围,这对城市和区域都能带来益处。

伴随着城市和区域的快速发展,城市自身和外部条件也不断变化,这种动态变化过程为跨市交通规划与实施带来了新的挑战。然而,由于缺乏多政府之间推动的协调平台,又尚未建立常规稳定的跨市交通的协调机制,在一定程度上影响了跨市规划与协调发展的效率,跨市协同发展的深度也有待进一步确立。推进区域层面协同发展体制的改革,突破行政区划的制度性障碍,是新型城镇化面临的重要内容之一。随着中国城市发展阶段的演进,建立类似于美国都市区规划组织的常规的跨市管理机构与协调机制非常有必要。这不仅能克服政府主导或市场主导机制的缺陷,也能降低跨市协调的成本。此外,通过这种制度化建设,有利于开展跨市交通发展目标、规划方案和实施效果的评估,形成相对完善的评估-反馈机制,突出跨市交通的效率及其对空间协同发展的效力。

第十二章

高速铁路背景下城际普速铁路通勤化实践

大湾区逐渐成为新型城镇化的核心形态。打造大湾区高效便捷的城际铁路，成为促进跨行政区间交通服务的直连直通与经济一体化的重要策略。随着高速铁路的快速发展，与之路线相似的普速铁路竞争力逐渐下降，呈现可观的富余运能。在此背景下，充分利用既有普速铁路的剩余运能来运营城市通勤铁路成为一种新趋势。基于此，以杭州萧山、绍兴和宁波之间的普速铁路（萧甬铁路）为例，研究萧甬铁路宁波段和绍兴段的通勤化实践，深入理解城际铁路用于城市内部交通的政策体制和作用效果。研究表明，萧甬铁路的通勤化实践为铁路交通提供了新的替代方案，呈现较高的融资和运营效率，能为大湾区利用既有线路开展通勤铁路建设，推动核心城市间的直连直通提供一定的政策建议。

12.1 背景与问题的提出

城市群是落实国家新型城镇化战略的主体形态，现代化都市圈是城市群的重要空间单元。都市圈城市间跨界合作与经济一体化涉及经济、社会、交通、环境等维度（张衔春等，2017），多模式轨道交通能提高交通可达性和机动性，并促进跨城市交通的直连直通与社会经济要素自由流动。随着高速铁路的不断发展，轨道交通的经济一体化与空间重构效应受到了广泛重视。截至 2018 年年底，我国铁路运营里程达到 13.1×10^4 km，其中高铁运营里程超过 2.9×10^4 km（交通运输部，2019）。《铁路“十三五”发展规划》明确提出到 2020 年，全国铁路运营里程达到 15×10^4 km，含 3×10^4 km 的高速铁路。随着城市与区域空间形态和功能体系的不断演化，城际轨道交通呈现多元化发展模式，以满足不同地区交通需求。2017 年国家发展和改革委员会等部门印发《关于促进市域（郊）铁路发展的指导意见》，提出促进市域（郊）铁路发展，尤其通过优先利用既有铁路资源、有序推进新建线路等模式，鼓励多种轨道交通衔接与运营模式创新。2019年《关于培育发展现代化都市圈的指导意见》提出，在有条件地区编制都市圈轨道交通规划，推动干线铁路、城际铁路、市域（郊）铁路、城市轨道交通的“四网融合”。《绿色出行行动计划（2019—2022年）》进一步强调城际交通一体化，构建布局合理与集约高效的绿色出行体系。

与此同时，随着高速铁路的开通，普速铁路在时间安排和运行速度上难以满足城际交通需求，导致其竞争力逐渐下降，呈现可观的富余运能（瞿荣辉，2017）。如何改建传统普速铁路，使其成为跨城市间交通服务的有效代替方案？如何评估这种铁路供给模式的融资和运营效率？这是当前多层级政府考虑的重点问题。遗憾的是，这一问题仍缺乏系统的研究。

2018年，浙江省政府提出“大湾区大花园大通道大都市区”建设行动计划。推进大湾区城市与跨市轨道交通建设，能助推环杭州湾大湾区发展为世界级大湾区。在杭绍甬都市圈，目前运营杭甬高速铁路（也称为杭甬客运专线）和萧甬铁路。杭甬高铁是连接杭州、绍兴、宁波的高速铁路通道，于2009年开工建设，2013年通车运营，总长度为150 km，设计速度为350 km/h。萧甬铁路始建于1910年，于1937年开通，1959年全线贯通运营，起自杭州萧山，途经绍兴、上虞、余姚至宁波，总长度为147 km，设计速度仅为120 km/h。作为客货共线的普速铁路，萧甬铁路在高铁时代的运能利用率不断下降。基于此，地方政府与中国国家铁路集团积极协调，在萧甬铁路的基础上，分别在宁波和绍兴开通了宁波—余姚、钱清—上虞的铁路公交化服务，并实现宁波、绍兴两地城际列车贯通运营，可概括为“萧甬模式”。当前利用既有铁路通道实现市域铁路供给的典型主要有“上海金山模式”“深圳坪山模式”“宁波萧甬模式”。① “上海金山模式”是国内首条以动车组开通的、以部市合作建设和公交化运营的市域铁路，于2012年开通运营，连接上海南站和金山区，全长56 km，8个站点，并实现市域铁路与公交、地铁的互联互通。② “深圳坪山模式”是在国家主导投资的厦深铁路富余运能的基础上，由深圳市政府、坪山区政府与中国铁路广州局集团有限公司开展合作建设开通的坪山区至深圳北站的市域铁路，以满足深圳中心区至坪山区的通勤和商务交通需求。③ “宁波萧甬模式”是充分利用萧甬铁路这一普速铁路的富余运能开通的公交化运营的市域铁路，与“上海金山模式”“深圳坪山模式”相比，这一模式不仅能理解如何利用既有铁路开通市域铁路交通服务，也能更好地理解传统铁路的升级改造。宁波萧甬模式是在都市圈城际铁路的基础上，专门开设服务于城市内的公交化铁路服务，以满足中心区与外围地区交通需求，是地方政府、省政府与国家铁路集团推动传统区域铁路治理的新模式。其中，萧甬铁路宁波至余姚段被列为国家市域(郊)铁路第一批示范项目,是利用既有资源开行市域列车的典型,能为轨道交通供给与区域治理提供新视角。

12.2 跨市轨道交通供给的文献研究

都市圈具有交通网络便捷性和经济要素流动紧密性等特征。尤其在大湾区这一新战略下,城市间社会经济要素的流动有赖于便捷的综合交通体系来提高运行效率(Lin, Yang and MacLachlan, 2018)。轨道交通的建设和运营能显著改善地区交通可达性和机动性,降低交通出行成本,提升地区间社会经济联系的密切程度,实现更大范围的社会经济融合和空间一体化(Johnson, 2012;Yang, Lin and Xie, 2015;Zhu, Zhang and Zhang, 2018;Sperry, Warner and Pearson, 2018)。例如,美国国家铁路在密歇根州的铁路服务能对个体和社区产生直接和间接影响,从而对经济增长产生积极作用(Sperry, Taylor and Roach, 2018)。轨道交通建设不仅来自交通需求,也要考虑交通融资结构和供给机制。城市或区域的交通需求预测模型能帮助理解投资的规模,但难以反映复杂的决策体制和过程。轨道交通具有强密度经济特性,在高密度的城市区域才有比较明显的经济效益(De Borger and Proost, 2015)。此外,城际轨道交通依赖于政府融资,而政府融资能力受财政规模限制,且面临严峻的财政负担和负债风险。因此,相对明确的融资机制有助于提升城际轨道的发展效率。

近年来,城市区域公共交通供给被认为是一个政治经济学(political economy)问题(De Borger and Proost, 2015;De Borger, 2018;Glaeser and Ponzetto, 2018)。事实上,交通基础设施的配置涵盖福利最大化(welfare maximization)和政治经济学两方面。交通基础设施的资源分配应同时考虑政治经济、福利结构和交通模式等问题(Jussila Hammes and Nilsson, 2016),从而对城市区域的公共交通开展合理的定价和财政补贴。制度设计显著影响地方公共产品供给和交通基础设施质量。在欧美地区,地方控制和融资结构会导致公共交通投资不足,来自联邦政府的资金补贴能抵消当地对新交通设施规划建设的反对;当财政补贴和地方决议相平衡时,才能有效促进交通设施投资和建设(Glaeser and Ponzetto, 2018)。制度设计显著影响地方公共产品供给和交通基础设施质量。交通基础设施的改善往往也会带来地方公共产品或服务的空间外溢,而权力的集中(gentralization of power)被认为能有效解决跨区域的溢出效应(Feder, 2018)。

为应对经济活动范围与行政区域范围不统一的矛盾,由一个区域性的组织来平衡潜在的外部效应,统筹安排交通投资变得日益重要。欧洲、北美等地区成立了都市区规划委员会及类似机构，专门负责区域交通规划设计和投资运营，以开展有效的空间治理，引导跨市地区的联合增长。都市区规划委员会被赋予了较大的区域综合统筹职能。1991 年美国颁布实施《多方案地面交通运输效率法案》(ISTEA)标志着美国由州际高速公路主导的交通系统逐渐转向高速公路、公共交通、铁路、航空等多模式协调发展的综合交通系统，并且强化都市区规划委员会与州政府及相关交通运营商的合作，编制和实施长期交通计划和交通改善项目以及申请联邦政府交通资金(U. S. Department of Transportation, 1991)。在 ISTEA 的基础上，美国实施《21 世纪交通公平法案》(TEA for the 21st Century)(U. S. Department of Transportation, 2011)，更重视交通统筹发展。例如，旧金山湾区成立大都会交通委员会负责旧金山湾区公路、铁路、航空、港口等多种区域交通的统筹规划、融资、审批和管理。都市区规划组织在申请联邦政府交通基金时，须编制长期交通计划和近期交通改善规划，并综合评估各项目的资金分配，以保障资金来源和有效合理使用。虽然行政上具有复杂性，但不同组织之间的地域功能重叠能为大都市区提供稳定性和政治能力(Elinbaum and Galland, 2016)。总体上，都市区规划组织承担了区域交通发展的协调统筹功能，并受到各级政府、公众、私有企业等监督和反馈，不断促进区域统筹发展(周素红，陈慧玮，2008)。

12.3　都市圈城际轨道交通体系

12.3.1　都市圈城际轨道交通体系

都市圈城际轨道交通体系是多模式、多层次轨道交通服务的组合(Ou, Zhang and Chang, 2018)，包括国家(高速)铁路系统、区域城际客运轨道交通、城市轨道交通等(图 12-1)。城际铁路的投融资通常由铁道部门和地方政府共同承担。随着都市圈的地位不断凸显，地方政府和区域政府在城际铁路供给与融资中发挥的作用也不断提升。都市圈城际客运供给逐渐由传统铁路部门主导进入地方政府与铁路部门协同治理新阶段。基于此，国家发改部门、铁路部门和地方政府积极配合，通过统筹都市圈城际铁路规划和建设、充分利用普速铁路和高速铁路等提供城际列车服务，并且探索都市圈中心城市轨道交通适当向周边市镇延伸，打造“轨道上的都市圈”。其中，优先利用既有资源开行市域(郊)列车具有投资小、建设快、成效高等优点，成为构建都市圈轨道公交化的重要模式。

推动都市圈中心城市、周边市镇和新城新区等轨道交通的有效衔接，能更好地满足都市圈层面交通需求，并适应都市圈通勤需求的增长趋势。近年来在城

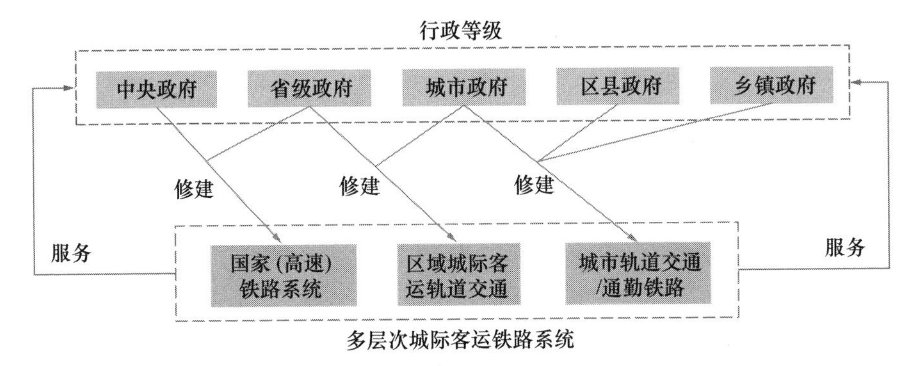

图 12-1 都市圈城际轨道交通体系

市群规划的基础上,国家发展和改革委员会已经批复了包括浙江省都市圈、成渝地区、京津冀地区、皖江地区等多个城际铁路规划(具体参见本书 2.3.3 节),都市圈尺度的城际铁路规划和建设不断走向成熟。

12.3.2 面向大湾区战略的轨道交通建设

一直以来,公路交通在浙江省城市与区域经济发展中占据核心地位。随着专门用于客运交通的(高速)铁路系统的发展,城际轨道交通成为承担城市间交通需求的主流模式。浙江省 2010 年公路客运量占总客运量的比例为 95%,而 2017 年这一比例下降为 75%,铁路客运量所占比例则增加了 15%。在区域一体化背景下,浙江省城际轨道交通体系不断完善。2017 年浙江省铁路营业长度达到了 2587 km,相比 2010 年增加了 46.9%,增长幅度远高于公路的通车长度。

在浙江省"大湾区大花园大通道大都市区"建设行动计划下,地方政府和省政府积极推动城市与区域轨道交通建设。2014 年国家发展和改革委员会批复了浙江省都市圈城际铁路规划。根据该规划,浙江省将建设 23 条城际铁路,其中 2014—2020 年启动 11 个项目,总里程 452.4 km,总投资约 1305 亿元。作为连接杭州、绍兴和宁波的交通走廊,杭甬通道处于长三角经济区域南翼,沿线地区经济发达,城镇分布密集。萧甬铁路于 1991 年开始扩能技术改造工程,分别于 1997 年和 2006 年开始复线建设与电气化改造,经过几次技术升级(《宁波市交通志(1991—2010)》编委会,2017),运营速度有较大提升,成为宁波到浙江及全国主要城市的货物运输要道。作为沪杭甬客运专线的一部分,杭甬客运专线是杭州与宁波间的高速铁路通道,由铁道部、浙江省和宁波市按 60%、12%、28%的出资比例共同投资建设(《宁波市交通志(1991—2010)》编委会,2017),在长三角交通运输与经济交流占据重要地位。

12.4 区域铁路公交化的“萧甬模式”

一直以来，萧甬铁路是宁波和绍兴地区居民铁路出行的重要选择。随着高铁时代的到来，萧甬铁路只剩下少量的客车和货车服务，目前开行客车、货车分别为16对和40对，利用率大幅度下降。盈余的客运能力对宁波和绍兴在萧甬铁路开展公交化市域列车实践创造了必要条件。

12.4.1 宁波—余姚的铁路通勤化实践

随着杭甬客专开通，如何利用萧甬铁路大量富余运能成为地方政府空间发展面对的重要问题。2013年宁波两会提出《在宁波和余姚两地之间开行城际列车》的提案，随后经过调研确定利用既有萧甬铁路来开行。2014年12月国家发展和改革委员会批复了《浙江省都市圈城际铁路规划》，同意在宁波都市圈规划建设宁波—余慈、宁波—慈溪、宁波—奉化3个城际铁路项目，总里程为154.6 km，其中利用既有萧甬铁路48.7 km。在此基础上，2015年10月宁波市成立“宁波至余姚城际铁路项目建设领导小组办公室”。2016年1月宁波市政府与上海铁路局签订《既有萧甬铁路开行宁波至余姚城际客车框架协议》。经过一年多改造，由宁波至余姚的市郊铁路于2017年6月17日开通运营，全程运行时间约35分钟。作为利用既有铁路开行市郊列车的典型，宁波至余姚的市郊铁路入选国家市域(郊)铁路第一批示范项目，成为我国既有线改造的样本之一。当前，宁波至余姚市郊铁路开行宁波至余姚的直达列车，但预留庄桥、慈城、丈亭等站点。“萧甬模式”以较低的经济成本和较高的制度可行性，实现了宁波中心区与余姚副中心的交通联系，有助于形成“半小时通勤圈”和都市圈经济一体化发展(图12-1)。

12.4.2 钱清—上虞的铁路通勤化实践

在宁波—余姚城际铁路的基础上，受宁波市政府与铁路部门协作的激励，绍兴市政府也积极与铁路部门合作，在萧甬铁路上推动开通钱清站、绍兴站和上虞站的铁路公交化运营服务，即绍兴城际线(又称绍兴风情旅游新干线)，以满足绍兴市各组团间的交通需求。2018年3月绍兴市政府首先确定了绍兴站至上虞站的铁路服务。随后，绍兴市轨道交通集团积极加强与中国铁路上海局集团对接，推动萧甬铁路货运站(钱清站)的客运化改造。2018年9月绍兴城际线(钱

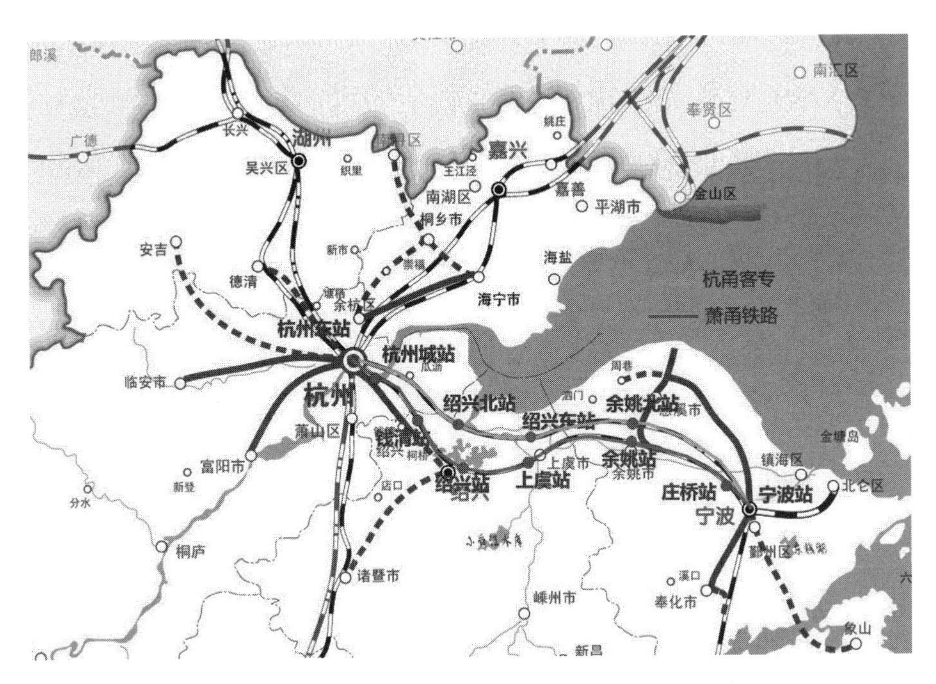

图 12-1 基于萧甬铁路的宁波段和绍兴段通勤化实践

来源：根据浙江省都市圈城际铁路规划底图绘制。

清—绍兴—上虞）正式载客运营。钱清站与绍兴站的距离为 20 km，乘车时间为 15 分钟；绍兴站与上虞站的距离约 28 km，乘车时间为 19 分钟。绍兴城际线是绍兴市政府与铁路部门加强协作的结果，在城际铁路的基础上，开通运营城市内部的铁路交通服务，以应对城市内部各组团间的交通需求。绍兴地铁仍在建设施工中，对于尚无城市轨道交通系统的绍兴而言，绍兴城际的开通对推动市内各区间经济联系、落实杭绍甬一体化具有重要意义。

12.4.3 宁波绍兴两地城际列车的贯通运营

随着宁波—余姚、钱清—上虞城际铁路的开通，实现这两段线路贯通运营的需求也日益增加，以满足大湾区背景下宁波与绍兴一体化的战略需要。基于此，宁波与绍兴积极开展对接，以探索两地城际列车贯通运营的可能性。在地方政府间协作、地方政府与铁路部门配合的推动下，2019 年 7 月宁波绍兴城际列车实现贯通运营，目前宁波至绍兴运营 3 对列车。

12.5　萧甬铁路通勤化的体制机制评估

宁波—余姚、钱清—上虞城际铁路的本质是在城际铁路的基础上，开通满足城市内部交通需求的铁路服务，呈现低成本与公交化特征，具有一定的新意。因此，研究“萧甬模式”的体制机制和运营效率，能充分认知该模式的优缺点，也能为创新都市圈轨道交通供给与区域治理提供新思路。

12.5.1　多层级治理机制

萧甬铁路是沟通沿海地区以及各省客流及物流的重要通道(陈先华，2016)。基于既有萧甬铁路修建的宁波—余姚城际、钱清—上虞城际呈现多元化的体制机制，在铁路项目审批和融资上呈现一定创新，主要体现在以下方面。

首先，在铁路项目审批上，能否通过国家的审批往往成为制约地方铁路发展的制度约束。一般来说，铁路项目由铁路部门和地方政府联合审批。针对宁波至余姚的城际铁路而言，该项目由国家发展和改革委员会批复的近期建设规划作为“代立项”，后续审批由地方政府负责(王健，2017)。在国家简政放权的背景下，宁波—余姚城际铁路由宁波市政府和上海铁路局签订框架协议，并由宁波市发展和改革委员会审批实施方案，显著缩减了审批流程和时间成本，使得项目能尽快实施和运营。同时，这也为绍兴城际线的开通运营奠定了体制机制基础。

其次，传统铁路投融资一般由地方政府和铁路部门共同承担，而宁波—余姚城际铁路完全由地方政府负责融资和建设。宁波—余姚城际铁路由宁波市城际铁路发展有限公司负责建设、经营和管理。作为负责宁波市城际(市域)铁路的合营公司，宁波市城际铁路发展有限公司成立于2017年3月16日，出资总额为56 980万元。其中，宁波交通投资控股有限公司和余姚市交通投资有限公司[①]各出资50%。作为绍兴风情旅游新干线，钱清—上虞城际由绍兴市轨道交通集团有限公司和绍兴市风情旅游新干线建设有限公司联合运营。

最后，基于萧甬铁路开通的公交化轨道交通服务呈现较高效率。随着城市规模的扩大，为提升交通效率、缓解交通拥堵和改善生态环境，发展轨道交通已成为地方政府重要选择。利用既有线路开通的宁波至余姚城际铁路的投资融资为5.7亿元，仅为新建线路的10%(瞿荣辉，2017)。与城市地铁、轻轨或其他轨

---

① 余姚市交通投资有限公司现改为宁波舜通集团有限公司。

道交通模式相比，宁波—余姚、钱清—上虞的城际铁路服务能缓解地方政府财政负担。尤其对绍兴市来说，绍兴地铁仍处于建设中，钱清—上虞的城际铁路在很大程度上承担了城市地铁的功能。同时，在推动萧甬模式进程中，地方政府负责融资和运行车辆采购，这能提升项目规划至项目运营的效率。例如，宁波市选购时速为 140～160 km 的新型城际动车组（CRH6F），具备起停快和运量大等特点，适合公交化运营（王健，2017）。

12.5.2 公交化运营特征

宁波—余姚、钱清—上虞的城际铁路服务主要承担市域和相邻城市间的通勤、商务、休闲等客流服务，以满足轨道公交化和一体化的需求。与传统城际铁路相比，基于萧甬铁路的列车服务呈现公交化运营特征，能较好满足居民日常出行需求。

1. 列车的运量较大，能满足大容量公交需求

“萧甬模式”的列车采用 8 节编组，设有 510 个座位，定员载客达 1470 人（曲思源，2018）。截至 2017 年 7 月 17 日，已开行 496 个班次，运送旅客 73 672 人次，日均客流 2455 人次。2019 年 5 月 1 日，单日最高发送旅客达 7211 人次。目前，宁波至余姚区间运营列车 5 对、钱清至上虞区间运营列车 8 对，另有宁波与绍兴贯通的运营列车 3 对，且在时间安排上能满足早晚高峰的通勤需求。此外，该铁路服务模式具有较高的上座率。根据实地调查，[①]宁波至余姚（S1104）列车的乘客数量为 189 人，上座率为 37.06%，余姚至宁波（S1105）列车的乘客数量为 231 人，上座率为 45.29%。

2. 宁波—余姚、钱清—上虞城际铁路呈现公交化的价格优势

以宁波与余姚的城际铁路为例，在速度上，城际铁路的运营速度为 120 km/h，高于地铁和快速公交系统（BRT），宁波至余姚全程耗时约为 35 分钟，高于宁波站至余姚北站的高铁（G）和动车（D）运营时间。与传统萧甬铁路提供的区间服务相比，虽然价格相似，但全程运营所需时间更短。在价格上，宁波至余姚城际铁路具有一定的价格优势，全程票价为 10 元，低于萧甬铁路硬座和杭甬客专二等座价格（表 12-2）。与小汽车交通相比，市域铁路在价格和运营时间上也有一定优势。例如，从宁波站至余姚站的小汽车交通耗时约为 50 分钟，若通过杭州湾环线高速的话，还需支付 25 元的高速公路过路费。

---

① 实地调查时间为 2019 年 5 月 18 日。

表 12-2 宁波至余姚区间的多模式铁路的运营特征

起止点	铁路模式	时间/分钟	软卧票价/元	硬卧票价/元	硬座票价/元	一等座/元	二等座/元	班次数量
宁波市—余姚市	**萧甬铁路(T/K/Z)** 宁波—余姚	42	83.5	57	11	—	—	17
	高铁(G) 宁波—余姚北	19	—	—	—	38	22.5	43
	动车(D) 宁波—余姚北	20	—	—	—	27	17	22
	宁波—余姚城际(S) 宁波—余姚	35	—	—	—	—	10	8
余姚市—宁波市	**萧甬铁路(T/K/Z)** 余姚—宁波	50	83.5	57	11	—	—	12
	高铁(G) 余姚北—宁波	19	—	—	—	38	22.5	38
	动车(D) 余姚北—宁波	20	—	—	—	27	17	20
	宁波—余姚城际(S) 余姚—宁波	35	—	—	—	—	10	8

数据来源:12306 网站,采集时间为 2019 年 5 月 26 日。

最后,相比于传统的铁路运营,“萧甬模式”采取类似地铁的公交化管理和多元化支付模式。针对宁波—余姚城际铁路,乘客不需要提前订票,也不需要对号入座。目前在宁波站和余姚站分别设有 4 台和 2 台自助售票机,并可在人工服务处购票。此外,还可通过宁波市民卡、甬城通卡和余姚市民卡等直接刷卡进站,其中学生卡享受 5 折优惠,普通卡享受 9.5 折优惠。在绍兴城际线,若每月使用手机扫码支付额度达到 120 元,可享受半价优惠(绍兴市发展和改革委员会,2018)。

12.5.3 一体化规划设计

城市及城际交通一体化的规划设计与政策能显著降低交通出行时间,从而提升“门到门”的交通运行效率。宁波—余姚、钱清—上虞城际铁路通过一体化的规划设计不断提升该铁路服务的重要性,城际铁路服务与巴士公交、长途客运等实现良好的衔接。例如,宁波火车站位于海曙区中心城区:① 宁波地铁 2 号线和 4 号线可直达,且周围分布 4 个公交场站,有 40 余条公交线路,通往宁波市各大商业中心、居住中心、旅游景点和交通节点;② 毗邻宁波汽车南站,可通达宁波各县级市及萧山机场;③ 另设有出租车停靠点、公共自行车租赁点和私家车接驳平台等设施，有助于推动多模式交通一体化。余姚站周边 200 m 范围内有公交站（14 条常规公交线路）、高速汽车站、出租车停靠点、停车场（共 91 车位）和自行车租赁点。

基于萧甬铁路的城际铁路预留了与其他轨道交通的接口，有助于推动“多网融合”，促进城市中心区和郊区的经济联系。例如，目前绍兴城际线开通了钱清、绍兴、上虞三个站点，未来将根据情况加密车站，满足不断增长的交通需求。同时，绍兴城市轨道 1 号线也将在绍兴火车站设置站点，以提升城市与城际交通的便捷换乘。此外，绍兴城际线将在连接宁波的基础上连接杭州，将萧甬铁路全部改为公交化的城际铁路。萧甬铁路在杭州的终点站是位于杭州市中心的杭州城站，在此趋势下，未来绍兴和杭州的同城化效应将更为显著。

12.6 结论与讨论

在大湾区发展战略下，构建功能合理、层次清晰的城际轨道交通体系，尤其是干线铁路、城际铁路、市域（郊）铁路和城市轨道交通的“直连直通”日渐重要。随着高速铁路的快速发展，与之路线相似的普速铁路的竞争力和运能利用率不断下降。在此背景下，充分利用普速铁路的剩余运能来运营城市通勤铁路成为一种趋势。基于此，以萧甬铁路这一普速铁路为例，研究萧甬铁路在宁波段和绍兴段的公交化实践，能帮助理解城际铁路用于城市交通的政策体制和效果，以深入理解城乡交通一体化机理。研究表明，萧甬铁路的公交化实践为都市圈铁路交通供给提供了新的替代方案，有效解决了中心城区和周边市镇、中心城市和副中心之间的交通问题，并呈现较高的融资和运营效率。此外，“萧甬模式”实现了市域铁路与城市地铁、城市公交和长途客运的衔接，有助于降低出行等待时间，提升居民出行效率。

当前国内各城市积极利用既有铁路提供城市或区域的轨道交通服务，并强化城际铁路的公交化实践。为了实现更好的效果，需要构建更加完善的跨行政区的轨道交通体系以及多部门的高效协同治理。① 随着多模式铁路设施的日益完善，需从区域视角加强交通对经济一体化的促进作用。② 为了突破政府间的行政壁垒，可借鉴国外都市区域治理机制，成立更高级别机构来推动交通一体化。③ 考虑到交通基础设施的外部性和行政管理的复杂性，在难以组建都市区管理机构的情况下，构建责权清晰的多主体治理体系也有助于落实城市和区域轨道交通供给创新。

第十三章

杭州大湾区市域(郊)铁路的构建:温州 S1 线

城市间(城际或跨市)轨道交通存在多种模式,包括干线铁路、城际铁路、市域(郊)铁路、城市轨道交通(如城市地铁、轻轨、单轨)等,共同承担城市间不同层次、不同空间范围的交通需求。面向城市群、都市圈、都市区等不同空间尺度,建立城市中心区与外围地区的交通基础设施,强化城市"中心-外围"的经济联系变得日益重要。尤其随着国家对现代都市圈不断重视,发展城市中心区及市域地区的轨道交通联系成为当前发展的热点和新趋势。当前研究已经普遍关注高铁、城际铁路和城市轨道交通对土地利用、空间价值与空间结构的影响,但市域(郊)铁路(以下简称市域铁路)的建设运营模式及其对城市空间与城镇化的影响仍缺乏关注。随着多层级政府不断增强对中心区及外围地区的联系,市域铁路的线路选择、融资机制及其多元治理机制变得非常重要。因此,本章以私营资本雄厚的温州地区为例,研究市域铁路的融资、运营与空间治理模式,对深入理解市域铁路的规划建设、交通定位及其社会经济效应具有一定的理论和实践意义。

13.1 市域铁路是构建轨道上都市圈的重要环节

13.1.1 市域铁路的特点

随着城市群成为我国新型城镇化的主体形态,城市群和都市圈交通逐渐成为交通运输行业发展的重点。总体上,都市圈交通的需求日益多样化,跨市轨道交通的公交化、便捷化供给成为重要的趋势之一。从我国多模式城际轨道交通的发展来看,随着都市圈综合交通规划的日益成熟,满足中心城市之间、中心城市与外围城市间的铁路服务已经日益完善。但是,我国铁路旅游中短途出行比例仍然相对较低,尤其城市中心区到城市外围区县的铁路交通服务仍然缺失,建设城市中心区到外围区县的轨道交通服务变得日益重要。在此背景下,2017年国家发展和改革委员会等5个部门联合印发了《关于促进市域(郊)铁路发展的指导意见》(发改基础〔2017〕1173号),强调市域铁路是城市综合交通体系与城市公共交通服务的重要部分,是联系城市中心区到周边城镇的轨道交通系统,具有通勤化、快速度和大运量等特点。2019年,国家发展和改革委员会颁布《关于培育发展现代化都市圈的指导意见》(发改规划〔2019〕328号),强调增强都市圈基础设施连接性和贯通性,推动一体化规划建设,构建以轨道交通为骨干的通勤圈,打造轨道上的都市圈。由此可见,市域铁路是构建轨道上都市圈的重要环节,高速铁路、城际铁路、市域铁路和城市轨道交通构成了我国"四位一体"完整的、服务于不同地理范围的轨道交通客运服务与技术标准体系。

与国家高速铁路、城际铁路和城市轨道交通相比,市域铁路在功能定位、技术规范、客流特征、建设模式等方面具有明显的特点(表13-1)。

(1) 功能定位。市域铁路主要服务于经济发达、人口集聚的大城市中心城区与郊区、卫星城镇、周围市县的客运轨道交通服务需求。

(2) 技术规范。根据《市域铁路设计规范》(2017年),市域铁路通常采用"高密度、小编组、公交化"的运输组织模式,全程距离在100 km以内,设计速度为100~160 km/h,全程时间为1 h左右,具有快速、高密度、公交化的客运专线铁路服务特点。

(3) 客流特征。市域铁路主要满足以大城市中心区与外围地区(如城市组团、次级中心城镇等)的通勤、通学、商务、休闲、娱乐为主的中短途客运轨道交通需求(栗焱,2014),客流强度呈现一定程度的早晚高峰潮汐现象。

(4) 建设模式。根据《关于促进市域(郊)铁路发展的指导意见》,市域铁路主要呈现三种建设模式。① 利用既有铁路开行列车,如北京城市副中心线(北京西站至通州站)、上海金山铁路(莘庄站至金山卫站)、宁波至余姚。② 利用既有通道新建铁路,如温州S1线一期工程。③ 新建铁路,如虹桥机场至浦东机场。其中,利用既有铁路来开行"高密度、小编组、公交化"的城际列车成为经济有效的主流做法。

表 13-1 高速铁路、城际铁路、市域铁路和城市轨道交通的区别

	高速铁路	城际铁路	市域铁路	城市轨道交通
功能定位	服务于核心城市间或城市群的客运专线	服务于相邻城市间或城市群的客运专线	服务于市域范围内中长距离客运的轨道交通系统	在城市修建的快速、大运量、电力牵引的轨道交通
服务范围	城市-区域之间	相邻城市间或城市群	城市中心区和外围	城市中心区内部
设计速度	250～350 km/h	200 km/h 及以下	100～160 km/h	不超过 100 km/h
运营特点	高速、便捷	快速、便捷、高密度、小编组、公交化	快速、高密度、公交化	快速、高密度、公交化
客流特征	城市群或都市圈	毗邻城市非通勤客流	通勤、通学、通商	日常交通出行需求
建设模式	国家财政、铁路部门、地方政府等合作建设	省政府和铁路部门合作建设；省政府主导建设	利用既有铁路开行列车、利用既有通道新建铁路、新建铁路	城市政府负责新建线路的规划、投资、建设和运营
规范文件	《高速铁路设计规范》（TB 10621—2014）	《城际铁路设计规范》（TB 10623—2014）	《市域（郊）铁路设计规范》（T/CRS C0101—2017）	《地铁设计规范》（GB 50157—2013）

来源：作者整理。

13.1.2 市域铁路建设模式

市域铁路主要承担城市中心区和城市外围地区的客运交通服务，考虑到市域铁路建设的必要性和经济可行性，一般在经济发达、人口稠密、“中心-外围”交通需求高的大城市展开。根据国家发展和改革委员会批复的市域铁路第一批试点项目可知（表 13-2），试点项目也主要集中在北京、上海、天津、杭州、宁波、深圳、温州等（超）大城市。目前，市域铁路建设主要呈现利用既有铁路开行列车、利用既有通道新建铁路、新建铁路等三种模式。

1. 利用既有铁路开行列车

利用既有铁路开行列车具有两种方式：一种是利用既有铁路开行城市轨道交通，另一种则是开行国铁制式列车。例如，上海市轨道交通 3 号线是利用老沪杭铁路内环线和淞沪铁路高铁改造而成，设计时速为 80 km/h，采用城市轨道交通制式，由上海申通地铁集团有限公司和沿线各区政府共同出资组建的上海轨道交通明珠线发展有限公司负责建设及运营。在国铁制式上，上海市金山铁路

作为上海一条支线线路，目前在上海南站至金山卫站已经改造为市域铁路（全长 56.4 km，共设 9 个车站，间距为 6.3 km），其实施机制主要由原铁道部门和上海市政府共同出资改造金山铁路支线，线路的建设和资产管理主要由上海金山铁路有限责任公司负责，委托给上海铁路局负责运营管理。总体上，利用既有铁路开行国铁制式列车的设计速度为 100～160 km/h，平均车站间距较大（约 4～6 km）；采用城市轨道交通制式时，设计速度为 80 km/h，平均车站间距较小（1～2 km）。

2. 利用既有通道新建铁路

利用废弃铁路通道新建而成的轨道交通线路，一般由地方政府出资收购土地使用权或者土地置换，随后拆除既有铁路，利用该通道来新建铁路或轨道交通线路，其建设及运营管理均由地方政府负责，例如武汉轨道交通 1 号线利用旧京广铁路通道新建而成，温州市域铁路 S1 线利用原金温铁路通道新建而成。

3. 新建铁路

主要是通过新建铁路的方式来运营市域铁路，例如上海虹桥机场至浦东机场的新建线路，通过拟纳入城市轨道交通建设规划的方式，获得国家发展和改革委员会批准后实施建设和运营。

表 13-2　国家发展和改革委员会批复的市域铁路第一批试点项目

<table>
<tr><th>序号</th><th>项目名称</th><th>所在省（区、市）</th><th>项目类型</th><th>备　注</th></tr>
<tr><td>1</td><td>副中心线（北京西站至通州站）</td><td>北京</td><td rowspan="9">利用既有铁路开行列车</td><td>正在推进相关工作</td></tr>
<tr><td>2</td><td>S5 线（黄土店站至怀柔北站）</td><td>北京</td><td>正在推进相关工作</td></tr>
<tr><td>3</td><td>金山铁路（莘庄站至金山卫站）</td><td>上海</td><td>试运营</td></tr>
<tr><td>4</td><td>天津至蓟州</td><td>天津</td><td>试运营</td></tr>
<tr><td>5</td><td>北京至蓟州</td><td>北京、天津</td><td>正在推进相关工作</td></tr>
<tr><td>6</td><td>天津至于家堡</td><td>天津</td><td>试运营</td></tr>
<tr><td>7</td><td>诸暨至杭州东</td><td>浙江</td><td>试运营</td></tr>
<tr><td>8</td><td>宁波至余姚</td><td>浙江</td><td>试运营</td></tr>
<tr><td>9</td><td>福田至深圳坪山</td><td>广东</td><td>试运营</td></tr>
<tr><td>10</td><td>温州 S1 线一期工程（温州南至半岛）</td><td>浙江</td><td>利用既有通道新建铁路</td><td>国家批复规划，已开工</td></tr>
<tr><td>11</td><td>虹桥机场至浦东机场</td><td>上海</td><td>新建铁路</td><td>拟纳入城市轨道交通建设规划报批后实施</td></tr>
</table>

数据来源：《关于促进市域（郊）铁路发展的指导意见》（发改基础〔2017〕1173 号）。

13.2　温州大都市空间结构发展特点

作为长三角南翼和海西北翼的区域中心城市，温州市是国家历史文化名城，东南沿海重要的商贸城市和区域中心城市，是我国东南沿海地区重要的商贸、工业、金融、港口、旅游城市，具有通江达海、水网密集、山城相拥、陆海交融的滨海城市特色。温州市下辖鹿城区、龙湾区、瓯海区、洞头区 4 个市辖区以及永嘉县、平阳县、顺泰县、文成县、苍南县 5 个县，并代管瑞安市、乐清市 2 个县级市。改革开放以来，温州市经济发展迅速，呈现个体经济活跃、开放型商品发达、市场专业化程度高等特点（胡兆量，1987），其经济增长动力与其他地区具有显著的差异，形成了著名的“温州模式”。2019 年年末，温州市全市常住人口为 930 万人，城镇化率为 70.5%，全市生产总值（GDP）为 6606.1 亿元，三次产业结构为 2.3∶42.6∶55.1，人均地区生产总值 7.12 万元（折合约 1.03 万美元）（温州市统计局，2020）。

市域城镇体系是以中心城区为核心，与不同等级规模和职能分工的外围区县镇形成的空间体系（董黎明，1987）。温州市空间布局经历了点状式、云状式、带状式并向网络式形态演替，逐步形成资金、技术、信息、劳动力等生产要素自由流动的网络型空间结构（徐海贤，顾朝林，2002）。根据《温州市城市总体规划（2003—2020 年）》（2017 年修订），温州市积极构建“一主两副三极多点”的市域空间体系，强化各级中心城市集聚整合，形成网络型的市域城镇空间结构。其中：“一主”是指以温瑞平原为温州市域的主中心；“两副”分别是指以乐清、平苍（平阳-苍南）两个组团作为市域的南北副中心；“三极”分别是指永嘉、文成和泰顺的县城，分别作为带动山区城镇化、旅游产业、文化产业发展的增长极；“多点”是指多个支撑全市城镇化发展的其他小城市（镇），并为周边村镇提供均等化的公共服务和就业。

作为我国东南沿海城市，温州市的北面、西面、南面被群山环绕，山地丘陵所占比例超过 80%，为温州市域的发展带来了一定程度的限制作用。温州市城市总体规划确定了“东拓、西优、南连、北接、中提升”的发展方向，并提出了由“沿江城市”逐步转向“滨海城市”的空间发展战略。对城市中心区，提出了“双轴双心四片”的城市空间结构策略：“双轴”是指沿瓯江城市拓展轴、沿海功能联系轴；“双心”分别指中部、东部复合中心；“四片”是结合温州市自然山水的边界，根据城市发展特征将温州中心城区划分为西片、中片、东片和瓯江口片四个功能综合发展片区（图 13-1）。

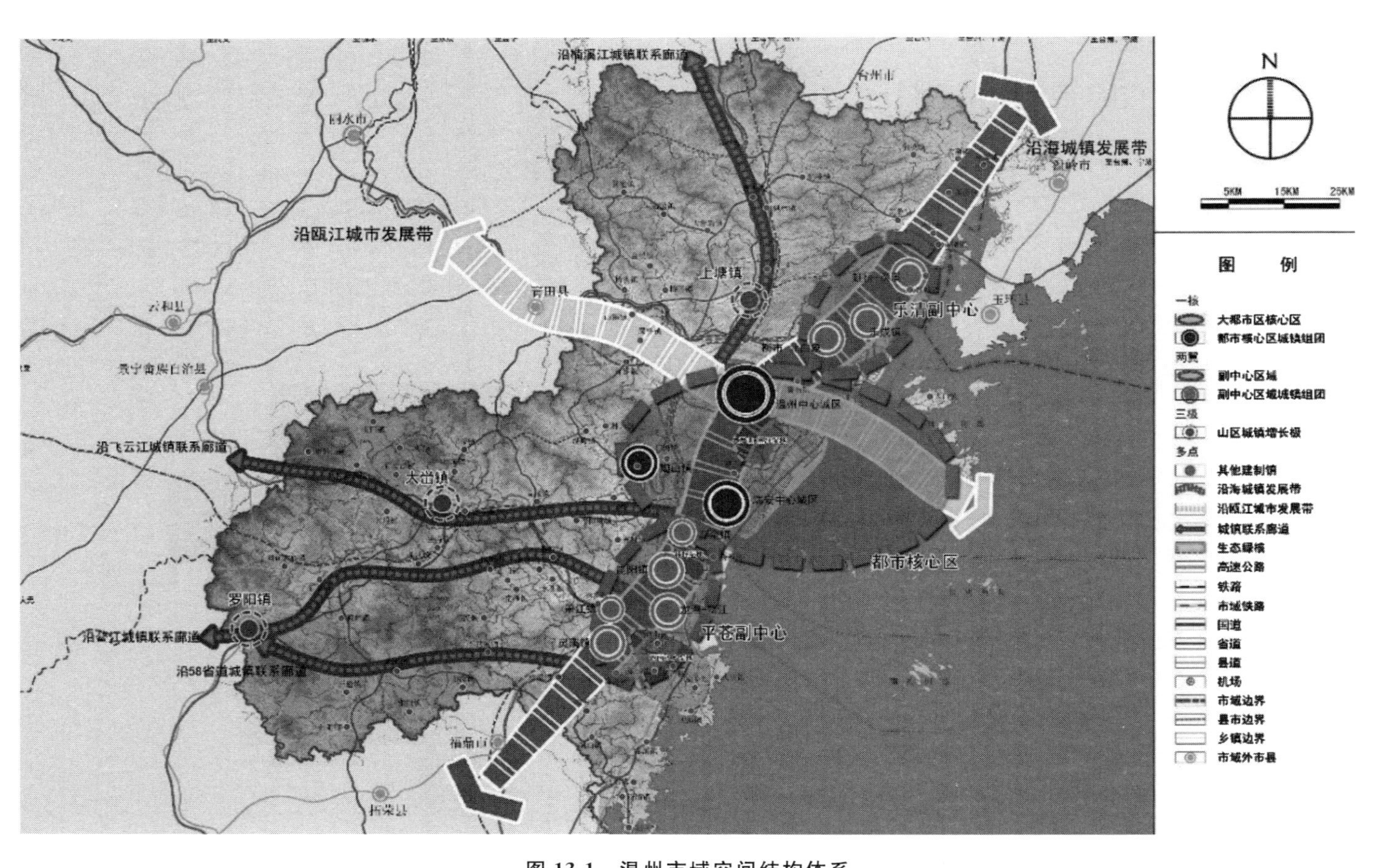

图 13-1 温州市域空间结构体系

来源：《温州市城市总体规划（2003—2020 年）》（2017 年修订）。

在山水自然地理格局的制约下，温州市域呈现块状发展特征，组团式布局明显。随着城镇化的不断推进以及城市功能范围的扩大，温州市外围城镇组团发展迅速，然而由于温州长期聚焦中心城区的发展，导致城市中心区和外围组团之间的通达性较弱，对周边地区的社会经济辐射能力不强，不断制约温州市域空间的功能整合和社会经济联系强化（丁建宇，2018）。面对温州市新型城镇化建设与城市总体空间布局优化调整的现实需求，温州市亟需新型快速轨道交通系统来强化中心城区与外围组团的交通及社会经济联系。尤其面向温州市从"沿江城市"向"滨海城市"转变的需求，市域铁路成为推动温州大都市区"一主两副三极多点"空间战略，优化大都市城镇体系，促进市域中心城区、副中心、各等级城镇协调发展的重要模式。《温州市城市总体规划（2003—2020 年）》（2017 年修订）也明确规划布局 3 条市域轨道，规划建设温州市域铁路 S1 线和 S2 线，预留 S3 线。其中，温州市域铁路 S1 线全长 80.69 km，设车站 31 座，平均站间距为 2.69 km；市域铁路 S2 线全长 92.81 km，设车站 25 座，平均站间距为 3.87 km；市域铁路 S3 线全长 103.88 km，设车站 32 座，平均站间距为 3.35 km（宋唯维，余攀，2019）。

13.3　温州市域铁路规划与发展过程

13.3.1　《温州市城市快速轨道交通线网规划》（2011 年）

温州市较早开始谋划市域铁路的规划建设。2011 年，温州市编制完成了《温州市城市快速轨道交通线网规划》，开始启动市域铁路的建设工作，不断加强温州市核心区与周边各县市、功能区的交通联系，强化各功能组团之间的整合。温州市轨道交通推荐线网由 6 条线路构成，线路总长度为 361.8 km，共设站点 128 座（表 13-3）。其中，市域铁路线路 4 条（市域铁路 S1 线、S2 线、S3 线、S4 线），线路长度为 269.3 km，市域铁路线网呈现"两纵两横"布局，北至乐清雁荡镇，南至苍南县灵溪镇，东至洞头岛，西至瓯海潘桥和鹿城双屿；市区轨道交通线路 2 条（M1 线、M2 线），长度为 92.5 km（温州市铁路与轨道交通投资集团有限公司，2013）。

表 13-3 温州市城市快速轨道交通线网规划概况

类型	线路	线路方向	服务范围	长度/km	间距/km
市域铁路	S1 线	东西走向的都市快线	中心城和瓯江口新城快速联系通道，服务瓯海中心区、中心城区、龙湾中心与永强机场和灵昆半岛，并服务高铁站、永强机场	77.0	2.8
	S2 线	东北—西南走向	温州大都市核心区沿海产业发展带快速联系通道，服务乐清辅城、瓯江口新城、瑞安辅城沿海走廊	88.9	4.68
	S3 线	南北向	中心城区与永嘉、瑞安、鳌江、平阳等城市副中心间快速连接通道	56.2	2.6
	S4 线	西北—东南走向	藤桥、双屿、瓯北、七里（乐清）的快速连接通道	47.15	5.2
城市轨道交通	M1 线	西南—东北骨架线	中心城区、瓯海中心区、乐清辅城间快速连接通道	57.3	1.85
	M2 线	西北—东南骨架线	中心城区、龙湾区（以及滨海新区）快速连接通道	35.2	1.53

数据来源：《温州市城市快速轨道交通线网规划》（2011 年）。

2012 年 9 月，温州市域铁路近期建设规划获国家发展和改革委员会正式批复，建设时限为 2012—2018 年，近期规划实施 S1 线一期工程、S2 线一期工程、S3 线一期工程，实施线路长度 140.7 km，总投资约 432.3 亿元（表 13-4、图 13-2）。

表 13-4 温州市市域铁路近期建设规划

	S1 线一期工程	S2 线一期工程	S3 线一期工程
起点终点	桐岭站至双瓯大道站	乐清市下塘站至瑞安市人民路站	莘阳大道至鳌江站
总长度/km	51.9	68.8	20.0
站点数量/座	15	17	7
平均间距/km	3.5	4.8	3.29
投资规模/亿元	153.2	216.7	62.4

来源：根据《温州市城市快速轨道交通线网规划》（2011 年）整理。

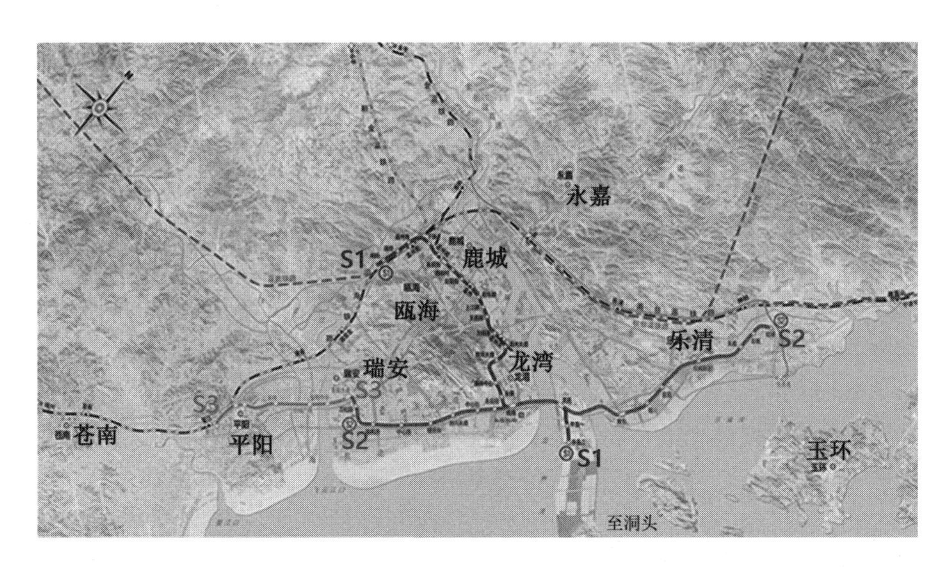

图 13-2　浙江省温州市市域铁路线路规划一期工程

来源：温州市铁路与轨道交通投资集团有限公司，https://www.wzmtr.com/Art/Art_104/Art_104_7008.aspx，2019-05-28。

13.3.2　《温州市城市轨道交通线网规划(修编)》(2017 年)

随着温州市城市发展的动态变化，对城市轨道交通线网形成了新的需求。2017 年，温州市通过了《温州市城市轨道交通线网规划(修编)》，强调线网规划修编采用“市域铁路 S 线＋大运量系统 M 线”的双层次网络，其中，市域铁路 S 线为温州大都市城镇间的快速联系线路，平均站间距为 2.5～4.0 km，采用最高运行速度 120～140 km/h；大运量系统 M 线为温州市中心城内各组团间的常规轨道交通线路，平均站间距为 1.0～2.0 km，采用最高运行速度 80～100 km/h。根据新的温州市城市轨道交通线网规划，提出至 2020 年的推荐线网方案总规模为 235.29 km，由 3 条市域铁路 S 线(总长度为 155.26 km)和 3 条轨道交通 M 线(总长度为 80.03 km)组成。远景规划方案的线网总长度为 381.51 km，包含 3 条市域铁路 S 线(总长度为 257.48 km)与 4 条轨道交通 M 线(总长度为 124.03 km)，在空间范围上将覆盖鹿城、瓯海、龙湾、洞头、永嘉、乐清、瑞安、平阳、苍南等功能组团。

13.4 温州市域铁路 S1 线的建设与运营机制

13.4.1 基本情况

作为温州市域铁路系统第一条建成运营的线路，温州市域铁路 S1 线一期工程西段（桐岭站至奥体中心站）于 2019 年 1 月 23 日开通，一期工程东段（奥体中心站至双瓯大道站）于 2019 年 9 月 28 日开通（图 13-3），2019 年 9 月 30 日温州市域铁路 S1 线客流达 3.84 万人次。温州市在推进市域铁路规划建设过程中，积极探索轨道交通新制式，市域铁路 S1 线是全国第一条制式和模式创新的轨道交通，入选国家发展和改革委员会市域铁路第一批试点，具有绿色环保、运量大、速度快、公交化运营等特点。市域铁路具有国铁制式和城市轨道交通制式等类型，温州市域铁路 S1 线采取了国铁制式，体现在车辆选型、供电方式、指挥系统、列控系统等方面。与此同时，S1 线主要解决温州大都市中心组团之间和组团内部的客流服务需求，在交通服务的供给上具有明显的公交化特点。

图 13-3 温州市域铁路 S1 线一期工程线路

来源：温州市市域铁路 S1 线一期工程环境影响报告书。

13.4.2 发展规划

2011 年，温州市政府就开始筹划市域铁路 S1 线的规划建设，形成《温州市域铁路网规划》(温政函〔2011〕262 号)，同年向浙江省发展和改革委员会提交了《关于申请温州市市域铁路 S1 线一期(铁路温州南站—机场—灵昆)项目立项的请示》(温发改交能〔2011〕165 号)，并获得浙江省发展和改革委员会的批复。《浙江省发改委关于温州市市域铁路一期(铁路温州南站—机场—灵昆)项目建议书的批复》(浙发改交通〔2011〕808 号)指出，随着温州城市化和区域社会经济的发展，在市域交通压力逐渐增加的背景下，改建金温铁路市区段为市域铁路，有利于温州市东西方向组团之间的交通需求，构建温州综合交通网络。2012 年 9 月，国家发展和改革委员会批复《浙江省温州市域铁路建设规划(2012—2018 年)》(发改基础〔2012〕3040 号)；在《关于要求审批温州市域铁路 S1 线一期项目工程可行性研究报告的请示》(温发改交通〔2012〕364 号)的基础上，2012 年 11 月浙江省发展和改革委员会《关于温州市域铁路 S1 线一期工程可行性研究报告的批复》，进一步强调建设温州市域铁路 S1 线一期工程的必要性。2013 年，温州市域铁路 S1 线一期工程取得浙江省住房和城乡建设厅的建设项目选址意见书(浙规选字第〔2011〕47 号调)，但由于工程难以推进实施等原因，温州市规划局于 2017 年申请了 S1 线一期工程选址调整，S1 线的线路总长度和总用地面积分别由 53.507 km 和 359.25 ha(1 ha=10^4 m^2)调整为 54.6 km 和 380.78 ha(温州市规划局，2017)。

表 13-5　温州市域铁路规划建设情况

线　路	市域铁路 S1 线	市域铁路 S2 线	市域铁路 S3 线
2010 年	线网规划批复		
2011 年	建设规划批复		
2012 年	工程可行性批复		
2013 年	初步设计批复		
2014 年	土地报批		
2015 年	线路建设	工程可行性批复	
2016 年	线路建设	初步设计批复	工程可行性批复
2017 年	市域动车下线		
2018 年	列车试运行		
2019 年	正式开通运行		
2020 年		开通运行(预计)	

来源：作者整理汇总。

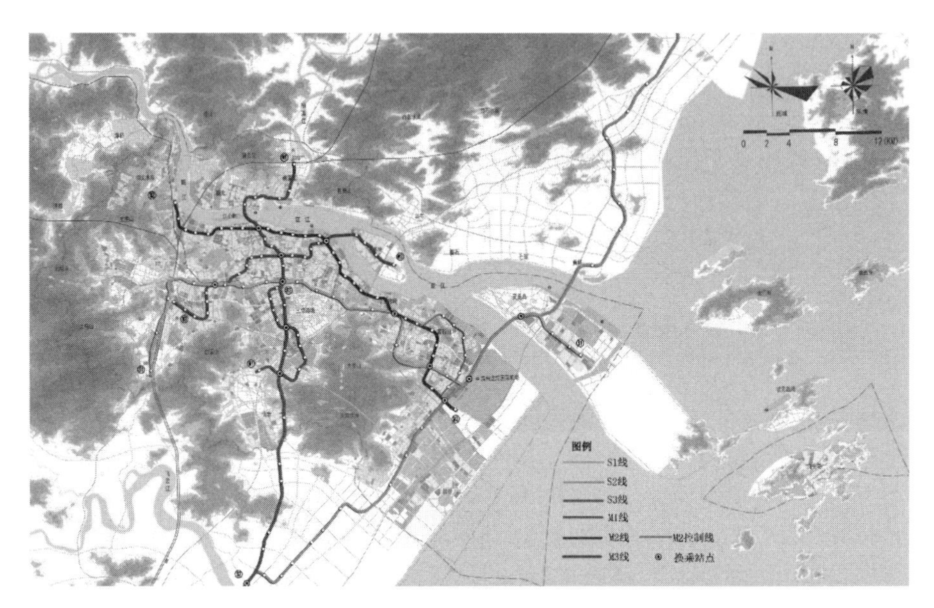

图 13-4　温州市城市轨道交通线网规划(修编)城市中心区远期推荐方案

来源:温州市人民政府. 关于温州市城市轨道交通线网规划(修编)的批复，2018。

13.4.3　融资模式

温州市市域铁路和城市轨道交通主要由温州市铁路与轨道交通投资集团负责,其主要职能是承担前期研究、工程建设、投融资、运营管理与沿线资源开发。温州市铁路与轨道交通投资集团是温州市市级国资企业,成立于 2011 年 2 月,注册资本金为 20 亿元,包含 7 家参股公司和 7 家二级公司(图 13-5)。

根据浙江省发展和改革委员会《关于温州市域铁路 S1 线一期工程可行性研究报告的批复》,温州市域铁路 S1 线一期工程的项目总投资为 175.76 亿元,其中项目资本金比例为 50%(折合为 87.88 亿元)。项目资本金的 50%由温州市政府财政出资解决,剩下的 50%资本金由企业和自然人出资解决(其中各类社会资本筹措不足的部分,由市政府和沿线各区政府的财政共同出资解决)。资本金以外的资金主要依靠国内银行贷款、信托融资、保险资金、企业债券、融资租赁等方式解决。与此同时,温州市财政建立了 S1 线项目专项偿付准备金来确保社会资本的投资安全。温州幸福轨道交通股份有限公司为 S1 线的项目法人。针对资本金以外的筹资部分,温州市采取了多种方式实现市域铁路 S1 线的投融资和建设。

(1) 温州是全国金融体制改革试点城市,也是全国民营资本最活跃的地区

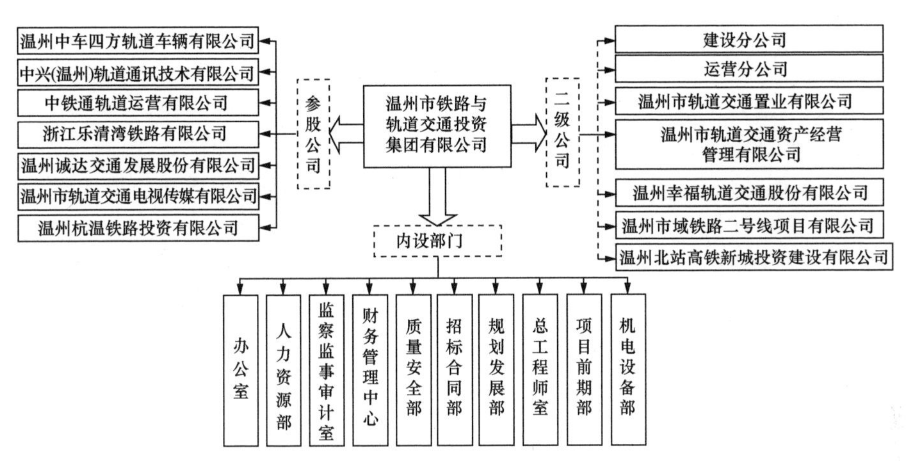

图 13-5　温州市铁路与轨道交通投资集团组织结构

来源：温州市铁路与轨道交通投资集团。

之一，在市域铁路的建设上，温州市确立了"政府引导、多元化融资、市场化运作"的投融资思路。2012 年，温州市铁路与轨道交通投资集团变更为温州幸福轨道交通股份有限公司，并且"幸福股份"首期 15 亿元增资扩股正式向社会募集，以吸引民营资本参与。这种以"明股实债"的形式向社会发行温州市域铁路 S1 线的项目股份，以 6%年化收益支付利息，一期共筹集资金 13 亿元，开创了民营资本参与市域铁路的先河（陈思含，2017）。温州市通过这种公私合营（PPP）的方式，有效缓解了城市政府财政资金压力，并且通过引入社会资本的方式强化了市域铁路的建设和运营水平，通过社会资本的监督管理来推动最大化效益的实现（鲁挺，2018）。2015 年，总值 15 亿元"永续债"获国家发展和改革委员会正式批复。

（2）市域铁路的规划、建设和运营能带来可观的土地增值和经济增长效益，在市域铁路 S1 线的融资与规划建设过程中，还积极实施了轨道加土地的投融资方式。为了推动实现正外部收益的内部化，温州市探索建立"市域铁路沿线土地收益还原＋政府适度补贴"的盈利模式，增强市域铁路开发的盈利和还本付息能力。一方面，市域铁路和土地综合开发能通过土地增值来补贴建设成本，缓解财政负担；另一方面，市域铁路沿线的综合开发能带动客流规模的提升，通过运营收入的增加来弥补运营亏损（栗焱，2014）。

13.4.4　运营模式

温州 S1 线项目采用"移交-经营-移交"（Transfer-Operate-Transfer，TOT）

的运营模式，由浙江省轨道运营集团运营。浙江省轨道运营集团是浙江省交通投资集团下属企业，由浙江省交通投资集团、中国中车、中国中铁、中国铁建和杭州地铁集团组建而成，是全省轨道交通统一运营管理的平台，以建立市域铁路、城际铁路等省级轨道交通运营服务质量体系。在TOT的体制下，温州S1线一期工程30年的运营权交给浙江省交通投资集团，由浙江省轨道交通集团统一运营。这也是浙江轨道交通集团统一运营管理的第一个合作项目，是推动浙江省全线交通一体化的重要措施。根据《关于温州市域铁路S1线一期工程PPP项目的合同》，温州市域铁路S1线和浙江省交通投资集团的项目合作期限为30年，分为试运营期（要求不少于1年）和正式运营期，政府方和社会资本就S1线一期项目开展运营合作，本项目的运营权转让价定为90亿元。

13.5 温州市域铁路的空间效应与政策评估

温州市域铁路S1线在交通服务功能、融资运营体制等方面均有较大程度的体制机制创新，是全国首条制式和模式创新的轨道交通，先后被列为“国家战略新兴产业示范工程”、省部协同推进市域（郊）铁路示范项目建设、全国首批市域（郊）铁路试点项目，具有积极的先行先试示范意义。此外，温州市域铁路S1线能为新时期“交通强国”背景下构建我国现代化都市圈高速铁路、城际铁路、市域铁路与城市轨道交通的“四网融合”提供一定的经验。

13.5.1 温州城市空间结构推动市域铁路制式的选择

一直以来，由于地理形态与城市布局的影响，温州市各城镇区域之间受山水自然地理阻隔，温州市各地区组团发展特征明显。作为国内第一条真正意义上的市域铁路，温州市域铁路S1线以介于城际铁路和城市轨道交通之间的新型客运交通模式，是支撑温州城市发展的快速轨道交通系统，能有效促进温州城市中心区和外围城镇的交通与社会经济联系（闵国水，2012）。市域铁路具有容量大、速度快、高密度、公交化等特点，其核心功能之一是推动城市核心区与周边主要城镇、组团的通达性与社会经济联系；同时，市域铁路也能和多层级轨道交通网络实现融合，这有助于发挥整体效益和规模效益（宋唯维，2015）。

13.5.2 温州市域铁路S1线交通服务功能的创新

温州市域铁路S1线采用新型市域动车组，融合了地铁和国家的相关技术标准，是国内首款完全自主研发的市域车辆，具备“载客量大、快速乘降、快起快停”等特点（丁建宇，2018），并且采用模块化设计，以灵活的编组形式，在信号、通信、供电、运维等系统上均有较大创新(陈舸,2018)。在国家推动四网融合的背景下,通过交通技术与服务的创新,温州市域铁路S1线的政策实践成为国家《市域(郊)铁路设计规范》标准的基础,并且推动实现市域铁路与国家铁路干线互联互通的可能性。此外,市域铁路具有投资成本低的特点,温州市域铁路S1线是Ⅰ级铁路等级(双线),速度目标值为120 km/h,列车初近远期均采用6辆编组,并推荐采用站站停列车和大站快车共线运行的模式。温州市域铁路S1线具有较低的建设成本,根据估算,投资总额和静态投资的技术经济指标分别为2.45和2.15亿元/正线千米。[①] 总体上,温州市域铁路S1线的开通有助于打造温州市中心城区1小时交通圈,增加城市中心区和外围城镇的居民交通出行选择,推动温州大都市区由沿瓯江发展向沿东海发展转变,实现"沿江城市"向"滨海城市"的转型。

13.5.3　温州市域铁路S1线融资管理体制的创新

温州市域铁路S1线对温州城市空间形态、产业发展布局、土地开发价值与城市交通体系等产生了重要的影响(丁建宇,2018)。在市域铁路S1线的融资和运营上,也实现了一定的体制机制创新。在融资上,温州市域铁路网络规划和建设规划编制时,就确定了"轨道交通+新型城镇化"的道路,市域铁路充分借鉴了公交导向开发(Transit-Oriented Development, TOD)与"轨道+土地"的发展理念,实施了溢价捕获机制来实现土地增值反哺轨道交通建设和运营。温州市域铁路建设过程中,对市域铁路站点500 m范围内的可开发的土地进行控制和储备,借助TOD的功能来实现市域铁路与城市功能的互动(陈舸,2018)。温州市提出了站区(R=200 m)、TOD核心区(R=500 m)、TOD社区(R=1000 m)等三个TOD开发层次,并且S1线的14个站点实施了TOD开发策略(陈思含,2017)。由于S1线穿过温州市老城区,可开发土地数量较小且配套基础设施相对不完善,难以提升市域铁路对土地价值与城市空间的引导作用。为了解决这一问题,市域铁路S1线对沿线区域进行重新整合,通过土地与市域铁路(轨道交通)的统一规划布局,实现沿线用地功能多样化、高效化。

在市域铁路管理模式上,主要有既有铁路开行列车、利用既有通道新建铁路、新建铁路等模式。温州市域铁路S1线主要是利用既有通道新建铁路,由地方政府负责出资来收购土地使用权,并且负责建设和运营管理。在轨道交通的审批上,温州市采取市域铁路的建设模式主要由省发展和改革委员会审批,若采取城市轨道交通的模式,则需要由国家发展和改革委员会负责审批,项目批复的

---

① 数据来源:温州市市域铁路S1线一期工程环境影响报告书。

标准更高,审批周期也更长。温州市域铁路在城市中心区的路段与原金温铁路重合,则通过金温铁路温州西站以东段资产置换的方式实现土地使用权的转变。在市域铁路的运营上,温州市域铁路由地方政府主导运营转向省级政府运营,通过 TOT 的形式降低温州市政府市域铁路运营成本,对构建省级政府轨道交通统一的运营平台也有积极作用。

13.6 结论与展望

在新型城镇化、现代化都市圈和交通强国等国家战略背景下,推进现代化都市圈的综合交通体系建设,尤其是构建都市圈高速铁路、城际铁路、市域(郊)铁路、城市轨道交通"四网融合"的轨道交通系统,对促进大都市(区)的空间整合优化与社会经济紧密联系具有重要的作用。作为轨道上都市圈构建的重要环节,市域铁路对推进城市中心区与城市外围城镇的交通联系和功能复合具有重要意义。随着多层级政府不断增强城市中心区与外围地区的联系,在人口稠密、经济发达的大都市(区)构建合理有效的市域铁路及其空间治理变得非常重要,然而当前市域铁路的建设运营模式及其城市空间影响仍缺乏关注。基于此,以私营资本雄厚的温州地区为例,研究市域铁路的融资、运营与空间治理模式,对深入理解市域铁路的规划建设、交通定位及其社会经济效应具有一定的理论和实践意义,主要结论如下:

(1) 市域铁路是落实城市空间发展框架,推动城市中心区与外围城镇互动融合的高效方式。在我国,随着快速城镇化进程的不断推动,一些人口与经济活动从城市中心区向周边城镇、组团和卫星城迁移的趋势日益明显,并随之产生了可观的城市中心区和外围地区的客流规模。若城市中心区与外围城镇的距离较长,从经济成本和效益的角度来看,采用城市轨道交通系统并非最合理高效的交通模式。在此背景下,温州市积极推动市域铁路建设和运营,这兼具了速度快、容量大、高密度、公交化等优点,且 S1 线利用既有通道新建铁路,其建设和运营成本相对较低,对构建温州大都市 1 小时通勤圈具有重要意义。

(2) 温州市域铁路 S1 线在审批、融资、运营等方面均实现了一定的体制机制创新,对其他经济发达城市构建市域铁路系统及"四网融合"具有积极的政策借鉴意义。温州市推动了市域铁路建设,直接由省级发改部门审批,缩短了项目的审批周期,提高了建设效率。在融资上,积极推动民营资本和土地综合开发的方式来缓解城市政府的财政压力,其中民营资本的引入有利于通过市场的机制对项目建设和运营形成间接的监督,铁路沿线土地的综合开发则有利于通过溢价捕获机制推动正外部效益的内部化。在运营上,温州市域铁路 S1 线的运营权通过 TOT 的机制由地方政府上收至省级政府，能降低温州市政府的运营负担，也有利于构建省统一的运营平台。

在交通强国、交通强省的战略背景下，随着多模式轨道交通推动新型城镇化的作用日益明显，更好地理解不同模式的规划、融资、建设和运营体制，并开展不同模式之间的评估，对深入剖析不同模式针对不同城市规模、等级和财政状况的城市政府的适应性具有重要的意义。尤其在高速铁路大规模扩张的背景下，如何推动传统普速铁路的运能提升或者再利用将成为一个重要的理论和实践问题，本研究基于温州市域铁路 S1 线的分析也能为利用既有铁路通道新建线路提供一定的借鉴。

第十四章

民营资本主导的城际高铁:杭绍台城际高铁的探索

在国家城市群和新型城镇化战略背景下,构建城市群核心城市之间的轨道交通联系,成为推动城市群城际型互动向网络型互动的重要支撑。随着国家高速铁路技术的快速发展,构建城镇群城际高铁服务对推动经济圈和功能区建设具有重要的意义。城际高铁建设的核心目标之一是在空间规划体系的指导下,通过政府资本的介入,来满足城市间的交通需求选择,推动区域一体化发展,呈现了国家主义导向空间治理(statism-oriented spatial governance)特征。高速铁路的融资、建设和运营均呈现国家铁路部门垄断的状态,且由于高速铁路投资大、周期长、收益不确定等特点,也导致难以有效吸引私有部门参与高速铁路项目的规划建设。这些因素在较大程度上都增加了国家和地方政府在规划建设高铁项目过程中的财政负担。国家积极推动包含铁路在内的重点领域投融资机制创新以及政府与社会资本合作(PPP),为私有部门参与铁路领域投融资创造了新的政策机遇。在此背景下,作为我国首条社会资本主导的城际高速铁路,杭绍台城际高铁成为国家引入社会资本的铁路示范性项目之一,具有丰富的理论研究和应用实践的代表性。因此,以杭绍台城际高铁为例,结合国家铁路领域改革、政府与社会资本合作等政策,分析杭绍台城际高铁的规划、审批、融资、建设等过程及其影响因素,能更好地从公私合营视角,来剖析城际高铁导向的区域一体化与国家空间治理机制。

14.1 现代化都市圈城际铁路建设的重要意义

城镇群和都市圈尺度的区域一体化一直是各层级政府和学术研究的热点问

题，尤其随着城镇化与社会经济的快速发展，区域一体化的发展背景、面临问题和核心战略呈现动态演变的特点。区域一体化的核心是推进城市-区域尺度的空间治理。立足于大容量、快速化、公交化的城际高速铁路及其引导的空间开发与空间治理成为区域一体化的核心支撑要素之一。近年来，在城镇群综合交通规划、交通强国战略等推动下，包含高速铁路、城际铁路、市域铁路和城市轨道交通在内的多模式轨道交通系统实现了快速发展，很好地支撑了城市和区域的交通需求与社会经济要素流动。2019 年 2 月国家发展和改革委员会颁布《关于培育发展现代化都市圈的指导意见》，强调都市圈交通的连接性和贯通性，推动高速铁路、城际铁路、市域（郊）铁路、城市轨道交通的“四网融合”，推动区域一体化。2019 年 9 月中共中央、国务院印发《交通强国建设纲要》，强调实现交通治理体系现代化，基本建成交通强国。截至 2019 年年底，我国铁路运营里程超过 13.9×10^4 km，其中高速铁路运营里程为 3.5×10^4 km，国家铁路完成旅客发送量和旅客周转量分别为 35.79 亿人和 14 529.55 亿人・千米（中国国家铁路集团有限公司，2020a），其中动车组旅游总量为 22.9 亿人，所占比例为 64.15%。

铁路呈现投资成本高、投资周期长、投资效益低等特点，一直以来，铁路部门和地方政府是铁路投融资和建设主体，呈现严峻的财政资金和亏损压力。2019 年全国铁路固定资产投资完成额度为 8029 亿元，其中国家铁路完成投资额度为 7511 亿元，所占比例为 93.55%。在国家铁路的收入和负债方面，2019 年中国国家铁路集团有限公司实现收入 1.13×10^4 亿元（净利润为 25.2 亿元），年末总资产为 8.32×10^4 亿元，总负债额度为 5.49×10^4 亿元，资产负债率为 65.98%（中国国家铁路集团有限公司，2020b）。2005 年以来，国家大力推进包含铁路在内的核心领域投融资改革，鼓励引入市场竞争机制，这为社会资本参与铁路投融资和建设运营提供了政策机遇（国务院，2005）。2010 年国务院印发了《关于鼓励和引导民间投资健康发展的若干意见》（国发〔2010〕13 号），明确鼓励引入市场竞争，推动民间资本参与交通运输建设，推进铁路领域投资主体多元化，鼓励民间资本参与铁路干线、铁路支线等建设，为社会资本参与铁路投融资奠定了良好的基础。

尽管如此，由于铁路领域自身存在投资收益率较低的特点，推动政府与社会资本合作（PPP）并非“一蹴而就”或“一帆风顺”。例如，铁路投资规模较大且收益较低，这使得真正有能力参与城际高铁投融资的社会资本较少。此外，由于铁路部门长久以来形成的相对垄断状态，社会资本普遍缺乏铁路投融资与运营管理经验，难以准确把握铁路项目的成本和收益，扩大了投资风险（廖朝明，2017）。作为我国首条社会资本控股的城际高铁（政府占比 49%，社会资本占比 51%），杭绍台城际高铁的政府与社会资本合作被列为国家引入社会资本的示范项目，这一典型案例能为深入理解公私合营视角下城际高铁的规划、审批、融资、建设等过程及其影响因素提供契机,也有助于剖析国家主义导向空间治理进程中的社会资本介入及其制度空间意义。

14.2 城际高速铁路的空间治理与公私合营的兴起

14.2.1 城际铁路导向的区域空间治理

空间是人文地理与城乡规划的核心领域之一,空间具有丰富的制度、经济、社会等内涵与价值。城市-区域的空间开发与空间治理一直是多层级政府与学术研究关注的热点问题。在中国,随着城市群成为新型城镇化的主体形态,推动城市之间的社会经济联系与空间开发成为中央、区域和地方政府的焦点领域,空间在一定程度上被赋予了浓厚的国家主义特征。由此,大容量、快速化的城际高速铁路在推动国家主义导向的空间开发与空间治理进程中扮演了非常重要的作用。一方面,城市-区域尺度的空间规划是推动和落实国家主义的重要策略和物质载体,城际铁路往往是空间规划的核心要素之一。尤其在长三角地区,伴随着长三角一体化上升为新一轮的国家战略,在《长江三角洲区域一体化发展规划纲要》《长江三角洲地区交通运输更高质量一体化发展规划》等引导下,推动城际铁路建设,构建轨道上的都市圈成为落实区域一体化的重要支撑。另一方面,城际铁路的规划建设运营能有效改善城市之间的交通可达性,并产生非常可观的正外部性,这有助于推动城市和区域的土地与空间价值,优化产业布局,推动区域空间结构重组。

由于都市圈的轨道交通系统具有不同的模式,不同轨道交通模式的投融资、管理、运营等体制机制存在较大的差异,再加上城际铁路超越了单个城市政府的行政边界,其投融资体制及其相伴随的站点和线路选择决策,会产生不同的空间分布效应。事实上,城际公共交通会通过直接效应、间接效应和诱增效应,深刻影响跨界社会经济联系与空间互动格局。这些因素都显著影响了城际铁路导向的区域空间治理机制。城际公共交通对多尺度空间的社会经济影响已经形成丰富成果,例如,现有文献基于粤港澳大湾区、广佛都市区、杭州都市区等研究,都普遍说明了不同轨道交通模式及其多尺度、多层次制度体系对区域空间治理的影响。然而面向空间治理这一重大问题,仍缺乏从城际公共交通供给与优化的视角来认识空间治理现代化的空间过程、空间机制与空间效应。顺应长三角一体化的国家战略,杭绍台城际高铁是推动区域一体化的交通要道,其社会资本主导的投融资模式有助于深入理解社会资本介入国家主义主导空间治理的特征与效应，也能弥补城际铁路对社会资本关注的不足。

14.2.2　城际铁路公私合营的兴起

一直以来，公共基础设施和公共服务领域的投融资因其公共利益属性通常由中央政府或地方政府（联合）承担。在政府财政收入有限性与财政支出多样性的双重制约下，应对日益增长的公共支出需求，政府的财政负担日益严峻。在此背景下，实施政府与社会资本的合作（PPP）成为一种新趋势。目前，全球许多国家和地区在交通（Li，et al.，2019；Ahmadabadi and Heravi，2019）、环保（Liang，Hu and Wang，et al.，2019；Xue and Wang，2020）、医疗（Comendeiro-Maaløe，Ridao-López and Gorgemans，et al.，2019；Ferreira and Marques，2020）、教育（Ansari，2020；Marques，Remington and Bazavliuk，2020）等基础设施或公共服务领域，广泛使用了政府与社会资本合作的投融资模式。在 PPP 的框架协议下，政府和社会资本基于特定的法律法规和特许经营协议，一般通过签订合同关系来明确政府和社会资本的权利和义务关系及其合作机制，从而更好地实现基础设施建设或公共服务供给（Mu，Jong and Koppenjan，2011；Xiao and Lam，2019）。与政府完全负担的基础设施建设机制相比，政府与社会资本合作能通过引入优质的社会资本，充分利用社会资本的资金、技术与综合管理优势，从而降低政府的财政负担，提升基础设施建设或公共服务供给效率（Chang，2013；Xiong，Chen and Wang，et al.，2020）。

政府与社会资本合作具有不同的模式和类别，根据公私合营框架中私有化程度的差异，PPP 投融资可以分为外包类（outsourcing）、特许经营类（concession）、私有化类（divestiture）等形式（龙婷婷，2018）。

（1）外包类项目。其中，社会资本只承包其中若干项内容，且相关费用由政府支付，所承担的社会风险是最小的，私有化程度也是最低的。

（2）特许经营类项目。其中，由政府和社会资本签订合作关系，明确合作机制与权责关系，双方共同承担项目的收益和风险，其中政府的主要职责是对社会资本进行监督和管理以保障公共利益，社会资本的主要职责是充分发挥资金、技术和管理优势，提供高质量的公共产品（服务），并获得合理的回报。

（3）私有化类项目。其中，社会资本负责项目的资金投入，并在政府的监管下建设和运营，社会资本可以通过使用者付费机制获得一定收益，其私有化程度最高，市场风险也最大（图 14-1）。

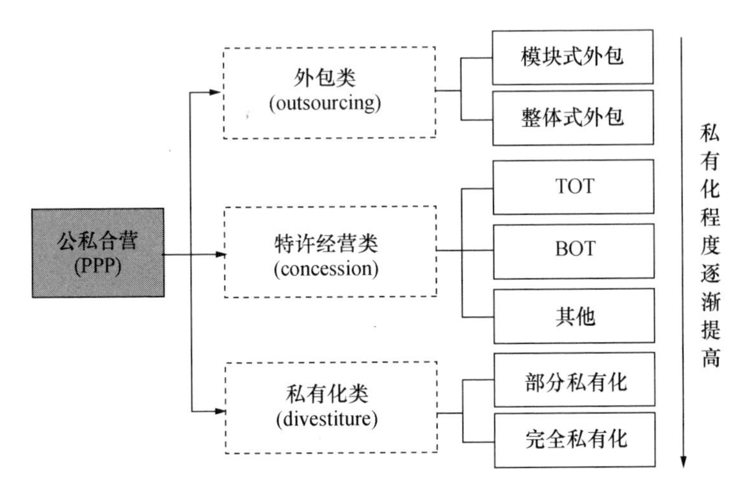

图 14-1　公私合营(PPP)的模式分类

来源:参考文献(龙婷婷,2018)。

在我国,铁路领域以其投资规模大、技术和安全运营要求高等特点,一直以来都呈现铁道部门和政府垄断的特征,以政府财政资金的投融资为主。然而,随着城市间铁路交通需求的日益增加和铁路投资建设的进程日益加速,传统以政府财政资金主导的投融资模式呈现资金需求大、收益低、负债高等问题,难以有效推动铁路领域的可持续发展。在此背景下,随着 2010 年以来国家积极推动铁路领域的投融资改革(表 14-1),重视社会资本参与铁路建设,铁路领域的政府与社会资本合作呈现快速发展的趋势。

表 14-1　鼓励和引导社会资本参与铁路建设的政策体系

时间	颁发部门	政策名称	主要内容
2005	国务院(国发〔2005〕3 号)	关于鼓励支持和引导个体私营等非公有制经济发展的若干意见	加快垄断行业改革,允许非公有资本进入铁路、民航、石油等垄断行业和领域,进一步引入市场竞争机制
2010	国务院(国发〔2010〕13 号)	关于鼓励和引导民间投资健康发展的若干意见	鼓励民间资本参与交通运输建设,制订铁路体制改革方案,引入市场竞争,推进投资主体多元化,鼓励民间资本参与铁路干线、铁路支线等建设,允许民间资本参股建设煤运通道、客运专线、城际轨道交通等项目

（续表）

时间	颁发部门	政策名称	主要内容
2012	铁道部（铁政法〔2012〕97号）	关于鼓励和引导民间资本投资铁路的实施意见	鼓励和引导民间资本依法合规进入铁路领域，规范设置投资准入门槛，创造公平竞争、平等准入的市场环境
2013	国务院（国发〔2013〕33号）	关于改革铁路投融资体制加快推进铁路建设的意见	完善铁路发展规划，全面开放铁路建设市场，对新建铁路实行分类投资建设；向地方政府和社会资本放开城际铁路、市域（郊）铁路、资源开发性铁路和支线铁路的所有权、经营权，鼓励社会资本投资建设铁路；建立铁路公益性、政策性运输补贴的制度安排，为社会资本进入铁路创造条件
2014	国务院办公厅（国办发〔2014〕37号）	关于支持铁路建设实施土地综合开发的意见	实施铁路用地及站场毗邻区域土地综合开发利用政策，支持铁路建设
2014	国务院（国发〔2014〕60号）	关于创新重点领域投融资机制鼓励社会投资的指导意见	用好铁路发展基金平台，吸引社会资本参与，扩大基金规模；充分利用铁路土地综合开发政策，以开发收益支持铁路发展；向地方政府和社会资本放开城际铁路、市域（郊）铁路、资源开发性铁路和支线铁路的所有权、经营权
2014	国家发展改革委（发改投资〔2014〕2724号）	关于开展政府和社会资本合作的指导意见	PPP模式适用于政府负有提供责任又适宜市场化运作的公共服务、基础设施类项目；公路、铁路、机场、城市轨道交通等交通设施均可推行PPP模式
2015	国家发展改革委等（发改基础〔2015〕1610号）	关于进一步鼓励和扩大社会资本投资建设铁路的实施意见	进一步鼓励和扩大社会资本对铁路的投资，拓宽投融资渠道，合理配置资源，促进市场竞争，推动体制机制创新；支持社会资本以独资、合资等多种投资方式建设和运营铁路，向社会资本开放铁路所有权和经营权；推广政府和社会资本合作（PPP）模式，运用特许经营、股权合作等方式，通过运输收益、相关开发收益等方式获取合理收益
2015	国家发展改革委（发改基础〔2015〕3123号）	关于做好社会资本投资铁路项目示范工作的通知	发挥社会资本投资铁路示范项目带动作用，探索并形成可复制推广的成功经验，进一步鼓励和扩大社会资本对铁路的投资，拓宽铁路投融资渠道

（续表）

时间	颁发部门	政策名称	主要内容
2016	中共中央、国务院（中发〔2016〕18号）	关于深化投融资体制改革的意见	加快推进铁路、石油等领域改革，规范并完善政府和社会资本合作、特许经营管理，鼓励社会资本参与；加快推进基础设施和公用事业等领域价格改革，完善市场决定价格机制
2017	国务院办公厅（国办发〔2017〕79号）	关于进一步激发民间有效投资活力促进经济持续健康发展的指导意见	鼓励民间资本参与政府和社会资本合作（PPP）项目，促进基础设施和公用事业建设；加大基础设施和公用事业领域开放力度，禁止排斥、限制或歧视民间资本的行为，为民营企业创造平等竞争机会，支持民间资本股权占比高的社会资本方参与PPP项目；完善PPP项目价格和收费适时调整机制
2019	国务院办公厅（国办发〔2019〕33号）	关于印发交通运输领域中央与地方财政事权和支出责任划分改革方案的通知	以供给侧结构性改革为主线，合理划分交通运输领域中央与地方财政事权和支出责任，形成与现代财政制度相匹配、与国家治理体系和治理能力现代化要求相适应的划分模式

来源：作者整理。

14.3 杭绍台城际高铁概况

14.3.1 长三角交通运输一体化

作为“一带一路”倡议与长江经济带的交汇地，新时期长三角被国家赋予“一极三区一高地”的战略定位。2019年长三角一体化上升为国家战略，随后出台了《长江三角洲区域一体化发展规划纲要》（2019）、《长江三角洲地区交通运输更高质量一体化发展规划》（2020）。面向长三角一体化国家战略，优化省内和省际城际公共交通供给，对促进浙江省域治理现代化、空间一体化与综合竞争力具有重要作用。在建设“大湾区大花园大通道大都市区，打造现代化先行区”的基础上，浙江积极建设高水平交通强省，构建高质量现代化的交通设施、运输服务和治理体系，强化在长三角高质量一体化的引领作用，先后颁布《关于深入贯彻〈交通强国建设纲要〉建设高水平交通强省的实施意见》（2020）《浙江省综合立体交通网规划（2021—2050年）》《浙江省推进高水平交通强省基础设施建设三年行动计划(2020—2022年)》。杭绍台城际高铁作为长三角交通运输一体化与浙江省交通强省战略的重要通道,对理解社会资本介入城际铁路建设具有重要意义。

14.3.2　杭绍台城际高铁基本情况

作为城际客运铁路,杭绍台城际高铁连接杭州市、绍兴市和台州市,起讫站点分别为杭州东站和台州市玉环站,设计时速为350 km/h,主线全长约为269 km,其中杭州东站至绍兴北站利用既有杭甬客运专线来运行,全长约为45 km;绍兴北站至玉环站为新建线路,全长为224 km(图14-2)。杭绍台城际高铁是联系杭州与台州地区的快速通道,是长三角地区城际轨道交通网络和国家沿海快速客运通道的组成部分(中国投资咨询有限责任公司,2017)。杭绍台城际高铁PPP项目的投资总额约为409亿元,其中社会资本联合体所占比例为

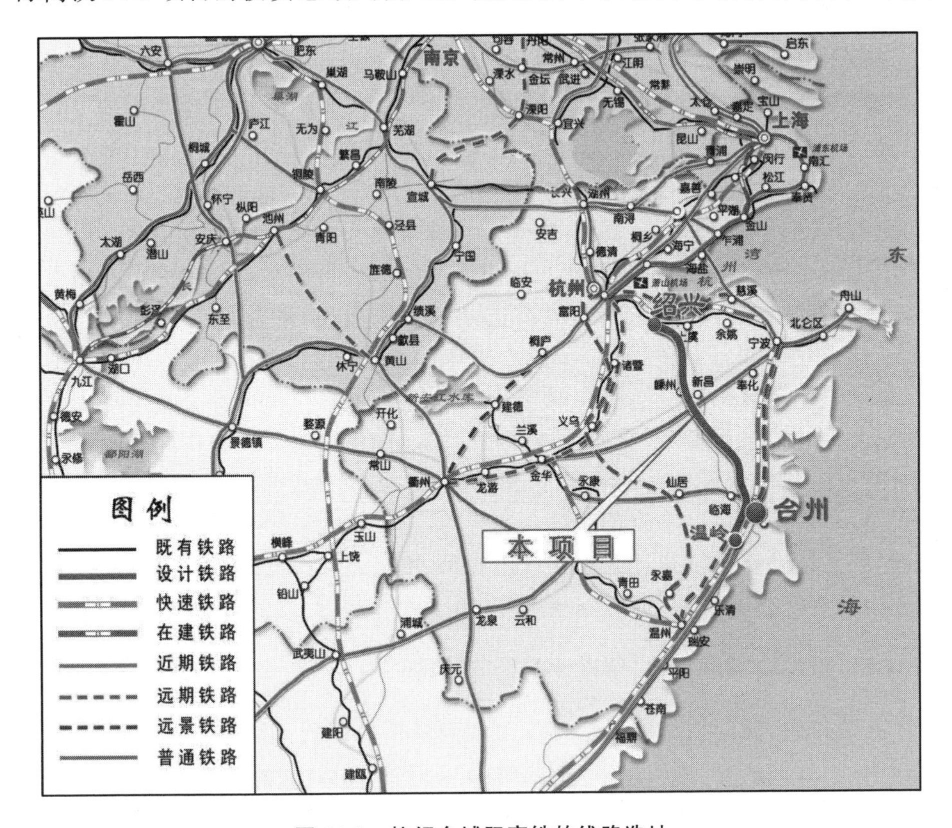

图14-2　杭绍台城际高铁的线路选址

来源:中铁第五勘察设计院集团.新建铁路杭州至绍兴至台州线可行性研究总说明书,2016。

51%,各级各类政府资本所占比例为49%,其中中国铁路总公司为15%,浙江省政府为13.6%,绍兴市、台州市政府按运营里程合计占比20.4%(陈静,2017)。作为政府与社会资本合作项目,杭绍台城际高铁采用建设-拥有-运营-移交(Build-Own-Operate-Transfer,BOOT)运作模式,由政府授权项目载体公司负责高速铁路的投融资、建设、运营、维护和移交等,并取得一定合理回报。在杭绍台城际高铁中,政府与社会资本的合作期限为34年,其中4年为建设期,30年为运营期,运营期满之后需要将全部项目资产无偿移交给政府(中国投资咨询有限责任公司,2017)。杭绍台城际高铁建成通车运营后将极大改善杭州至台州的交通可达性,全程时间将由目前的2个小时缩短为1个小时。

14.4 杭绍台城际高铁的规划建设演进

在长三角城市群空间规划框架下,浙江省一直积极结合国家和区域重大发展战略,不断优化交通运输布局与交通方式,构建现代化城际铁路网络。2012年,浙江省立足于"区域一体化、客运快速化、货运便捷化、路网系统化"的战略构想,印发了《浙江省铁路网规划(2011—2030)》,推动国家客运专线、省域城际轨道网、都市圈轨道网建设。其中,将规划建设杭州—台州—温州或杭州—温州城际线(即杭绍台城际高铁项目)作为杭州直接辐射温台都市圈的省内中心城市间城际客运通道,以强化长三角南翼都市圈的协调发展(浙江省发展和改革委员会,浙江省住房和城乡建设厅,2012)。2015年,杭绍台城际高铁的规划被纳入国家《城镇化地区综合交通网规划》中长江三角洲城镇化地区综合交通规划布局(国家发展和改革委员会,交通运输部,2015)。在国家推动铁路投融资改革与鼓励社会资本投资建设铁路的背景下,杭绍台城际高铁被列为社会资本投资铁路的示范项目(国家发展和改革委员会,2015e)。杭绍台城际高铁的规划建设分为两段,第一段是新建杭州经绍兴至台州铁路(绍兴北站至温岭站),第二段是新建杭州经绍兴至台州铁路(温岭站至玉环站)。

14.4.1 杭绍台城际高铁(绍兴北站至温岭站)

一般来说,城际铁路项目从初步谋划到最后的建设运营一般要经过预可行性研究、可行性研究、用地预审、项目建议书、工程可行性、环境影响评价、初步设计等阶段。作为都市圈城际铁路,杭绍台城际高铁以城际客流为主,兼顾中长途跨线客流运输。杭绍台城际高铁首段共设8个车站,分别为绍兴北站、东关站、三界站、嵊州新昌站、天台站、临海站、台州中心站和温岭站,其中绍兴北站、临海站、温岭站为既有车站,其余为新建车站。早在2016年3月和7月,杭绍台城际高铁分别先后完成了预可行性研究报告和可行性研究报告的评审；随后新建杭绍台城际高铁先后完成第一次环境影响评价公示、PPP 项目合作协议签订、先期开工段初步设计审查、第二次环境影响评价公示、项目咨询评审会召开，并且于 2016 年 12 月获得国家发展和改革委员会的批复，且先行段开始开工建设。2016 年，国土资源部还对杭绍台城际高铁建设项目涉及的土地利用进行审查，总占地面积为 1014.61 ha，用地控制在 696.33 ha（浙江省发展和改革委员会，2017）。

2017 年 3 月，中国铁路总公司开展《新建杭州经绍兴至台州铁路初步设计》的审查。2017 年 9 月，浙江省发展和改革委员会批复了新建杭州经绍兴至台州铁路初步设计，总概算为 373.8 亿元，其中包含耕地占补平衡费用约 12.4 亿元（浙江省发展和改革委员会，2017）；同月，杭绍台城际高铁 PPP 项目在浙江杭州签约，随后杭绍台铁路有限公司成立，杭绍台铁路进入全面建设施工阶段，总工期为 4 年，计划于 2021 年年底完工。2018 年，浙江省发展和改革委员会批复新建杭州经绍兴至台州铁路全线初步设计，总概算约为 438.2 亿元，其中静态投资 400.0 亿元，建设期贷款利息约为 22 亿元，动车组购置费和铺底流动资金分别为 16 亿元和 0.27 亿元（浙江省发展和改革委员会，2018a）。

14.4.2　杭绍台城际高铁（温岭站至玉环站）

新建杭绍台城际高铁（温岭站至玉环站）线路全长约为 37 km，共设 3 个车站（其中温岭境内约为 21 km，玉环境内约为 16 km），分别为温岭站、温岭西站、玉环站（浙江省发展和改革委员会，2018b），其中温岭站为既有车站，其他为新建车站。杭绍台城际高铁温岭至玉环段是集路网、城际、旅游及经济开发功能为一体的客运专线，能有效增强玉环、温岭等地区旅游吸引力，对完善浙江省铁路网络具有重要意义。2017 年 4 月和 7 月，新建杭绍台城际高铁温岭至玉环段分别完成预可研设计方案和可行性研究报告评审；同年 11 月，该项目被列为浙江省重点建设项目增补项目。2018 年 6 月，新建温岭站至玉环站的用地预审通过浙江省国土资源厅审查，其用地预审于同年 9 月获得自然资源部批复（用地总规模为 93.71 ha），为工程可行性和初步设计的审批提供了保障；2018 年 7 月、11 月和 12 月，该路段的项目建议书（浙江省发展和改革委员会，2018c）、可行性研究报告（浙江省发展和改革委员会，2018d）以及初步设计（浙江省发展和改革委员会，2018b）分别获得浙江省发展和改革委员会批复。新建温岭站至玉环站的投资总概算约为 76 亿元，其中静态投资约为 70 亿元、建设期贷款利息约为 4 亿元、动车组购置费约为 2 亿元、铺底流动资金约为 588 万元（浙江省发展和改革委员会，2018b）。2019 年 2 月，杭绍台城际高铁进入全线施工阶段，预计 2021

年年底建成通车。

14.5 杭绍台城际高铁的融资与运营模式

14.5.1 融资模式

如前所述,杭绍台城际高铁是我国首条社会资本主导的城际高速铁路,并且入选国家引入社会资本参与铁路建设的示范项目。杭绍台城际高铁 PPP 项目由政府与社会资本合作成立特殊项目公司,投资总额约为 409 亿元,资本金所占比例为 30%,社会资本和政府资本比例为 51∶49(陈静,2017)。在私有资本的投融资结构中,复星商业是最大的股东,所占比例达 55.7%(按 100%测算),宏润建设占比为 25%,万丰奥特占比为 15%,浙江基投和众合科技各占比 2%,平安信托和平安财富各占比 0.1%,星景资本(复星集团下属)占比为 0.1%(图 14-3)。从 PPP 的属性来看,杭绍台城际高铁项目公司由省政府特许经营,负责城际高铁的投融资、建设、拥有、运营和移交,其私有化程度相对不高。总体上,通过引入具有资金优势、技术优势和综合管理优势的社会资本,有助于降低铁道部门、省政府和地方政府的财政负担。同时,由于社会资本的盈利性特征,这也有助于发挥社会资本的优势,通过技术优势和社会监督等方式来推进城际高铁项目规划建设效率与盈利潜力。

为了应对这些不足,浙江省和沿线地方政府针对该公私合营项目采取了使用者付费(user payment)和可行性缺口补助(viability gap funding)的利益回报机制。在使用者付费方面,根据绍兴至玉环之间的客流强度预测,在运营成本的基础上,政府给予运价一定程度的上浮,从而实现使用者付费收入增加。同时,政府承担直接付费责任,按照前三年 13%,第 4—6 年 12%,第 7 年 10%,最后三年 5%的比例合理配置补贴额度。可行性缺口补助是指当使用者付费不足以支撑社会资本的成本回收或合理回报时,由政府通过财政补贴、股本投资、优惠贷款和其他优惠政策的形式,给予社会资本一定的经济补助,从而降低社会资本的市场风险(财政部,2014)。在杭绍台城际高铁中,政府从建设期和运营期两个方面给予可行性缺口补贴:建设期补贴主要是引入社保基金和沿线征地拆迁投入折算为地方政府资本金,来降低项目公司的财务融资成本;运营期主要通过车站和沿线土地综合开发收益作为地方政府的运营补贴投入,以溢价捕获的机制来缓解运营压力。此外,还建立一定的动态补贴调整机制实现对项目运营亏损的政策性补贴(浙江省发展规划研究院,2020)(图 14-3)。

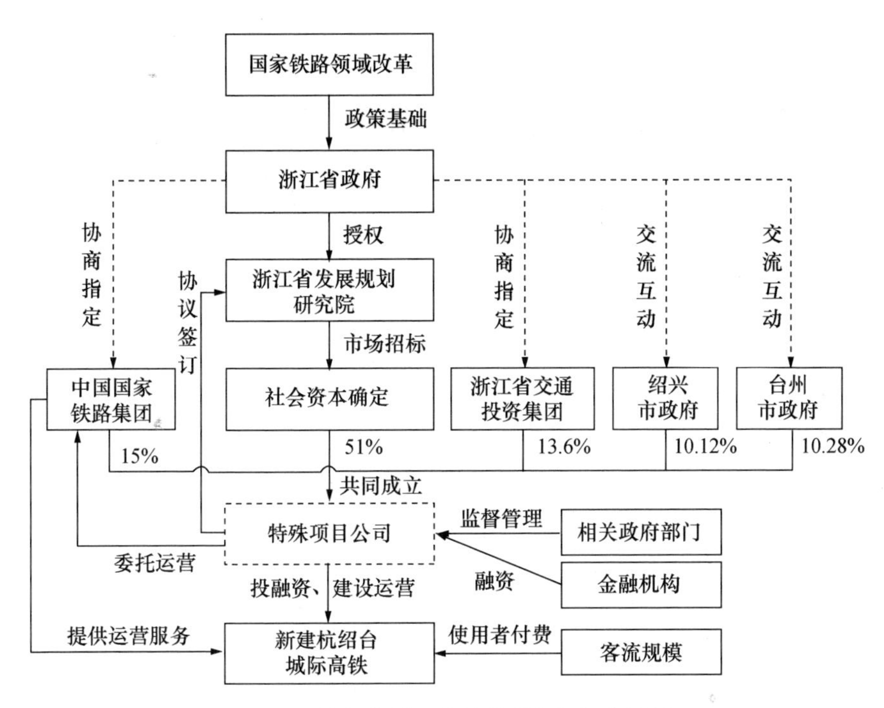

图 14-3 杭绍台城际高铁的融资与运营机制

来源：作者整理自绘。

14.5.2 运营模式

杭绍台城际高铁采用 BOOT 的建设和运营模式，合作期限共为 34 年，其中建设期为 4 年，运营期为 30 年，由政府授权项目公司负责建设(中国投资咨询有限责任公司，2017)。杭绍台城际高铁以城际客流为主，同时承担中长途跨线客流运输。在运输组织上，采用城际动车组列车(可同时采用大站直达、交错停站的运输组织模式)与中长途跨线动车组列车共线运行。在合作期限内，特殊项目公司拥有杭绍台城际高铁的所有权和经营权，负责项目建设和资产经营管理，在杭绍台城际高铁建成后，将考虑委托中国铁路上海局运营(浙江省发展和改革委员会，2017)，运营期满后无偿移交政府。

14.6 杭绍台城际高铁公私合营模式评估

14.6.1 发达的民营经济是城际高铁公私合营的基础

一直以来,浙江省都是民营经济发达的地区,民营经济对政府逐渐放开的基础设施和公共服务领域具有较好的参与度。根据财政部 PPP 中心的最新统计,截至 2017 年 6 月底,全国审核入库的 PPP 项目有 13 554 个,覆盖 31 个省级地区和 19 个行业,总投资达 16.4 万亿元。浙江省是全国最早探索和推动 PPP 模式的地区之一,截至 2016 年 9 月底,浙江省(不含宁波)在财政部 PPP 中心审核的项目达 261 个,总投资为 3688 亿元。在杭绍台城际高铁项目中,政府通过公开招标和磋商谈判的方式,先后通过三轮的 PPP 合同确认磋商谈判(徐亦镇等,2018),遴选了具有规模优势、资金优势、技术优势、管理优势的社会资本联合体,这能有效缓解地方政府的财政负担和运营压力。例如,在社会资本中所占比例最高的复星集团是综合型民营上市企业,2019 年的营业收入达 1429.8 亿元人民币(复星国际有限公司,2020),且在高铁等轨道交通领域及其关联产业领域也有较大的投入和技术积累,有助于在建设与运营全周期通过轨道产业圈来提升杭绍台城际高铁的盈利性;又如,宏润建设具备轨道交通领域的相应资质,并且承担了大量的铁路 PPP 项目,能为杭绍台城际高铁的 PPP 项目提供融资、设计、施工、运营等全方位服务(龙婷婷,2018)。此外,对地方政府而言,在有限的财政收入的约束下,一般来说针对政府所承担的基础设施和公共服务领域均有不同的投资优先度,并且近年来国家和区域政府也严格控制地方政府的债务规模,因此,通过社会资本的引入,在 PPP 的框架下,能缓解地方政府的财政负担与债务风险。

14.6.2 顺应公私合营体制的可行性缺口补助机制

面向城际高铁系统而言,不同主体的关注焦点具有一定的差异。针对政府部门而言,由于城际高铁的社会公益性特征,更加关注城际高铁的建设运营安全、运输效率与社会价值;而针对社会资本而言,在相对严格的市场竞争与成本-效益分享机制下,更注重所参与项目的经济价值与经济收益。因此,在政府与社会资本合作的项目中,在符合政策法规的前提下,如何保障社会资本可持续的盈利机制成为 PPP 项目的核心。对杭绍台城际高铁而言,由于是新建线路再加上杭州与温台地区社会经济联系不紧密等影响,杭绍台城际高铁预期收益并不乐观。例如,从杭绍台城际高铁的可行性报告评估结果来看,预期的客流量强度并不高(表 14-2),按照运价率 0.52 元/(人·千米)计算,全部投资的财务内部收益率低于 2%,累计亏损总额较大(中国铁路经济规划研究院,2016)。在杭绍台城际高铁项目中,通过政府和社会资本磋商的形式,设立了运营前 10 年的补贴机制,以帮助社会资本实现一定的盈利。

表 14-2　杭绍台城际高铁初期、近期、远期的客流强度预测

区　段	线　别	初期(2025 年)		近期(2030 年)		远期(2040 年)	
		客流密度	客车对数	客流密度	客车对数	客流密度	客车对数
杭州—绍兴	既有杭甬客专	3457	150	2862	145	2582	119
	既有萧甬线	310	17	420	22	664	35
绍兴—台州	杭绍台城际高铁	878	40	1392	70	1838	92
台州—温岭	杭绍台城际高铁	675	32	1096	49	2002	91
温岭—玉环	杭绍台城际高铁	410	23	605	34	810	45

备注:客流密度、客车对数的单位分别为万人/年,对/日;数据来自参考资料(浙江省发展和改革委员会,2017)和(浙江省发展和改革委员会,2018b)。

14.6.3　公私合营视域下"有为政府"的积极作用

城际高速铁路作为区域巨型工程(mega-project),需要经历从预可行性研究、可行性研究、用地预审、项目建议书、环境影响评价、初步设计等不同阶段,这种多层级、多领域的管理机构和政策法规,增加了城际高铁规划建设的难度和复杂性。从国内外经验来看,由于巨型工程 PPP 项目的建设周期长、资金需求大、工程难度高,容易面临政策风险、市场风险、技术风险、经济周期风险以及责任转化风险等(Chen and Hubbard, 2012;Sresakoolchai and Kaewunruen, 2020;Xiao and Lam, 2020)。在这种情况下,更需要多层级政府的积极作为和政策干预,以降低风险,提升公私合营效率。例如,在一些公私合营项目中采取最小收益保障(Minimum Revenue Guarantees,MRG)策略(Rouhani, Geddes and Do, et al., 2018),以充分发挥私有部门的多维度优势。在杭绍台城际高铁中,铁道部门、省政府、沿线地方政府积极与社会资本方开展联系沟通,帮助解决从项目立项、审批到开工建设等多个环节的重大问题。例如,在用地预审阶段,由于温岭至玉环段铁路需要占用永久基本农田,台州市铁路办公室多次赴浙江省和自然资源部协调解决,最终通过了用地预审。同时,国家允许社会资本控股的新建铁路实施市场调节的旅客票价,间接保障社会资本参与铁路建设和运营的盈利机会(国家发展和改革委员会,2015f)。此外,考虑到杭绍台城际高铁初期运营的亏损状况和项目公司还本付息的压力,给予社会资本约 68 亿元的可行性缺口补助(陈琴,2017)。沿线地方政府负责征地拆迁的政策风险、中国铁路负责项目运营风险、省市政府负责运营补贴风险、社会资本则承担建设融资与设计风险(浙江省发展规划研究院,2020),通过这种风险承担机制来降低公私合营的政策风险与市场风险。总体上,"有为政府"的积极作用能降低政策不确定性和风险。

14.6.4 国家主义导向空间治理的社会资本介入及其意义

在新型城镇化与现代化都市圈的构建过程中,尤其在空间规划及其配套的投融资与财政体制的框架下,区域空间开发与空间治理呈现明显的国家主义特征。随着国家将传统垄断的领域和行业逐渐向市场开放,杭绍台城际高铁作为我国铁路领域公私合营的示范项目,在一定程度上为社会资本介入国家主义导向空间治理提供了机遇,也有助于理解空间开发与空间转型的制度特征及市场机制。例如,早在2013年,国务院就出台政策鼓励地方政府和社会资本参与铁路建设市场,开放城际铁路的所有权和经营权,但并未取得实质性的进展(李鹏,2017),杭绍台城际高铁的签约和开工建设,为社会资本参与城际铁路建设及其空间开发,提供了良好的示范意义。同时,为了降低社会资本参与城际铁路的政策风险和市场风险,在杭绍台城际高铁中,形成了多层级、多领域政府部门与社会资本的合作机制,通过构建铁路部门、省政府和市政府的多层级治理机制,能充分发挥各类、各级主体的优势(廖朝明,2017),形成协同效应。

14.7 结论与讨论

在新型城镇化、现代化都市圈、交通强国等一系列国家战略下,构建都市圈互联互通、共建共享的城际高速铁路对强化城际社会经济联系,推动区域空间一体化具有重要的意义。在地方政府有限的财政预算体制下,作为跨越单个行政区的巨额基础设施,如何推进都市圈城际高铁的可持续规划建设成为建设轨道上的都市圈必须面对的重大问题。近年来,随着国家逐渐放开铁路等重大领域的所有权和经营权,在政府特许经营的理念下,通过公私合营来建设都市圈城际高铁成为一种可行方案。尤其在国家主义主导空间治理过程中,通过社会资本的介入,能更好地理解多层级空间治理的实施机制与作用效果。本研究以我国首条社会资本主导的城际高铁——杭绍台城际高铁为例,研究公私合营视角下的规划、审批、融资、建设、运营等复杂环节的实施过程与作用机制,能更好地剖析城际高铁引导的区域一体化与空间治理,主要结论如下:

(1) 本研究深入剖析了杭绍台城际高铁公私合营框架下的投融资与运营机制,强化了城际高铁与空间治理的研究,实现了交通与空间的结合,能为城市和区域空间开发与空间治理提供一定的政策借鉴。传统交通研究多注重工程技术的视角，对多模式交通的决策体制及其空间治理缺乏关注，随着国家积极构建治理体系与治理能力现代化，本研究有助于推动跨越行政边界的交通治理与空间治理研究，推动空间治理现代化。

（2）作为国家首条民营资本主导城际高铁，杭绍台城际高铁的社会资本介入为项目的实施提供了良好支撑。浙江省发达的民营经济及其保障体系是推动杭绍台城际高铁公私合营的现实基础，民营资本的综合优势能缓解地方政府的财政负担，推动城际高铁的建设与运营效率。

（3）在公私合营中利益、责任、风险共担的体制下，多层级政府的积极作为是推动杭绍台城际高铁有效落实的基础。多层级政府通过责任分工与体制机制创新，能不断加强政府与社会资本的合作效率。在杭绍台城际高铁中，一方面，多层级政府积极实现了预可行性研究、可行性研究、用地预审、项目建议书、工程可行性、环境影响评价、初步设计等城际高铁规划建设的必要审批；另一方面，建立了使用者付费、可行性缺口补助等动态补助机制来保障项目的顺利实施。

（4）社会资本介入国家主义导向空间治理具有广泛的理论与实践意义。政策导向的区域开发是近年来我国城市和区域开发的普遍做法，使得区域空间开发与空间治理呈现明显的国家主义特征。在杭绍台城际高铁中，通过社会资本的介入，形成多层级、多领域政府部门与社会资本的合作机制，为传统政府主导的空间规划、空间开发与空间治理提供补充。

当前，在京津冀协同发展、粤港澳大湾区、长三角一体化等国家战略的指引下，都市圈互联互通的轨道经济圈建设仍然是城市-区域空间开发与治理的热点之一。杭绍台城际高铁的投融资体制与政策框架能为一些需要建设高铁或者提供城际铁路服务的地区提供一定的参考，尤其是如何引入具有综合优势的社会资本来共同建设和运营城际高铁，从而降低地方政府的财政负担和融资压力。需要指出的，杭绍台城际高铁仍处于建设阶段，其公私合营框架下的投融资与运营管理体制的实施效果仍有待实践进展的进一步检验。从杭绍台城际高铁的案例来看，社会资本介入政府主导的空间开发的实施机制及其作用效果也将是未来空间治理，甚至是空间政治经济学的一个重要话题。

第四篇

对策建议篇

第十五章

城际公共交通规划与空间治理的改善策略

随着城市区域化和区域城市化进程的不断加速，在城市群、都市圈等以经济功能为主导的地域范围内，多样化的城际合作模式不断增加。在此进程下，开展有效的跨市公共交通基础设施规划、融资、建设和管理成为引导区域功能一体化的重要方向。由于跨市公共交通设施的改善不仅能增加城市之间的社会经济合作，还会导致某些城市的经济发展机会外溢至周边城市，导致一些城市获得经济收益，而另外一些城市面临一定的财税损失。再加上我国仍缺乏统一的、常规的、有效的城际合作管理机构，这在一定程度上会增加跨市公共交通规划和建设的协调成本。因此，为了帮助落实跨市公共交通规划和建设运营，本章基于当前国内都市圈跨市公共交通发展的经验和存在问题，拟提出一个跨市公共交通规划与治理的制度分析框架，该制度分析框架包含了跨市公共交通规划面临的5个关键要素：① 跨市公共交通融资体制；② 跨市公共交通责权分配；③ 跨市交通线路与站点选择；④ 跨市公共交通与土地开发；⑤ 跨市公共交通运营与管理。这能帮助都市圈或各地方政府更好地认识跨市公共交通规划的效益和面临的问题，以更好地协调潜在的利益博弈，实现利益共享。

15.1 城际公共交通规划与面临的问题

15.1.1 公共交通建设和融资体制

基础设施建设正成为世界各国政府带动关联部门投资、增加就业规模、发展经济的动力来源之一（Banister and Berechman，2001；Chen and Vickerman，

2017)。据估计,未来20年各国政府可能面临高达(35～40)×10^4亿美元的基础设施需求(中国房地产金融,2017)。亚洲开发银行的报告指出,至2030年亚太地区的基础设施建设需求总计超过26×10^4亿美元,每年约为1.7×10^4亿美元。“十三五”时期全国交通运输总投资将达到15×10^4亿元,比“十二五”时期约增加20%(交通运输部,2017)。基础设施的快速扩张需要建立相适应的投融资体制。全球基础设施投资存在约1×10^4亿美元的资金缺口(中国房地产金融,2017)。与其他类型的基础设施相比,交通基础设施的规划建设具有一定的特殊性。首先,交通基础设施建设具有一定的公益性和非排他性,在投融资体制上依赖于多层级政府主导的财政资金投入。其次,交通基础设施在承担客货交通运输的同时,能产生可观的经济效应和空间溢出效应,这也意味着交通基础设施能吸引私有部门的参与。再次,交通基础设施建设和运营对其辐射地域的经济分配格局是不一致的。

近年来,面对大规模交通基础设施建设面临的资金缺口,探索新的交通融资体制成为各区域和地方政府努力的重要方向。近年来,包括溢价捕获、公私合营等融资方式在缓解交通融资压力、引导公私部门合作开发、推动交通周边土地综合开发等方面发挥了重要的作用(Smith and Gihring, 2006;Junge and Levinson, 2012)。例如,国外一些城市以土地税费或联合开发来实现交通溢价内部化,以补贴交通建设和运营亏损(Mathur, Waddell and Blanco, 2004;Zhao, Iacono and Lari, et al., 2009;Zhao and Larson, 2011;Mathur and Smith, 2013;Mathur, 2015)。纽约市中央车站和洛克菲勒中心较早将交通设施附近的物业与交通系统实行共同开发投资。

15.1.2 城际公共交通的特殊性

在经济联系紧密的地区增加交通投资,提升城市之间多模式交通的便捷性,有助于提升城市区域的功能联系和空间竞争力。交通投资和经济增长领域的研究普遍指出了交通投资所带来的显著的经济绩效和空间外溢作用,如我国交通投资对经济增长的引导效应在10%～30%之间(金凤君等,2005;Yu, De Jong and Storm, et al., 2012, 2013;林雄斌,杨家文,2016)。然而,交通投资的经济效应存在明显的空间异质性。一般来说,在城市化水平和经济基础较好的地区,交通投资的作用比经济相对欠发达的地区更明显(林雄斌,杨家文,2016)。基于这种考虑,在经济联系程度较高的都市圈内,合理确定投资主体和收益分配格局,成为城际公共交通规划和建设面临的重要问题。考虑到公共投资的公益性,公共投资通常采用“收益原则”和“支付能力原则”。基础设施投资的收益原则又可以划分为“谁建设,谁受益”或“谁受益,谁支付”等形式,强调支付和获益比例的统一。然而,城际公共交通投资并不单纯是经济主导,交通政策体制也直接决定了交通模式发展(陆锡明,2009),城际公共交通有时也表现为行政主导的任务,这也增加了跨越行政区交通基础设施建设的难度。

城际公共交通主要由轨道交通和道路交通构成。其中,轨道交通服务包含干线(高速)铁路、城际铁路、城际轨道交通、市域(郊)铁路(市域通勤铁路和市域非通勤铁路)等模式,城市间道路交通包含城际客运和城际巴士公交。目前,新的融资体制也日益应用于城市间公共交通的规划和建设。然而,受限于不同的体制特征和空间差异,当前城市群仍较缺乏高效统一的制度框架(张衔春等,2017),城际公共交通投资仍呈现较多的问题,这些都显著制约了都市圈同城化的进程。例如,以轨道交通沿线土地综合开发来反哺交通投资成为城际轨道交通建设新的融资来源,然后这一模式也面临着站点选址博弈、责权分配不统一、土地指标和方案难以有效落实等问题;城际巴士公交发展过程中也面临着客运经营权难以有效整合以及交通运营亏损等问题。因此,建立一个综合性的制度分析框架能帮助都市圈和地方政府更好地认识城际交通建设可能存在的博弈问题,这也利于在项目建设前预评估相应方案的有效性,以更好地推进城际公共交通的建设。

15.2　城际公共交通规划与治理的核心要素

城际公共交通有不同的形式,考虑到都市圈城际公共交通的功能定位和特点,本研究基于城际轨道交通和巴士公交两类交通模式来构建城际公共交通的制度分析框架。该框架考虑了城际公共交通的特点,关注影响城际公共交通的核心要素:多层级行政体制与全过程的交通规划。首先,在多层级行政体制上注重理解在都市圈这一地域范围内,省政府、城市群/都市圈、各地方政府在城际公共交通发展中扮演的作用。其次,在全过程交通规划上,注重理解多层级行政体制对城际公共交通融资体制、责权分配、空间选址、土地开发、运营管理等方面的影响机制。通过解读典型案例的方式加以说明城际公共交通规划与治理的机制(图 15-1)。

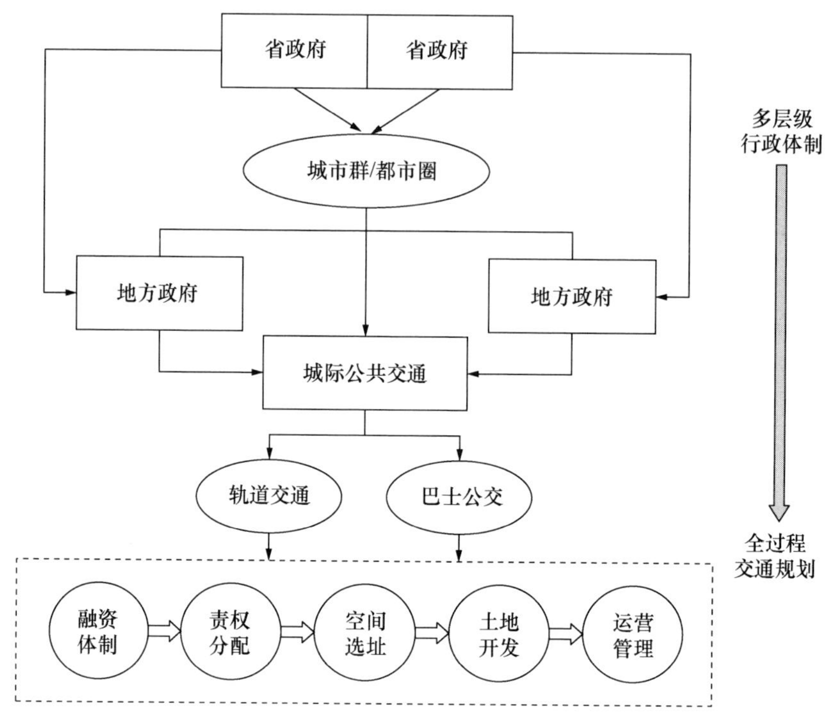

图 15-1 城际公共交通的制度分析框架

来源:作者自绘。

15.2.1 城际公共交通的融资与责权分配体制

融资问题是制约城际轨道交通或城际铁路建设发展的首要问题。在城际轨道交通上,针对省市合作开发的轨道交通系统,第一,应积极调动省政府和地方政府的积极性,合理划分不同政府的权利和责任,包括轨道交通运营、沿线土地拆迁和规划调整、融资成本估计和融资保障等,以实现多层级政府在合作意愿和合作风险等方面达成统一,这样能提升城际轨道交通建设的效率。第二,在《国务院关于改革铁路投融资体制加快推进铁路建设的意见》《国务院办公厅关于支持铁路建设实施土地综合开发的意见》等指导下,积极利用沿线土地综合开发来反哺轨道交通的融资成本,可缓解各级政府的财政压力。尤其随着我国铁路领域的"政企分开",推动铁路投融资体制改革,开放城际铁路的所有权和经营权,吸引社会资本来建设运营城际铁路成为一种趋势。如上所述,京津城际铁路就是由原铁道部、北京市、天津市、中海实业公司等共同出资筹建资本金(刘建军,2014)。第三,通过政策制度创新,积极吸引社会资本参与城际轨道交通建设。

尽管城际轨道交通建设往往面临着初期投资成本大、建设周期长、后期运营亏损高、资本回报率低等问题。但在“轨道-土地-产业”协同发展的背景下，社会资本或私有企业在与轨道交通企业合作开发或股权参与的框架下，仍有较大的空间从沿线土地开发或产业发展中获得利润。第四，针对不同都市圈(区)的实际情况，可借鉴深惠汕捷运的案例，在各地方政府积极合作的情况下，充分利用国家主导投资的(高速)铁路的富余运量，实现区间(高速)铁路的创新供给。

巴士公交和轨道交通在投资规模、运营、线路调整等方面存在较大的差异。因此，在城际巴士公交的建设上：第一，应在跨城市交通协作框架的基础上，建立发展城际巴士公交的专项资金，对正在开通或拟开通的线路进行适当的补贴，以“供给侧”来推动城市巴士公交发展。例如，在推动深莞惠都市圈的交通协作和空间协同中，成立了深莞惠党政主要领导联席会议，交通部门联席会议、交通委员会(局)主管领导协调会议、交通委员会(局)职能部门合作办公等机制，开展跨市交通合作的决策、投资、建设和管理。第二，建立地方政府及下属交通部门与巴士公交运营企业的治理机制，在城际巴士公交的站点选择、线路运营与道路经营权调整等方面建立良好的协商及动态调整机制，以满足沿线各居民城际巴士公交出行的需求。第三，随着交通新技术的发展，可依托地方政府或者交通企业，建立城际定制公交服务，以解决城际间居民出行的需求。

15.2.2　城际公共交通的空间选址与土地开发

轨道交通建设能促进沿线土地的开发利用，并对周边的房地产价格产生积极的作用，从而重塑和优化城市空间结构。尤其对城际轨道交通来说，一些站点通常与城市地铁、巴士公交、长途客运等方式实现较好的接驳，这使得对周边土地开发的格局和价值的提升作用更加显著。然而，当前城际轨道交通建设仍面临较大的财政压力，推动周边的土地开发能较好地缓解融资压力。当前轨道交通周边土地开发的相关制度约束，在城际轨道交通中仍然存在。例如，受限于国有土地的出让制度，轨道交通周边的土地必须通过“招拍挂”的程序才能确定土地开发商，难以直接将周边土地和轨道交通的规划建设实现捆绑开发。这种联动合作机制的缺乏，提升了轨道交通企业获得周边土地发展权的成本。与此同时，轨道交通公司可能缺乏土地开发、规划和运作的经验，降低了将站点周边土地转化为经济价值的潜力。

尽管如此，公共交通周边的土地综合开发日益成为城市和城际轨道交通融资的重要方向之一。2012 年，《国务院关于城市优先发展公共交通的指导意见》发布，明确提出加强公共交通用地综合开发。2013 年，国务院发布《国务院关于改革铁路投融资体制加快推进铁路建设的意见》，提出“加大力度盘活铁路用地资源，鼓励土地综合开发利用”。2014 年，《国务院办公厅关于支持铁路建设实施土地综合开发的意见》阐述了土地综合开发的基本原则、支持盘活现有铁路用地推动土地综合开发、鼓励新建铁路站场实施土地综合开发、完善土地综合配套政策等意见。

轨道交通周边的土地开发由政府、轨道交通主体和房地产开发商共同完成。从不同主体的构成角度，轨道交通周边土地开发可分为传统开发、轨道交通企业开发、联合体开发、股权和项目混合合作、土地资产租赁等模式（仲建华，李闽榕，2017）：

（1）传统开发。是指轨道交通建设由政府财政主导融资，政府将轨道交通周边的土地通过“招拍挂”等形式转让给其他开发商，从而将土地出让金和增值收益作为财政收入的一部分用以支持轨道交通建设。

（2）轨道交通企业开发。是指由轨道交通企业同时完成轨道交通的建设规划以及周边土地的开发，通过统一主体的形式，将轨道交通带来的土地溢价反哺至轨道交通建设和运营补贴。例如，香港地铁就是采用这种模式，从香港特区政府获得轨道交通运营权和土地开发权。然而香港地铁模式在内地城市的推动具有较大的难度。

（3）联合体开发。是指轨道交通企业和土地开发企业组成联合体，共同开发轨道交通周边的土地。以联合体来开发土地在内地城市具有较大的可行性。例如，深圳地铁和万科集团在 2016 年签署合作协议，在土地综合开发等领域达成合作。

（4）股权和项目混合合作。对于城际铁路来说，各地方铁路局或铁路公司通过划拨的方式获得了较大规模的土地。2014 年《国务院办公厅关于支持铁路建设实施土地综合开发的意见》中提出，各铁路局所取得的划拨土地，因改变用途而不再符合《划拨用地目录》时，可依法采取协议出让方式办理土地手续。当前，铁路局获得土地开发权及其收益主要有三种模式：①“自改”协议出让，由原单位进行自行拆迁，整理后直接签订《国有土地出让合同》并缴纳一定优惠政策下的土地出让金。② 附带条件的“招拍挂”出让，由原单位对土地进行拆迁整理后交当地国土局进行公开“招拍挂”并设置专有条件。③ 实施不具备基本建设条件土地（俗称毛地）的“招拍挂”出让，由原单位将土地直接交给当地的国土局进行公开的“招拍挂”，拿地后国土局返回一定的土地补偿金作为拆迁整理费用，后续拆迁整理由铁路局在拿地后自行负责。2017 年 7 月，中铁建地产集团和成都铁路局达成股权加项目的混合合作。双方按照一定的股权比例成立合资公司，统一对合作项目（如成都八里庄项目）进行投资和管理，形成合作双方利益共享、风险共担的合作关系。

(5) 土地资产租赁模式。铁路局在站点周边拥有一些闲置土地,受规划条件约束,这些土地的开发价值较低。在此背景下,铁路局可以将这些土地出租给其他企业(如旅游企业等),在合作协议的基础上,获得一定的租金,从而降低资金压力。

需要指出的是,一些城际轨道交通站点可能是城市轨道交通的接驳点,这意味着周边土地结构的重塑和价值的抬升是城市轨道和城际轨道交通共同作用的结果。在轨道交通建设与周边土地综合开发相关法律还不健全完善的情况下,需要一些新的体制机制来促进轨道交通周边的土地综合开发,以实现利益分享和多主体的合作共赢。

15.2.3 城际公共交通的后期运营与动态管理

城际铁路公司作为合资铁路公司,与既有铁路局之间是相互独立的关系。如何处理与既有铁路局的协作关系,选择合适的运营管理模式,是提升城际铁路融资和运营效率的关键。当前,根据《合资铁路管理办法(试行)》规定,城际铁路主要呈现"主体自营、联合经营(全部或部分委托)、委托经营"等模式(陈柯冰,聂磊,2016):① 主体自营即由投资主体成立的城际铁路项目公司全权负责和直接经营。在此其中,城际铁路的投资主体也是铁路的经营主体。② 联合经营是将城际铁路的部分业务委托给该区域内的铁路局,实现联合经营。这种模式有助于在保证服务质量的前提下,实现节约成本的目的。③ 委托经营即由投资主体面向社会招投标,来确定承包经营主体的方式(图 15-2)。其中,主体自营的核心是资产所有权和经营权的统一,联合经营或委托经营需要将城际铁路的客运组织、调度指挥、配套设施维护维修等委托给具有一定资质的铁路运输企业。目前,我国城际铁路运输业务基本采取委托经营的模式,包括珠三角城际铁路、中原城市群城际铁路、湖北城际铁路公司等(张磊,2017)。例如,珠三角城际轨道交通将线路委托给中国铁路广州局集团有限公司经营。中原城市群城际铁路主要采取利用国家铁路的线路和车站采用委托运输管理,虽然考虑到自管自营方案,但在短期内难以实现(张磊,2017)。此外,在国家发展和改革委员会与京津冀协同发展领导小组的指导下,按照国家铁路投融资的改革要求,京津冀三省市政府及中国铁路总公司按照 3∶3∶3∶1 的比例,共同出资组建京津冀城际铁路投资有限公司,组织开展路网规划和投融资运作,以落实区域交通一体化战略。

目前,我国已建及在建的城际铁路总里程为 6363 km,城际铁路在建线路的投资额为 1.46 亿元/km,预计未来城际铁路投资规模将达到 1.5×10^4 亿元(杨建福,祖炳洁,2015)。推动城际铁路的市场化投融资是当前铁路投资改革的需求。随着城际客流逐渐呈现"高密度"和"公交化"的特点,对于城际轨道交通来

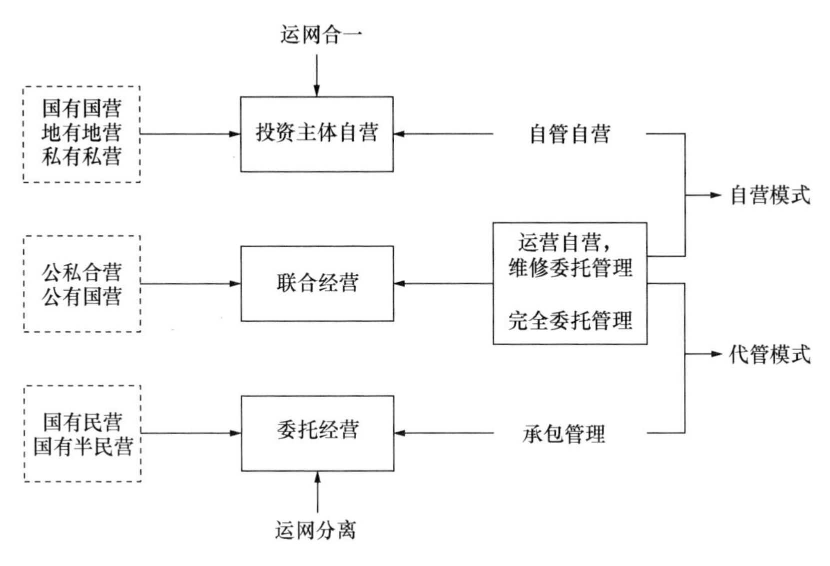

图 15-2　城际铁路运营模式分类与联系

来源：参考文献（陈柯冰，聂磊，2016）。

说，在筹措建设资金时，应根据实际情况，选择合适的融资模式和运营模式。鉴于经营是当前城际铁路投资和运营的主流模式，建设主体和运营主体应在互利共赢的基础上，签订委托经营和合作协议。良好的站点选址和运营效率，是提升城际铁路建设效率的关键（夏建雄，韩晓晨，2017）。

15.3　城际公共交通规划与治理的主要策略

多模式交通有利于推进各城市间经济和文化高效高质量对接融合，进一步降低城市间人口与资源流通成本，进一步满足市民交通出行需求，从而对推动社会经济高质量发展发挥重要作用。在以经济功能为主导的城市群、都市圈地域范围内，多样化城际公共交通合作建设的规模不断增加。由于城际公共交通建设可能会带来经济收益格局的差异，再加上我国缺乏统一的、常规的、有效的城际合作管理机构，这些都会增加城际公共交通建设的协调成本和合作难度。基于当前我国都市圈跨市公共交通发展的经验和存在问题，一个包含跨市公共交通融资体制、责权分配、空间选址、土地开发、运营管理的制度分析框架，能帮助都市圈及各地方政府协调潜在的利益博弈，实现利益共享。

15.3.1　构建可持续的投融资和盈利模式

城际轨道交通的建设运营需要大量的资金投入，政府财政资金是筹集资金的重要方式。推动多模式城际公共交通的可持续投融资与盈利是推动互联互通的城际公共交通发展的重要方向。因此，除了通过政府提供资金以及政府补贴政策之外，应该构建多种渠道来吸引社会资金参与多模式城际公共交通建设。首先，可以引入公私合营模式，减轻财政资金压力，并充分利用私营企业的技术与管理优势，来实现高效的运营管理。其次，根据城市及其相邻城市社会经济与既有公共交通基础设施，可以充分利用既有普速铁路富余运能或者利用高速铁路的区域服务，实现地方政府购买交通服务的方式来实现城际铁路供给，这有利于节省大量的资金。再次，探索多样化的城际铁路经营模式。一方面，可以通过更加合理的站点和线路选址，来提升公共交通的客流量，从而提升票箱收入。另一方面，可以充分借鉴城市地铁的"轨道＋物业"模式，获得沿线物业的开发与运营收入，形成新增收入来源及其可持续发展融资。

15.3.2　城际铁路公交化运营模式

随着城市化进程不断加快，城际居民出行对便捷、快速的公交需求日益增强，城际铁路实行"公交化"运营模式对满足居民需求、提高铁路竞争力、区域一体化发展具有深远战略意义。首先，根据居民出行特征，合理设置城际铁路运营时间，提高早晚高峰列车运行密度，在其余时间适当增加列车班次，缩短乘客等待时间，满足城际居民不同出行需求。其次，优化列车停靠站点方案，现阶段大部分站点不停靠，通过部分班次停靠中间站、部分班次直达的方式，确保沿线居民需求。再次，参照城市公交，给予更多购票选择，如提供月票、年票、往返票等，方便乘客根据需求选择不同票种。最后，全面改善城市内公交、地铁、机动车等交通系统与城际列车的接驳情况，加强城际铁路的公交化与通勤化。

15.3.3　跨区域交通规划建设的治理

城际轨道交通由多个市政府或是区政府共同出资和治理，需要多个政府进行沟通。例如，在宁波和绍兴之间城铁票务系统联网之前，往返两地的乘客需要到站后在窗口购买纸质车票。综合的交通规划需要打破原本的行政壁垒，城际交通发展问题处理变得越来越复杂。因此，参考国外做法，如美国成立大都市区规划组织、成立跨区域治理组织等，可以更好地统筹城际交通发展规划，协调交通规划与城市规划、土地管理等方面不同行政机构的关系。

第十六章

结论与讨论

交通地理具有明显的地域性和综合性，地域性不仅表现在经济基础上，也表现在相应的城市和区域的规划与政策中。因此，研究都市圈城际公共交通发展的规划与政策在本质上仍属于交通地理学的范畴，尤其以城际轨道交通、地铁跨市延伸、国家高速铁路区间运营典型案例等为关注点，剖析不同城际公共交通形态的规划建设过程与“府际”治理机制，能为快速城镇化背景下的城际交通投资、空间规划和政策制定提供一定的参考。总体上，实施都市圈同城化策略应积极整合多模式公共交通系统，努力打造“轨道上的都市圈”。

16.1 研究结论

在国外都市区规划委员会设立特征与作用机制研究的基础上，本研究以珠三角城际轨道交通、地铁跨市延伸、城际巴士公交、高速铁路的区间供给、长三角城市巴士公交、普速铁路公交化运营、市域(郊)铁路供给与运营机制、民营资本主导的城际高铁建设等案例为关注点，剖析这些城际公共交通主要形态的规划建设过程、府际治理与实施效果以及城际公共交通规划与空间治理的政策逻辑、问题甄别与改善策略等。

(1) 公交优先与公交都市已经成为城市交通国家战略，公交优先战略拓展至都市圈的需求逐渐增加。在同城化的背景下，都市圈跨市交通规划和治理机制的构建需要结合各城市的“空间-政策”动态特征，以推动都市圈社会经济的联系。

(2) 作为都市区规划组织，美国普吉特海湾区域委员会主要职责、组织架构、跨市交通规划与交通融资，可为我国城镇化地区跨市交通的发展提供借鉴。

首先，在管理体制上，普吉特海湾区域委员会及其下属职能理事会和专业顾问委员会，能较好统筹跨越多个城市政府的交通投资、规划和政策制定；其次，普吉特海湾区域委员会多模式交通融资来源和体系能为我国跨市公共交通的投融资体制带来一些启示；最后，普吉特海湾区域委员会及时地收集和发布都市区内的经济、交通、融资等数据，帮助各级政府、部门和机构制订发展计划，推动城市和区域多种数据的开放和贡献，能帮助理解我国都市圈跨城区交通出行特征，制订跨城区交通策略计划，提升规划编制质量和实施效果。

(3) 我国尚未建立有效的跨市交通规划与发展协调机制，再加上地方政府的保护主义，导致都市区跨市规划与协调发展的进程相对缓慢。建立多方面、深层次的协调促进机制仍任重道远。基于此，应以正式或非正式的方式重构行政组织，建立超越行政边界的常规稳定的管理机制；深入协作，推动跨市交通规划与政策共享；适当引入企业和市民力量的参与，增强交通运营效率。这些制度化建设有利于跨市交通规划方案和实施效果的评估，形成评估-反馈机制，突出跨市交通对空间协同的作用。

(4) 珠三角城际轨道交通经历了由"省部"联合开发向"省市"联合开发模式的转变，并在"省市"联合开发阶段，实施了轨道交通沿线土地综合开发和溢价捕获策略。总体上，这种政策创新需要在成本融资、运营管理和土地开发等方面实现良好的"府际"协调，以发挥跨市交通设施的效率，引导城市区域空间发展。珠三角城际轨道联合开发溢价捕获的核心是以"省市合作"和"交通＋土地"捆绑的方式，通过土地开发补贴交通建议，降低跨市交通投资的风险。然而，这种溢价捕获策略仍面临较大的约束。例如，在人口密度较低的区域，实现综合收益更加困难；在复杂的交通、土地和城市规划环节上，各层级政府仍面临激烈的博弈，导致多元政府间的联合开发难以高效开展。为了应对这些问题，省市政府之间仍需要深化合作，完善成本和收益的分配机制，同时在省市合作的基础上，引入"市-市"合作可能是一种较好的思路。

(5) 城市轨道交通的区域化延伸也能承担区域交通责任，如广佛地铁。需要指出的是，这种城际轨道交通的构建模式仍存在较大的不确定性，且与其他模式相比，其融资和运营效率值得商榷。首先，城市轨道交通仍是服务于单个行政区的交通系统，其区域化延伸只是在满足一定条件下而衍生的额外功能。其次，城市轨道交通完全由地方政府主导，往往缺乏省级政府的监管和政策支持。再次，为了保障城市轨道交通稳妥发展，降低城市政府融资压力和负债规模，2018年国务院办公厅出台了《关于进一步加强城市轨道交通规划建设管理的意见》(国办发〔2018〕52 号)，与 2003 年城市轨道建设管理意见相比，新的管理意见显著提升了城市轨道交通建设申报门槛，使得一些城市轨道交通系统获得批复的难度增加(如惠州)。这会增加城市轨道交通的区域化延伸的实施难度,从而降低效率。

(6) 如何有效实现城际巴士公交的服务供给、线路优化和运营补贴是推进城际巴士公交可持续发展的关键。深莞惠都市区的城际巴士公交案例表明,在缺乏一个统一的协调框架下,城际巴士公交发展呈现较低的自组织效率以及较严重的亏损和服务水平低下的问题。为了提升跨市公交供给的效果,首先,应结合毗邻地区居民交通需求,提供准时和舒适的出行服务环境。其次,借助交通新技术和新的交通模式,通过定制公交来满足居民出行需求。再次,针对跨市公交存在的线路较长、停靠站点较多和运营时间长等问题,可设置跨市公交快线和慢线,以满足多样化的需求。最后,考虑到跨市公交的亏损,可通过道路客运经营权调整,适当引入私有资本进行联合开发,以降低融资压力和运营风险。

(7) 深惠汕捷运是在厦深铁路的基础上开通的区间高速铁路服务,其本质是地方政府联合向国家购买铁路服务。这一模式的顺利实施有赖于快速增长的跨城市交通需求、上级政府的有效干预以及地方政府与国家铁路部门有效的利益协商机制等方面。例如,一方面,深莞惠党政领导与交通部门的联席会议为深惠汕捷运的职责共享机制奠定了基础;另一方面,深惠汕地区不断增长的跨城交通需求以及各城市之间行政上的正式、非正式联系,能帮助降低各城市利益协调成本,推动区域交通一体化供给。

(8) 随着高速铁路的快速发展,与之路线相似的普速铁路的竞争力和运能利用率不断下降,充分利用既有普速铁路资源来运营城市通勤铁路成为一种趋势。萧甬铁路的公交化实践为都市圈铁路交通供给提供了新的替代方案,能以较低的成本来满足中心城区和周边市镇、中心城市和副中心之间的交通需求,提升居民出行效率,呈现较高的融资和运营效率

(9) 从温州市域铁路的融资、运营与空间治理模式可以看出,市域铁路兼具速度快、容量大、高密度、公交化等优点,是落实城市空间发展框架,推动城市中心区与外围城镇互动融合的高效方式。尤其当城市中心区与外围城镇的距离较长,从经济成本和效益的角度看,城市轨道交通系统并非最合理高效的交通模式。温州市域铁路在审批、融资、运营等方面均实现了一定的体制机制创新,对其他经济发达城市构建市域铁路系统及“四网融合”具有积极的政策借鉴意义。例如,民营资本的引入有利于通过市场机制对项目建设和运营形成间接的监督,铁路沿线土地的综合开发则有利于通过溢价捕获机制推动正外部效益的内部化。此外,温州市域铁路 S1 线运营权通过“移交-经营-移交”(TOT)机制由地方政府上收至省级政府,能降低地方政府运营负担,也有利于构建全省统一的运营平台。

（10）随着国家逐渐放开铁路等重大领域的所有权和经营权，在特许经营理念下，以公私合营来建设都市圈城际高铁成为一种可行方案。以我国首条社会资本主导的城际高铁——杭绍台城际高铁为例，在研究公私合营视角下规划、审批、融资、建设、运营等实施过程与作用机制的基础上，发现公私合营框架下的投融资与运营机制能强化城际高铁供给与空间治理，推动空间治理现代化。在公私合营中利益、责任、风险共担的体制下，社会资本的介入为项目实施提供了良好支撑，但也需要多层级政府的积极作为。

（11）对于都市圈综合交通而言，无论是地铁、道路交通、巴士交通、跨市道路收费和跨城出租车服务点，都面临着较严峻的地方政府保护主义和动态博弈的困境。在广佛都市圈上，为了解决上述问题，应实施积极的政策推动，建立完善的跨市公共交通系统，通过制度创新，来缓解跨市公共交通系统融合发展存在的利益博弈困境，例如构建权威、高效和常规的管理机构；建立可操作的激励机制；鼓励多元主体的公共参与和治理。

16.2　政策建议

1. 构建多模式城际公共交通供给与空间治理的制度框架

城际公共交通有不同的形式，考虑到都市圈城际公共交通的功能定位和特点，基于城际轨道交通和巴士公交两类交通模式，应构建城际公共交通的制度框架，并且充分考虑城际公共交通的特点，关注影响城际公共交通的核心要素以及多层级行政体制与全过程的交通规划。首先，在多层级行政体制上注重理解在都市圈这一地域范围内，省政府、城市群/都市圈、各地方政府在城际公共交通发展中承担的责任。其次，在全过程交通规划上，注重理解多层级行政体制对城际公共交通融资体制、责权分配、空间选地、土地开发、运营管理等方面的影响机制。

2. 推动城际多模式轨道交通的公交化运营

在我国城市化以及区域一体化的背景下，居民出行需求不断增加，建设高效、集约、安全、绿色的城际快速交通干线，是推动现代化都市圈的重要支撑。因此，推动城际多模式轨道交通的公交化运营变得日益重要。一方面，理解都市圈背景下居民的出行意愿和出行特征，评估不同城际轨道交通模式的实施效果，提出优化机制。另一方面，在公交化运营基础上，不断推进可持续的融资和新型盈利模式。例如，在规划和建设城际轨道交通过程中，应加强城际轨道交通项目的建设与财务管理，合理制定土地开发、价格和运营补贴的优惠政策。通过积极吸引各种社会资本参与以及推动土地开发反哺城际轨道交通建设和运营成本，能不断推动多模式城际轨道交通的可持续发展。

3. 评估不同模式的适用性，采取合理的城际公共交通模式

当前城际公共交通具有多样化模式，例如城际轨道交通专项系统、地铁跨市延伸、城际巴士公交、高速铁路的区间供给、普速铁路公交化运营、市域(郊)铁路供给、民营资本主导的城际高铁建设等，不同模式的投融资体制、运营特征及其空间影响具有较大的差异。因此，可以针对城市-区域社会经济发展与社会经济联系的特征，以及财政和债务状况，选取合理的供给模式。例如，可以通过利用既有铁路通道改建或者新增列车运营的方式，来运营城市内部或城际铁路，提升现代化都市圈的综合竞争力。

16.3 研究展望

1. 面向新型基础设施的供给体系与治理机制研究

基础设施建设和运营对社会经济发展具有积极的推动作用。随着全球和区域经济发展的信息化、数字化、共享化转向，推动新型基础设施建设(新基建)成为近年来我国基础设施投资和建设的新领域、新方向和新模式。2018 年 12 月，中央经济工作会议指出，"加快 5G 商用步伐，加强人工智能、工业互联网、物联网等新型基础设施建设，加大城际交通、物流、市政基础设施等投资力度"。2019 年 3 月，政府工作报告指出，"加大城际交通、物流、市政、灾害防治、民用和通用航空等基础设施投资力度，加强新一代信息基础设施建设"。2020 年 3 月，根据央视网报道，科技端新型基础设施包括 5G、特高压、城际高速铁路和城际轨道交通、新能源汽车及充电桩、大数据中心、人工智能、工业互联网、物联网等领域。2020 年 4 月，国家发展和改革委员会界定了新型基础设施的概念和领域，指出"新型基础设施是以新发展理念为引领，以技术创新为驱动，以信息网络为基础，面向高质量发展需要，提供数字转型、智能升级、融合创新等服务的基础设施体系"，涵盖"信息基础设施、融合基础设施、创新基础设施"等三个方面，其中：① 信息基础设施是基于新一代信息技术演化而成的基础设施，包括通信网络基础设施(如 5G、物联网、工业互联网、卫星互联网等)、新技术基础设施(如人工智能、云计算、区块链等)、算力基础设施等(如数据中心、智能计算中心等)；② 融合基础设施是深度应用互联网、大数据、人工智能等技术支撑传统基础设施转型升级而形成的设施(如智能交通基础设施、智慧能源基础设施等)；③ 创新基础设施是指支撑科学研究、技术研发、产品研制等具备公益属性的基础设施(如重大科技基础设施、科教基础设施、产业技术创新基础设施等)。2020 年 5 月，政府工作报告进一步强调"两新一重"建设(新型基础设施建设；新型城镇化建设；交通、水利等重大工程建设)对促进消费、惠及民生以及调整经济发展结构的重

要意义。其中,新型基础设施建设包括“发展新一代信息网络,拓展5G应用,建设数据中心,增加充电桩、换电站等设施,推广新能源汽车”。

在国家积极强调新型基础设施建设的基础上,各部委和省市政府积极提出新型基础设施建设行动方案。2020年5月,上海市政府颁布《上海市推进新型基础设施建设行动方案(2020—2022年)》,指出未来三年将实施新网络(新一代网络基础设施)、新设施(创新基础设施)、新平台(一体化融合基础设施)、新终端(智能化终端基础设施)建设行动,将5G、人工智能、工业互联网、物联网、数字孪生等新技术和新型基础设施融入城市生产生活,成为上海高质量发展和城市高效治理的支撑。2020年6月,宁波市政府颁布《宁波市推进新型基础设施建设行动方案(2020—2022)》,提出未来三年将通过信息基础设施提升、融合基础设施提速、创新基础设施提质、新基建带动产业赋能行动计划,实施100个重大新型基础设施项目,逐步将宁波打造为全国新型基础设施建设的标杆城市。2020年7月,浙江省办公厅颁布《浙江省新型基础设施建设三年行动计划(2020—2022年)》,提出聚焦数字基础设施、智能化基础设施(包含整体智治设施、生态环境设施、交通物流设施、清洁能源设施、幸福民生设施)、创新型基础设施(包含重大科研设施、产业创新平台、产业融合发展行动、应用场景创新行动)三大重点方向,实施新型基础设施建设三年万亿计划。2020年8月,交通运输部颁布《关于推动交通运输领域新型基础设施建设的指导意见》(交规划发〔2020〕75号),提出围绕交通强国建设总体目标,促进交通运输“提效能、扩功能、增动能”为导向,通过打造融合高效的智慧交通基础设施(包括智慧公路、智能铁路、智慧航道、智慧港口、智慧民航、智慧邮政、智慧枢纽、新能源新材料行业应用)、助力信息基础设施建设(包括5G、北斗系统和遥感卫星应用、网络安全保护、数据中心、人工智能)、完善行业创新基础设施(包括科技研发)等行动计划,建设交通运输领域新型基础设施。

由此可见,包含城际高速铁路和城际轨道交通在内的交通领域新型基础设施也是未来“新基建”的核心领域。面向新型基础设施建设巨大的市场需求、技术需求和应用需求,推动新型基础设施供给体系与治理机制研究也仍是未来研究的热点之一。与“铁路、公路、机场”等传统基础设施相比,新型基础设施具有更加丰富多元的创新链、产业链、价值链和延展性。尤其伴随着新型基础设施的数字化、信息化、智能化发展趋势,包含信息基础设施、融合基础设施、创新基础设施的新型基础设施与产业转型升级、社会民生、未来生活、空间结构等联系将更加紧密。在这种多元、跨界、融合等背景下,构建更有效力、更有活力、更有潜力的新型基础设施供给体系和运营服务机制将更为重要,也值得更加深入的研究。

2. 多模式城际公共交通的社会资本引入机制研究

城市和区域基础设施分为公共基础设施和专项基础设施。由于基础设施通常具有公共利益属性以及投资强度高、投资回报周期长和不稳定等特点，一直以来，多层级政府是基础设施投融资和建设的主体。社会资本参与城市和区域基础设施的积极性和稳定性较低。随着我国社会经济领域逐步从计划性经济向市场化经济转型以及政府与社会资本合作(PPP)机制不断完善，社会资本参与基础设施建设和运营的比例不断增加。2019年，中共中央、国务院印发《关于营造更好发展环境支持民营企业改革发展的意见》(中发〔2019〕49号)，提出了"营造公平竞争的市场环境、政策环境、法治环境，确保权利平等、机会平等、规则平等"的原则，进一步激发民营企业的活力和创造力，及其在推进供给侧结构性改革、高质量发展和建设现代化经济体系的作用。在遵循市场规律和市场机制的基础上，民营企业和社会资本在推动社会经济发展、技术创新、增加就业和改善社会民生等领域具有不可替代的重要作用。2020年政府工作报告提出了健全市场化投融资机制，支持民营企业平等参与(新型)基础设施的需求。

多模式城际公共交通是基础设施和公共服务核心领域之一。随着传统政府主导的公共交通领域逐步放开，交通领域的政府与社会资本合作的逐步完善，吸引社会资本，充分发挥社会资本的技术优势、资金优势和管理优势，成为城际公共交通高质量发展的重要方向之一。2020年6月，国家发展和改革委员会、财政部等12个部门联合引发《关于支持民营企业参与交通基础设施建设发展的实施意见》(发改基础〔2020〕1008号)，提出不断优化体制机制，构建民营企业广泛参与和合理盈利的参与机制，通过合理设置资格条件，破除市场准入壁垒，完善交通领域规划和制度、拓展民营企业参与领域、减轻企业负担及多要素资源保障、强化有效沟通交流机制等方面的创新，不断助推社会资本对交通基础设施发展质量和发展效率提升的支撑性作用。

3. 多模式城际公共交通的社会经济综合效应研究

基础设施建设和运营能产生多样化的社会经济与空间效应，这也是对评估基础设施投融资与建设效果的重要体现。综合交通投资和运营有助于改善各地区之间的交通状况，从而在宏观的经济贸易、产业联系和区位选择以及微观层面的机动性和可达性改善等方面都能对社会经济增长产生显著的推动作用。例如，交通投资有利于经济增长和经济活动的空间集聚，但考虑空间自相关的影响之后，交通投资对经济增长的程度有所降低，但无论是交通对经济的增长效应和空间集聚效应都呈现了较大幅度的时间空间差异；与此同时，在交通投资与经济增长的效应路径上，交通投资对经济增长的直接效应较低，更多的是通过增加关联产业投资、促进就业增长、推动城镇化建设等多样化间接效应产生影响(林雄斌等,2018)。因此,深化研究领域和研究方法,测度多模式城际公共交通的社会经济效应及其时空差异,对充分理解交通投资效率及其对高质量发展的支撑具有重要意义。

一方面,在研究领域上,应不断强化交通投资对社会、经济、空间及其多时空尺度的综合影响。例如,在微观层面上,充分理解交通投资如何影响个体、家庭、社区等多种属性单元的交通模式选择、职住平衡以及公共服务可达性变化的机理;在中观层面上,研究交通投资对劳动力和就业、关联领域投资、产业转型升级、社会经济发展等产生的影响,以及这种影响在不同空间尺度、不同时间尺度的差异;在宏观层面上,研究交通投资如何影响地区之间的社会经济联系、贸易与空间结构。这些都有助于理解综合交通投资的社会、经济与空间影响机理。另一方面,在研究方法上,由于交通投资与社会经济增长之间具有显著的时空联系,并且也会与其他社会经济要素(如产业、劳动力等)产生交互作用,因此需要建立更加合理有效的方法和量化模型,如考虑空间相互作用的定量模型、结构方程模型、非线性模型等,从而精准识别多模式城际交通的综合效应及其时空差异。

4. 面向"善治"的城际公共交通多层级治理研究

党的十八届三中全会提出"推进国家治理体系和治理能力现代化。"党的十九届四中全会进一步将"坚持和完善中国特色社会主义制度、推进国家治理体系和治理能力现代化"作为一项重大战略任务。由于城际公共交通具有公共产品属性且跨越不同层级的政府,因此,兼顾城际公共交通的外部性影响,需要建立包含多元责任主体的多层级治理机制,不断推动城际公共交通投融资、建设和运营等多个阶段的综合治理体系及交通治理能力现代化。由于公共交通具有公共利益属性和规模报酬递增特点,在满足一定交通需求和运营标准的前提下,公共交通需要一定程度的政府干预(如财政补贴、征税或授权)来推动城际公共交通发展的经济效率(Chen, Achtari and Majkut, et al., 2017),一方面用来维持交通运营的平均成本,降低亏损水平;另一方面则有助于提升公共交通的竞争力,从而降低私人交通蔓延及其对城市空间的负外部性。此外,政府干预也有助于推动城际公共交通正外部效益的内部化,如公共交通能带来一定程度的可达性改善和土地增值,通过政府干预和政策统筹有助于实现溢价捕获。与此同时,随着城际公共交通领域逐步向私营企业和社会资本开放,也需要进一步实施多层级治理机制,充分遵守市场规律,不断发挥资本在公共交通投融资、建设和运营等环节的积极作用。例如,考虑到乡村地区人口分散与需求不均衡状况,一些地区往往将城乡公交授权给私营企业或个体,若合并公交服务范围重复的供给者能提升运营效率(Ripplinger and Bitzan, 2018),但这一目标的实现有赖于构建合理有效的多层级治理体系与治理机制。

参考文献

Ahmadabadi A A, Heravi G. The effect of critical success factors on project success in Public-Private Partnership projects: A case study of highway projects in Iran [J]. Transport Policy, 2019, 73: 152—161.

Ansari A H. Cream skimming? Evaluating the access to Punjab's public-private partnership programs in education [J]. International Journal of Educational Development, 2020, 72: 102—126.

Bajic V. The effects of a new subway line on housing prices in metropolitan Toronto [J]. Urban Studies, 1983, 20(2): 147—158.

Banister D, Berechman Y. Transport investment and the promotion of economic growth [J]. Journal of Transport Geography, 2001, 9(3): 209—218.

Borck R, Wrede M. Subsidies for intracity and intercity commuting [J]. Journal of Urban Economics, 2009, 66(1): 25—32.

Brenner N. New urban spaces: Urban theory and the scale question [M]. New York: Oxford University Press, 2019.

Brülhart M, Crozet M, Koenig P. Enlargement and the EU Periphery: The Impact of Changing Market Potential [J]. World Economy, 2004, 27(6): 853—875.

Carmona M. The formal and informal tools of design governance [J]. Journal of Urban Design, 2017, 22(1): 1—36.

Cervero R. The Transit Metropolis: A Global Inquiry [M]. Island Press, 1998.

Cervero R, Ferrell C, Murphy S. Transit-oriented development and joint development in the United States: A literature review [J]. TCRP research results digest, 2002 (52): 36—41.

Chang Z. Public-private partnerships in China: A case of the Beijing No. 4 Metro line [J]. Transport Policy, 2013, 30: 153—160.

Chen C, Achtari G, Majkut K, et al. Balancing equity and cost in rural transportation management with multi-objective utility analysis and data envelopment analysis: A case of Quinte West [J]. Transportation Research Part A: Policy & Practice, 2017, 95: 148—165.

Chen C, Hubbard M. Power relations and risk allocation in the governance of public private partnerships: A case study from China [J]. Policy and Society, 2012, 31(1): 39—49.

Chen C, Vickerman R. Can transport infrastructure change regions' economic fortunes? Some evidence from Europe and China [J]. Regional Studies, 2017, 51(1): 144—160.

Choudhury C F, Ayaz S B. Why live far? Insights from modeling residential location choice in Bangladesh [J]. Journal of Transport Geography, 2015, 48: 1—9.

Comendeiro-Maaløe M, Ridao-López M, Gorgemans S, et al. A comparative performance analysis of a renowned public private partnership for health care provision in Spain between 2003 and 2015 [J]. Health Policy, 2019, 123(4): 412—418.

Damm D, Lerman S R, Lerner-Lam E, et al. Response of urban real estate values in anticipation of the Washington Metro [J]. Journal of Transport Economics and Policy, 1980, 18: 315—336.

Davis D D, Robert J R. Do Too Many Cooks Always Spoil the Stew? An Experimental Analysis of Rent-Seeking and the Role of a Strategic Buyer [J]. Public Choice, 1998, 95(1): 89—115.

De Borger B. Special issue "The political economy of transport decisions" [J]. Economics of Transportation, 2018, 13: 1—3.

De Borger B, Proost S. The political economy of public transport pricing and supply decisions [J]. Economics of Transportation, 2015, 4(1—2): 95—109.

Debrezion G, Pels E, Rietveld P. The impact of rail transport on real estate prices: An empirical analysis of the Dutch housing market [R]. Tinbergen Institute Discussion Paper TI 2006-031/3, 2006.

Dewees D N. The effect of a subway on residential property values in Toronto [J]. Journal of Urban Economics, 1976, 3(4): 357—369.

Dickens M. Value capture for public transportation projects: Examples [R]. American Public Transportation Association, 2015.

Elinbaum P, Galland D. Analysing Contemporary Metropolitan Spatial Plans in Europe Through Their Institutional Context, Instrumental Content and Planning Process [J]. European Planning Studies, 2016, 24(1): 181—206.

Feder C. Decentralization and spillovers: A new role for transportation infrastructure [J]. Economics of Transportation, 2018, 13: 36—47.

Ferreira D C, Marques R C. Public-private partnerships in health care services: Do they outperform public hospitals regarding quality and access? Evidence from Portugal [J]. Socio-Economic Planning Sciences, 2020, 10: 79—81.

Glaeser E L, Ponzetto G A M. The political economy of transportation investment [J]. Economics of Transportation, 2018, 13: 4—26.

Goldsmith Michael. 城市治理 [M]. 见:城市研究手册,Paddison Ronan,上海:格致出版社,上海人民出版社,2009.

Grass R G. The estimation of residential property values around transit station sites in Washington, DC [J]. Journal of Economics and Finance, 1992, 16(2): 139—146.

Handy S. Review: the transit metropolis: A global inquiry [J]. Journal of Planning Education and Research, 1999, 19(1): 107—109.

Hanson S, Giuliano G. The geography of urban transportation [M]. Guilford Press, 2004.

Healey P. Building institutional capacity through collaborative approaches to urban planning [J]. Environment and Planning A, 1998(3): 1531—1546.

Hoffer J A, Sobel S R. Protectionism among the States: How Preference Policies Undermine Competition [R]. Mercatus Working Paper, 2015.

Johnson B E. American intercity passenger rail must be truly high-speed and transit-oriented [J]. Journal of Transport Geography, 2012, 22: 295—296.

Johnson C M. Cross-border regions and territorial restructuring in central Europe [J]. European urban and regional studies, 2009, 16(2): 15—35.

Junge J R, Levinson D. Financing transportation with Land value taxes: Effects on development Intensity [J]. Journal of Transport and Land Use, 2012, 5(1): 49—63.

Jussila Hammes J, Nilsson J. The allocation of transport infrastructure in Swedish municipalities: Welfare maximization, political economy or both? [J]. Economics of Transportation, 2016, 7: 53—64.

Kaufmann D, Kraay A. Growth without Governance [R]. The World Bank, World Bank Institute and Development Research Group, 2002.

King C. Regional transit institutional analysis: Review and implications [R]. 2007.

Krugman P. Increasing returns and economic geography [J]. Journal of Political Economy, 1991, 99(3): 483—499.

Levinson D M, Zhao J. Introduction to the special issue on value capture for transportation finance [J]. Journal of Transport and Land Use, 2012, 5(1): 1—3.

Li G, Luan X, Yang J, et al. Value capture beyond municipalities: Transit-oriented development and inter-city passenger rail investment in China's Pearl River Delta [J]. Journal of Transport Geography, 2013, 33: 268—277.

Li X, Love P E D. Employing land value capture in urban rail transit public private partnerships: Retrospective analysis of Delhi's airport metro express [J]. Research in Transportation Business & Management, 2019, 32: 100431.

Liang Q, Hu H, Wang Z, et al. A game theory approach for the renegotiation of Public-Private Partnership projects in Chinese environmental and urban governance industry [J]. Journal of Cleaner Production, 2019, 238: 117952.

Lin X, Yang J, Maclachlan I. High-speed rail as a solution to metropolitan passenger mobility: The case of Shenzhen-Dongguan-Huizhou metropolitan area [J]. Journal of Transport and Land Use, 2018, 11(1): 1257—1270.

Liu Y, Li Y, Zhang B, et al. Launching transit metropolises [J]. World Drivers, 2012, 6(12): 52—61.

Marion J. Are bid preferences benign? the effect of small business subsidies in highway procurement auction [J]. Journal of Public Economics, 2007, 91(7): 1591—1624.

Marques I, Remington T, Bazavliuk V. Encouraging skill development: Evidence from public-private partnerships in education in Russia's regions [J]. European Journal of Political Economy, 2020, 63: 101888.

Marra M. What coordination mechanisms work to manage regional development programmes? Insights from Southern Italian regions [J]. European Urban and Regional Studies, 2014, 21(3): 254—271.

Mathur S, Waddell P, Blanco H. The effect of impact fees on the price of new single-family housing [J]. Urban Studies, 2004, 41(7): 1303—1312.

Mathur S. Sale of development rights to fund public transportation projects: Insights from Rajkot, India, BRTS project [J]. Habitat International, 2015, 50: 234—239.

Mathur S, Smith A. Land value capture to fund public transportation infrastructure: Examination of joint development projects' revenue yield and stability [J]. Transport Policy, 2013, 30: 327—335.

Medda F. Land value capture finance for transport accessibility: A review [J]. Journal of Transport Geography, 2012, 25: 154—161.

Mohino I, Loukaitou-Sideris A, Urena J M. Impacts of high-speed rail on metropolitan integration: An examination of London, Madrid and Paris [J]. International Planning Studies, 2014, 19: 28—36.

Molotch H. The city as a growth machine: Toward a political economy of place [J]. American Journal of Sociology, 1976, 82(2): 309—332.

Mu R, Jong M D, Koppenjan J. The rise and fall of Public-Private Partnerships in China: A path-dependent approach [J]. Journal of Transport Geography, 2011, 19(4): 794—806.

Niebuhr A, Stiller S. Integration effects in border regions: A survey of economic theory and empirical studies [R]. HWWA Discussion Paper, 2004.

Niedzielski M A, Malecki E J. Making tracks: Rail networks in world cities [J]. Annals of the Association of American Geographers, 2012, 102(6): 1409—1431.

Nunn S, Rosentraub M S. Dimensions of interjurisdictional cooperation [J]. Journal of the American Planning Association, 1997, 63(2): 205—219.

Ogura L M. Effects of urban growth controls on intercity commuting [J]. Urban Studies, 2010, 47(10): 2173—2193.

Ou X, Zhang G, Chang X Y. Renewal and development of intercity passenger rail system: A case of China [J]. Transportation Research Record, 2018(2546): 53—59.

Parks R B, Oakerson R J. Metropolitan organization and governance: A local public economy approach [J]. Urban Affairs Quarterly, 1989, 25(1): 18—29.

Peltzman S. Toward a more general theory of regulation [J]. Journal of Law and Economics,

1976，19(2)：211—240.

Perkmann M. The construction of new scales：A Framework and case study of the EUREGIO cross-border region [R]. CSGR Working Paper No. 165/05，2005.

Perkmann M. Construction of new territorial scales：A framework and case study of the EUREGIO Cross-border Region [J]. Regional Studies，2007，41(2)：253—266.

Puget Sound Regional Council. Transportation 2040：Toward a sustainable transportation System [R]. 2010.

Puget Sound Regional Council. VISION 2040 [R]. 2009.

Puget Sound Regional Council. Amazing place：Growing jobs and opportunity in the central Puget Sound region [R]. 2017a.

Puget Sound Regional Council. Regional open space conservation plan update [R]. 2017b.

Puget Sound Regional Council. The growing transit communities strategy [R]. 2013.

Puget Sound Regional Council. Coordinated transit-human services transportation plan：Covering federal fiscal years 2015—2018 [R]. 2014.

Puget Sound Regional Council. Transit-Supportive Densities and Land Uses：A PSRC Guidance Paper [R]. 2015.

Ripplinger D G，Bitzan J D. The cost structure of transit in small urban and rural U. S. communities [J]. Transportation Research Part A：Policy and Practice，2018，117：176—189.

Rouhani O M，Geddes R R，Do W，et al. Revenue-risk-sharing approaches for public-private partnership provision of highway facilities [J]. Case Studies on Transport Policy，2018，6(4)：439—448.

Schiff M，Winters A. Regional Integration and development [R]. World Bank Publications，2003.

Sciara G. Metropolitan transportation planning：Lessons from the past，institutions for the future [J]. Journal of the American Planning Association，2017，83(3)：262—276.

Smith J J，Gihring T A. Financing transit systems through value capture：An annotated bibliography [J]. American Journal of Economics and Sociology，2006，65(3)：751—786.

Sound Transit. Sounder Station Access Study [R]. 2012.

Sound Transit. Sound Transit 2017 Adopted Budget [R]. 2016.

Sperry B R，Taylor J C，Roach J L. Economic impacts of amtrak intercity passenger rail service in Michigan [J]. Transportation Research Record：Journal of the Transportation Research Board，2018，2374(1)：17—25.

Sperry B R，Warner J E，Pearson R G. Examining the characteristics of intercity bus passengers in Michigan [J]. Transportation Research Record：Journal of the Transportation Research Board，2018，2418(1)：116—122.

Sresakoolchai J，Kaewunruen S. Comparative studies into public private partnership and traditional investment approaches on the high-speed rail project linking 3 airports in Thailand [J]. Transportation Research Interdisciplinary Perspectives, 2020, 5: 100116.

U. S. Department of Transportation. A summary of intermodal surface transportation efficiency act of 1991 [R]. 1991.

Voith R. Transportation, sorting and house values [J]. Journal of American Real Estate Urban Economic Association, 1991, 19(2): 117—137.

Ward K. Rereading urban regime theory: A sympathetic critique [J]. Geoforum, 1996, 27 (4): 427—438.

Wheeler S M. The new regionalism: Key characteristics of an emerging movement [J]. Journal of the American Planning Association, 2002, 68(3): 267—278.

Wheeler S. Review: The transit metropolis: A global inquiry [J]. Berkeley Planning Journal, 2000, 14(1): 133—135.

Xiao Z, Lam J S L. Willingness to take contractual risk in port public-private partnerships under economic volatility: The role of institutional environment in emerging economies [J]. Transport Policy, 2019, 81: 106—116.

Xiao Z, Lam J S L. The impact of institutional conditions on willingness to take contractual risk in port public-private partnerships of developing countries [J]. Transportation Research Part A: Policy and Practice, 2020, 133: 12—26.

Xiong W, Chen B, Wang H, et al. Public-private partnerships as a governance response to sustainable urbanization: Lessons from China [J]. Habitat International, 2020, 95: 10—20.

Xu X, Li S. China's open door policy and urbanization in the Pearl River Delta region [J]. International Journal of Urban and Regional Research, 1990, 14(1): 49—69.

Xue Y, Wang G. Analyzing the evolution of cooperation among different parties in river water environment comprehensive treatment public-private partnership projects of China [J]. Journal of Cleaner Production, 2020, 12: 11—18.

Yang J, Chen J, Le X, et al. Density-oriented versus development-oriented transit investment: Decoding metro station location selection in Shenzhen [J]. Transport Policy, 2016, 51: 93—102.

Yang J, Fang C, Ross C, et al. Assessing China's megaregional mobility in a comparative context [J]. Transportation Research Record, 2011(2244): 61—68.

Yang J, Lin X, Xie Y. Intercity Transportation planning in China: Case of the Guangzhou-Foshan metropolitan area [J]. Transportation Research Record: Journal of the Transportation Research Board, 2015, 2512: 73—80.

Ye L. Urban transformation and institutional policies: Case study of mega-region development in China's Pearl River Delta [J]. Journal of Urban Planning and Development, 2013, 139 (4): 292—300.

Yu N, de Jong M, Storm S, et al. Spatial spillover effects of transport infrastructure: evidence from Chinese regions [J]. Journal of Transport Geography, 2013, 28: 56—66.

Yu N, De Jong M, Storm S, et al. The growth impact of transport infrastructure investment: A regional analysis for China (1978—2008) [J]. Policy and Society, 2012, 31(1): 25—38.

Zhang M. Chinese edition of transit-oriented development [J]. Transportation Research Record: Journal of the Transportation Research Board, 2007(2038): 120—127.

Zhao Z J, Larson K. Special assessments as a value capture strategy for public transit finance [J]. Public Works Management & Policy, 2011, 16(4): 320—340.

Zhao Z, Iacono M, Lari A, et al. Value capture for transportation finance [J]. Procedia—Social and Behavioral Sciences, 2009, 48(64): 1—3.

Zhu Z, Zhang A, Zhang Y. Connectivity of intercity passenger transportation in China: A multi-modal and network approach [J]. Journal of Transport Geography, 2018, 71: 263—276.

鲍静,张勇进.政府部门数据治理：一个亟需回应的基本问题 [J]. 中国行政管理，2017(4): 28—34.

边晓慧.跨区域治理的制度困境与突破策略:公共管理的视角 [J].湖南城市学院学报，2014(1):28—33.

财政部.关于印发政府和社会资本合作模式操作指南(试行)的通知 [R].2014.

蔡岚.我国地方政府间合作困境研究述评 [J].学术研究，2009(9):50—56.

曹传新.中心城市区域化的空间形态、价值与路径研究 [J].规划师，2013(8):81—85.

曹海军,霍伟桦.城市治理理论的范式转换及其对中国的启示 [J].中国行政管理，2013(7): 94—99.

曹小曙,薛德升,阎小培.中国干线公路网络连接的城市通达性 [J].地理学报，2005(6): 25—32.

曹佳,齐岩.城际公交一体化发展模式研究 [J].综合运输，2013(10):56—59.

陈舸.中国城市轨道交通协会专家学术委调研温州市域铁路 S1 线示范工程 [J].城市轨道交通，2018(5):28—29.

陈柯冰,聂磊.我国城际铁路运营管理模式探讨 [J].综合运输，2016,38(9):34—38.

陈梦娇,胡昊,周航.轨道交通建设中的土地溢价回收模式 [J].上海交通大学学报，2011,45(10):1571—1576.

陈琴.杭绍台高铁 PPP 突破何在 [J].新理财(政府理财)，2017(10):39—40.

陈航,张文尝,金凤君,等.中国交通地理 [M].北京:科学出版社,2000.

陈浩,张京祥,吴启焰.转型期城市空间再开发中非均衡博弈的透视:政治经济学的视角 [J].城市规划学刊，2010(5):33—40.

陈鸿宇,郭超."广佛都市圈"的形成和发展动因分析:对广州、佛山产业结构变动的实证研究

[J]. 广东经济，2006(1):19—23.

陈静. “杭绍台高铁项目”正式签约，民营资本控股. https://www.sohu.com/a/191257574_123753，2019-06-08

陈韶章. 关于区域快速轨道交通的探讨 [J]. 都市快轨交通，2010,23(1):29—33.

陈剩勇，马斌. 区域间政府合作:区域经济一体化的路径选择 [J]. 政治学研究，2004(1):24—34.

陈树荣. 跨界冲突-协调的空间模式与策略:以太原经济圈为例 [J]. 城市问题，2010(4):79—83.

陈树荣，王爱民. 隐性跨界冲突及其协调机制研究:以珠江三角洲地区为例 [J]. 现代城市研究，2009(4):26—31.

陈思含. 市域铁路的“温州示范” [J]. 决策，2017(10):47—49.

陈先华. 铁路运营亏损补偿途径探寻:以浙江省为例 [J]. 财会月刊，2016(29):55—59.

程楠，荣朝和，盛来芳. 美国交通规划体制中的大都市区规划组织 [J]. 国际城市规划，2011,26(5):85—89.

崔功豪. 区域分析与区域规划(第二版) [M]. 北京:高等教育出版社，2006.

丁志伟，王发曾. 城市-区域系统内涵与机理研究:从城市、城市体系、城市群到城市-区域系统 [J]. 人文地理，2012,27(2):92—96.

丁建宇. 温州市域铁路发展与思考 [J]. 都市快轨交通，2018,31(4):6—10.

董磊，王浩，赵红蕊. 城市范围界定与标度律 [J]. 地理学报，2017,72(2):213—223.

董黎明. 温州市域城镇体系规划构想 [J]. 地理学报，1987(03):252—259.

段德罡，刘亮. 同城化空间发展模式研究 [J]. 规划师，2012,28(5):91—94.

樊慧霞. 房地产税溢价回收功能对地方政府的激励效应分析 [J]. 经济论坛，2010(8):21—23.

方创琳. 中国城市群研究取得的重要进展与未来发展方向 [J]. 地理学报，2014(8):1130—1144.

方创琳. 城市群空间范围识别标准的研究进展与基本判断 [J]. 城市规划学刊，2009(3):1—5.

方创琳. 中国城市群形成发育的政策影响过程与实施效果评价 [J]. 地理科学，2012,32(3):257—264.

方创琳. 中国城市群形成发育的新格局及新趋向 [J]. 地理科学，2011,31(9):1025—1034.

方创琳. 京津冀城市群协同发展的理论基础与规律性分析 [J]. 地理科学进展，2017,36(1):15—24.

冯邦彦，尹来盛. 城市群区域治理结构的动态演变:以珠江三角洲为例 [J]. 城市问题，2011(7):11—15.

冯年华. 苏锡常区域整合及其协调机制研究 [J]. 地域研究与开发，2004,33(3):4—7.

冯启富. 关于京津城际轨道交通“公交化”的研究 [J]. 铁道经济研究，2006(3):28—31.

冯长春,谢旦杏,马学广,等. 基于城际轨道交通流的珠三角城市区域功能多中心研究 [J]. 地理科学，2014(6):648—655.

复星国际有限公司. 复星国际有限公司 2019 年报 [R]. 2020.

傅志寰,陆化普. 城市群交通一体化:理论研究与案例分析 [M]. 北京:人民交通出版社,2016.

龚萍,郑焕坚. 东莞惠州首条跨市公交开通 3 个月亏损 40 万. http://news.southcn.com/dishi/zsj/content/2009-08/07/content_5507323.htm，2020-03-28

顾朝林. 城市群研究进展与展望 [J]. 地理研究，2011(5):771—784.

广州交通基础设施建设对策研究联合课题组. 广州交通基础设施建设对策研究(下) [J]. 广东交通运输，1998(3):31—35.

广州市政府,佛山市政府. 广佛同城化合作建设框架协议 [R]. 2009.

国家发展和改革委员会,交通运输部,中国铁路总公司. 关于印发《中长期铁路网规划》的通知 [R]. 2016.

国家发展和改革委员会. 关于浙江省都市圈城际铁路规划的批复(发改基础〔2014〕2865 号) [R]. 2014.

国家发展和改革委员会,交通运输部. 城镇化地区综合交通网规划 [R]. 2015.

国家发展和改革委员会. 关于成渝地区城际铁路建设规划(2015—2020 年)的批复(发改基础〔2015〕2124 号) [R]. 2015a.

国家发展和改革委员会. 关于福建省海峡西岸城际铁路建设规划(2015—2020 年)的批复(发改基础〔2015〕2123 号) [R]. 2015b.

国家发展和改革委员会. 关于皖江地区城际铁路建设规划(2015—2020 年)的批复(发改基础〔2015〕2182 号) [R]. 2015c.

国家发展和改革委员会. 关于宁夏回族自治区沿黄经济区城际铁路建设规划(2015—2020 年)的批复(发改基础〔2015〕2126 号) [R]. 2015d.

国家发展和改革委员会. 关于做好社会资本投资铁路项目示范工作的通知(发改基础〔2015〕3123 号) [R]. 2015e.

国家发展和改革委员会. 关于改革完善高铁动车组旅客票价政策的通知(发改价格〔2015〕3070 号) [R]. 2015f.

国家发展和改革委员会. 关于京津冀地区城际铁路网规划的批复(发改基础〔2016〕2446 号) [R]. 2016.

国家发展和改革委员会,广东省人民政府,香港特别行政区政府,等. 深化粤港澳合作推进大湾区建设框架协议 [R]. 2017.

国家发展和改革委员会. 关于广西北部湾经济区城际铁路建设规划(2019—2023 年)的批复(发改基础〔2018〕1861 号) [R]. 2018a.

国家发展和改革委员会. 关于江苏省沿江城市群城际铁路建设规划(2019—2025 年)的批复(发改基础〔2018〕1911 号) [R]. 2018b.

国家发展和改革委员会.关于粤东地区城际铁路建设规划的批复(发改基础〔2018〕687 号)[R]. 2018c.

国家发展和改革委员会.关于粤港澳大湾区城际铁路建设规划的批复(发改基础〔2020〕1238 号)[R]. 2020.

国家铁路局. 2017 年铁道统计公报. http://www.nra.gov.cn/xwzx/zlzx/hytj/201804/t20180412_55248.shtml, 2020-04-08

国家铁路局. 国家铁路局主要职责. http://www.nra.gov.cn/zzjg/zyzz/201308/t20130824_380.shtml, 2020-06-07

国家统计局.中国统计年鉴 [M].北京:中国统计出版社,2016.

国务院.国务院关于鼓励支持和引导个体私营等非公有制经济发展的若干意见(国发〔2005〕3 号)[R]. 2005.

国务院办公厅.关于进一步加强城市轨道交通规划建设管理的意见(国办发〔2018〕52 号)[R]. 2018.

韩会然,焦华富,王荣荣.基于新区域主义视角的滨州市城镇化水平区域差异研究 [J].小城镇建设,2010(8):54—59.

何雪松.社会理论的空间转向 [J].社会,2006(2):34—48.

贺丹,张维,别俊容,等.城际公交运营管理模式研究 [J].公路与汽运,2011(1):43—45.

洪世键.基于新区域主义的我国大都市区管治转型探讨 [J].国际城市规划,2010(2):85—90.

洪世键,张京祥.基于调控机制的大都市区管治模式探讨 [J].城市规划,2009,33(6):9—12.

胡兆量.温州模式的特征与地理背景 [J].经济地理,1987(1):19—24.

黄庆潮,池利兵,汤宇轩,等.区域城际轨道交通功能定位与建设标准 [J].城市交通,2010(04):60—66.

黄玮.中心·走廊·绿色空间:大芝加哥都市区 2040 区域框架规划 [J].国外城市规划,2006(4):46—52.

黄伟,周江评,谢茵.政府、市场和民众偏好:洛杉矶公共交通发展的经验和启示 [J].国际城市规划,2012,27(6):103—108.

黄仰鹏. 深莞惠跨市公交今运行. http://news.takungpao.com/paper/q/2014/0610/2525863.html, 2020-04-05

惠州本地宝. 厦深铁路深汕捷运化列车运营方案确定. http://huizhou.bendibao.com/news/2016921/82648.shtm, 2020-07-08

惠州日报. 惠州 208 路跨市公交车停在了原定终点站:深惠交界处站. https://m.zhaoshang800.com/news/21123.html, 2019-12-15

姜海宁,谷人旭.边界区域整合理论研究综述 [J].工业技术经济,2010,29(3):118—123.

交通运输部.2018 年交通运输行业发展统计公报 [R]. 2019.

交通运输部. “十三五”交通投资将达 15 万亿元. http://finance.sina.com.cn/roll/2017-02-

28/doc-ifyavwcv9136677.shtml，2018-11-13

焦敬娟，王姣娥，金凤君，等.高速铁路对城市网络结构的影响研究：基于铁路客运班列分析[J].地理学报，2016(2)：265—280.

焦张义，孙久文.我国城市同城化发展的模式研究与制度设计[J].现代城市研究，2011(6)：7—10.

金凤君，戴特奇，王姣娥.中国交通投资经济效应的量化甄别[J].铁道学报，2005，27(3)：9—14.

金凤君，王成金，李秀伟.中国区域交通优势的甄别方法及应用分析[J].地理学报，2008(8)：787—798.

经济参考报.亚行报告：亚洲基础设施年需求有望达1.7万亿美元.http://jjckb.xinhuanet.com/2017-03/01/c_136092724.htm，2019-05-04

柯文前，陈伟，杨青.基于高速公路流的区域城市网络空间组织模式：以江苏省为例[J].地理研究，2018(09)：1832—1847.

兰建平.以数字化引领浙江经济高质量发展——2018年数字经济回顾[J].浙江经济，2018(24)：23—24.

赖昭华.惠莞深都市圈政府合作机制研究[D].中山大学硕士学位论文，2010.

乐晓辉，陈君娴，杨家文.深圳轨道交通对城市空间结构的影响：基于地价梯度和开发强度梯度的分析[J].地理研究，2016，35(11)：2091—2104.

李红，张平宇，刘文新.基于新区域主义的城市群制度整合研究——以辽宁中部城市群为例[J].地域研究与开发，2010(5)：45—49.

李金炉.苏州轨道交通融资模式的探讨[J].公用事业财会，2013(1)：32—35.

李郇，殷江滨.国外区域一体化对产业影响研究综述[J].城市规划，2012(5)：91—96.

李耀鼎，朱洪，程杰.国内城际公交发展案例分析[J].交通与运输，2012(2)：26—28.

李远.联邦德国区域规划的协调机制[J].城市问题，2008(3)：92—96.

李鹏.杭绍台铁路项目的建设意义[J].中国招标，2017(50)：21—22.

李玉涛，荣朝和.交通规划与融资机制的演变：美国高速公路百年史回顾[J].地理研究，2012(5)：922—930.

廖朝明.杭绍台高铁：民资控股下的PPP项目范本[J].中国财政，2017(23)：32—33.

栗焱.浅谈市域铁路建设对城市发展的促进作用：以温州市域铁路S1线沿线物业开发为例[J].铁道建筑技术，2014(6)：152—156.

林耿，许学强.大珠三角区域经济一体化研究[J].经济地理，2005(5)：677—681.

林先扬，陈忠暖，蔡国田.国内外城市群研究的回顾与展望[J].热带地理，2003(1)：44—49.

林雄斌，马学广，晁恒，等.珠江三角洲巨型区域空间组织与空间结构演变研究[J].人文地理，2014，29(4)：59—65.

林雄斌，杨家文，孙东波.都市区跨市公共交通规划与空间协同发展：理论、案例与反思[J].经济地理，2015，35(9)：40—48.

林雄斌，杨家文，王峰. 都市圈内轨道交通跨市延伸的公交化区域构建 [J]. 都市快轨交通，2017，30(4)：1—7.

林雄斌，杨家文，谢莹. 同城化背景下跨市交通的规划与政策：以广佛同城为例 [J]. 国际城市规划，2015，30(4)：101—107.

林雄斌，杨家文. 中国交通运输投资及其经济溢出效应时空演化：1997—2013 年省级面板的实证 [J]. 地理研究，2016，35(9)：1727—1739.

林雄斌，杨家文，李贵才，等. 跨市轨道交通溢价回收策略与多层级管治：以珠三角为例 [J]. 地理科学，2016，36(2)：222—230.

林雄斌，杨家文，陶卓霖，等. 交通投资、经济空间集聚与多样化路径：空间面板回归与结构方程模型视角 [J]. 地理学报，2018，73(10)：1970—1984.

刘建军. 我国铁路体制改革后城际铁路发展对策 [J]. 综合运输，2014(10)：35—38.

刘莉. 武汉城市圈城际铁路运营及经营管理研究 [J]. 中国铁路，2013(8)：9—12.

刘超群，李志刚，徐江，等. 新时期珠三角“城市-区域”重构的空间分析：以跨行政边界的基础设施建设为例 [J]. 国际城市规划，2010(2)：31—38.

刘行健，Derudder Ben，吴康，等. 从城际交通网络的视角测度中国多中心城市的发展 [J]. 城乡规划，2017(4)：116—117.

刘金. 苏南地区区域交通与城市交通衔接战略研究 [J]. 城市交通，2010，8(6)：61—69.

刘君德. 中国行政区划的理论与实践 [M]. 上海：华东师范大学出版社，1996.

刘松龄. 跨界规划的实施问题与保障机制构建：以广佛同城规划为例 [J]. 现代城市研究，2012(4)：43—46.

刘巍巍. 溢价回收的港日模式比较 [J]. 上海国资，2011(18)：62—63.

刘魏巍. 城市轨道交通开发投融资革新模式：溢价回收的理论与实践 [M]. 北京：中国建筑工业出版社，2013.

刘卫东. 经济地理学与空间治理 [J]. 地理学报，2014，69(8)：1109—1116.

刘玉博，李鲁，张学良. 超越城市行政边界的都市经济区划分：先发国家实践及启示 [J]. 城市规划学刊，2016(5)：86—93.

刘铮. 都市主义转型：珠三角绿道的规划与实施[D]. 华南理工大学博士学位论文，2017.

龙婷婷. 杭绍台高速铁路 PPP 融资模式研究[D]. 西南交通大学硕士学位论文，2018.

鲁挺. 温州城市轨道交通 PPP 投融资模式研究[D]. 浙江理工大学硕士学位论文，2018.

陆锡明. 亚洲城市交通模式 [M]. 上海：同济大学出版社，2009.

罗震东，张京祥，罗小龙. 试论城市管治的模式及其在中国的应用 [J]. 人文地理，2002，17(3)：9—12.

马宏欣，徐士元. 浙江大湾区功能定位与实践举措 [J]. 中国经贸导刊(中)，2018(32)：16—18.

马祖琦. 公共投资的溢价回收模式及其分配机制 [J]. 城市问题，2011(3)：2—9.

马学广，李贵才. 经济圈战略下的区域跨界整合研究：以珠西地区为例 [J]. 地理与地理信息科学，2012,28(6):62—67.

马学广，李鲁奇．城际合作空间的生产与重构：基于领域、网络与尺度的视角 [J]. 地理科学进展，2017a(12):1510—1520.

马学广，李鲁奇．尺度政治中的空间重叠及其制度形态塑造研究——以深汕特别合作区为例 [J]. 人文地理，2017b,32(5):56—62.

梅伟霞．广佛同城的发展条件和障碍分析 [J]. 特区经济，2009(10):54—56.

美国城市土地协会．联合开发：房地产开发与交通的结合 [M]. 郭颖译．北京：中国建筑工业出版社，2003.

孟德友，陆玉麒．基于铁路客运网络的省际可达性及经济联系格局 [J]. 地理研究，2012(1):107—122.

闵国水．温州市域铁路 S1 线运输组织模式研究 [J]. 现代城市轨道交通，2012(6):91—94.

尼格尔・泰勒．1945 年后西方城市规划理论的流变 [M]. 北京：中国建筑工业出版社，2006.

《宁波市交通志(1991—2010)》编委会．宁波市交通志(1991—2010) [M]. 宁波：宁波出版社，2017.

潘海啸．面向低碳的城市空间结构：城市交通与土地使用的新模式 [J]. 城市发展研究，2010(1):40—45.

潘海啸，陈国伟．轨道交通对居住地选择的影响：以上海市的调查为例 [J]. 城市规划学刊，2009(5):71—76.

潘海啸，任春洋，杨眺晕．上海轨道交通对站点地区土地使用影响的实证研究 [J]. 城市规划学刊，2007(4):92—97.

彭震伟．区域研究与区域规划 [M]. 上海：同济大学出版社，1998.

坪山区政府．2018 年深圳市坪山区交通轨道建设办公室部门预算．http://www.szpsq.gov.cn/gbmxxgk/jtgdjsbgs/zjxx/czyjs/201803/t20180302_10817965.htm，2019-11-19

齐岩，曹佳，王永华．基于一体化发展的深莞惠城际公交发展对策 [J]. 综合运输，2012(11):78—81.

曲思源．利用铁路既有线开行宁波—余姚市域列车运营组织分析 [J]. 铁道经济研究，2018(04):21—25.

瞿荣辉．利用萧甬铁路宁波段开行市郊列车可行性分析 [J]. 铁道工程学报，2017,34(2):16—20.

全永波．基于新区域主义视角的区域合作治理探析 [J]. 中国行政管理，2012(4):78—81.

上海市人民政府发展研究中心．长三角更高质量一体化发展路径研究 [M]. 上海：格致出版社，上海人民出版社，2020.

绍兴市发展和改革委员会．关于绍兴风情旅游新干线城际铁路运价的批复(绍市发改价〔2018〕8 号文) [R]. 2018.

深圳市政府．深圳(汕尾)产业转移 工业园合作共建机制 (深府办函〔2009〕77 号) [R]. 2009.

沈磊，赵艳莉，赵伟．次区域协调规划探索：宁波余慈地区为例 [J]. 国际城市规划，2008,22

(1):102—107.
施雯,王勇.欧洲空间规划实施机制及其启示 [J].规划师，2013,29(3):98—102.
宋唯维.市域铁路车辆段物业综合开发条件下站段关系的选择 [J].中国铁路，2015(6):101—104.
宋唯维,余攀.温州市域铁路系统制式研究 [J].中国铁路，2019(1):78—83.
孙玉变,胡昊.城市轨道交通开通运营阶段的溢价回收方法研究 [J].特区经济，2012(7):292—295.
孙会娟."大湾区"的来龙去脉及浙江的谋划 [J].浙江经济，2017(20):58—59.
台州日报.杭绍台高铁温岭至玉环段工程可研报告评审会召开 [R].2017.
台州日报.杭绍台高铁 PPP 建设的实践与思考. http://paper.taizhou.com.cn/tzrb/html/2018-01/24/content_878043.htm，2020-04-08
唐亚林.当代中国大都市治理的范式建构及其转型方略 [J].行政论坛，2016,23(4):19—24.
唐燕.德国大都市区的区域管治案例比较 [J].国际城市规划，2010(6):58—63.
唐彬,宁振华,李强,等.城际公交效果评估及运营机制研究 [J].交通节能与环保，2014(5):80—83.
陶希东.转型期跨省都市圈政府间关系重建策略研究:组织体制与政策保障 [J].城市规划，2007,31(9):9—16.
陶希东.中国跨界都市圈规划的体制重建与政策创新 [J].城市规划，2008(8):36—43.
田栋,王福强.国际湾区发展比较分析与经验借鉴 [J].全球化，2017(11):100—113.
王爱民,徐江,陈树荣.多维视角下的跨界冲突-协调研究:以珠江三角洲地区为例 [J].城市与区域规划研究，2010(2):132—145.
王成金.城际交通流空间流场的甄别方法及实证:以中国铁路客流为例 [J].地理研究，2009,28(6):1464—1475.
王达梅.新型地方政府合作模式研究:以广佛同城化为例 [J].城市观察，2011(1):166—174.
王德,干迪,朱查松,等.上海市郊区空间规划与轨道交通规划的协调性研究 [J].城市规划学刊，2012(1):17—22.
王德,宋煜,沈迟,等.同城化发展战略的实施进展回顾 [J].城市规划学刊，2009(4):74—78.
王国霞,蔡建明.都市区空间范围的划分方法 [J].经济地理，2008,28(2):191—195.
王健.宁波—余姚城际列车是如何做到全国首创的. http://zjnews.zjol.com.cn/zjnews/201706/t20170610_4199667.shtml，2020-02-09
王健,鲍静,刘小康,等."复合行政"的提出:解决当代中国区域经济一体化与行政区划冲突的新思路 [J].中国行政管理，2004(3):44—48.
王姣娥,焦敬娟,金凤君.高速铁路对中国城市空间相互作用强度的影响 [J].地理学报，2014(12):1833—1846.
王世福,赵渺希.广佛市民地铁跨城活动的空间分析 [J].城市规划学刊，2012(3):23—29.
王晓红.城际交通引导下的长三角城市群一体化研究 [J].学术论坛，2013,36(9):112—118.

王兴平，赵虎. 沪宁高速轨道交通走廊地区的职住区域化组合现象：基于沪宁动车组出行特征的典型调研 [J]. 城市规划学刊，2010(01)：85—90.

王辉，李占平. 京津冀跨区域轨道交通一体化的实现路径 [J]. 河北学刊，2015(1)：146—149.

王凯，倪少权，陈钉均，等. 地铁运营模式在城际铁路的应用研究 [J]. 交通运输工程与信息学报，2016(2)：116—121.

王婉莹. 城际铁路功能定位及特性研究 [J]. 铁道工程学报，2017(6)：74—77.

温州市规划局. 温州市域铁路 S1 线一期工程规划选址意见书调整情况说明 [R]. 2017.

温州市人民政府. 温州市城市总体规划(2003—2020 年)(2017 年修订) [R]. 2018.

温州市铁路与轨道交通投资集团有限公司. 浙江省温州市市域铁路线路规划情况. https://www.wzmtr.com/Art/Art_104/Art_104_7008.aspx，2019-10-12

温州市统计局. 2019 年温州市国民经济和社会发展统计公报 [R]. 2020.

吴佳. 跨市公交之痛. http://news.youth.cn/jsxw/201412/t20141226_6344568.htm，2019-10-11

吴康，方创琳，赵渺希，等. 京津城际高速铁路影响下的跨城流动空间特征 [J]. 地理学报，2013(2)：159—174.

吴可人. 优化杭州湾区为统领的省域空间格局 [J]. 浙江经济，2018(7)：43—45.

吴启焰. 城市密集区空间结构特征及演变机制：从城市群到大都市带 [J]. 人文地理，1999(1)：15—20.

吴群刚，杨开忠. 关于京津冀区域一体化发展的思考 [J]. 城市问题，2010(1)：11—16.

吴蕊彤，李郇. 同城化地区的跨界管治研究：以广州-佛山同城化地区为例 [J]. 现代城市研究，2013(2)：87—93.

吴瑞坚. 网络化治理视角下的协调机制研究：以广佛同城化为例 [J]. 城市发展研究，2014，21(1)：108—113.

吴威，曹有挥，曹卫东，等. 开放条件下长江三角洲区域的综合交通可达性空间格局 [J]. 地理研究，2007(2)：391—402.

吴志强，李德华. 城市规划原理(第四版) [M]. 北京：中国建筑工业出版社，2010.

夏建雄，韩晓晨. 城际铁路投融资模式研究 [J]. 辽宁工程技术大学学报(社会科学版)，2017，19(1)：38—44.

谢涤湘. 行政区划调整与大都市区发展：以广州市为例 [J]. 现代城市研究，2007(12)：25—31.

邢铭. 沈抚同城化建设的若干思考 [J]. 城市规划，2007，31(10)：52—56.

徐海贤，顾朝林. 温州大都市区形成机制及其空间结构研究 [J]. 人文地理，2002，2：18—22.

徐婷姿，戴波. 民法视野下的道路客运班线经营权转让 [J]. 人民司法，2012(17)：64—69.

徐亦镇，李丹，周旸，等. 杭绍台高铁 PPP 建设的经验借鉴 [J]. 浙江经济，2018(2)：50—51.

许学强. 珠江三角洲研究：城市・区域・发展 [M]. 北京：科学出版社，2013.

许学强，程玉鸿. 珠江三角洲城市群的城市竞争力时空演变 [J]. 地理科学，2006(3)：

257—265.
严重敏，周克瑜. 关于跨行政区区域规划若干问题的思考 [J]. 经济地理，1995(4)：1—6.
杨海华，胡刚. 广佛同城化的生成机制和合作模式研究 [J]. 南方论丛，2010(2)：32—38.
杨家文. 市场经济下的空间规划实施 [J]. 城市规划学刊，2007(6)：67—71.
杨家文，方创琳，宋歌. 中国城市群的机动性：趋势与机遇 [M]. 见城乡规划编委会：城乡规划：城市交通. 北京：中国建筑工业出版社，2011：13—20.
杨斌. 昌九城际轨道交通公交化的探索 [J]. 铁道运营技术，2008，14(4)：28—30.
杨建福，祖炳洁. 京津冀一体化背景下河北省城际铁路部分委托运营管理模式适用性研究 [J]. 铁道经济研究，2015(3)：43—46.
姚士谋，陈振光，朱英明. 中国城市群 [M]. 合肥：中国科学技术大学出版社，2006.
叶林. 新区域主义的兴起与发展：一个综述 [J]. 公共行政评论，2010(3)：175—189.
叶林，赵琦. 城市间合作的困境与出路：基于广佛都市圈"断头路"的启示 [J]. 中国行政管理，2015(9)：26—31.
殷为华，沈玉芳，杨万钟. 基于新区域主义的我国区域规划转型研究 [J]. 地域研究与开发，2007(5)：12—15.
于刚强，蔡立辉. 中国都市群网络化治理模式研究 [J]. 中国行政管理，2011(6)：93—98.
俞可平. 治理与善治 [M]. 北京：社会科学文献出版社，2000.
余彬. 全球化背景下深莞惠一体化发展的现状和趋势 [J]. 商场现代化，2011(13)：75—76.
袁家冬，周筠，黄伟. 我国都市圈理论研究与规划实践中的若干误区 [J]. 地理研究，2006(1)：112—120.
袁奇峰. 同城化背景下广佛的挑战与机遇 [J]. 城市观察，2010(S1)：173—177.
张纯，贺灿飞. 大都市圈与空间规划：国际经验 [J]. 国际城市规划，2010，25(4)：85—91.
张福磊. 多层级治理框架下的区域空间与制度建构：粤港澳大湾区治理体系研究 [J]. 行政论坛，2019，26(3)：95—102.
张国华，欧心泉，王有为，等. 新型城镇化背景下多层次轨道交通系统构建 [J]. 都市快轨交通，2015(4)：6—10.
张虹鸥，叶玉瑶，罗晓云，等. 珠江三角洲城市群城市流强度研究 [J]. 地域研究与开发，2004(6)：53—56.
张紧跟. 新区域主义：美国大都市区治理的新思路 [J]. 中山大学学报(社会科学版)，2010(1)：131—141.
张紧跟. 当代美国大都市区治理：实践与启示 [J]. 现代城市研究，2005(9)：27—33.
张紧跟. 从区域行政到区域治理：当代中国区域经济一体化的发展路向 [J]. 学术研究，2009(9)：42—49.
张京祥. 国家-区域治理的尺度重构：基于"国家战略区域规划"视角的剖析 [J]. 城市发展研究. 2013，20(5)：45—50.
张京祥，陈浩. 空间治理：中国城乡规划转型的政治经济学 [J]. 城市规划，2014，38(11)：

9—15.

张京祥，耿磊，殷洁，等. 基于区域空间生产视角的区域合作治理：以江阴经济开发区靖江园区为例 [J]. 人文地理，2011，26(1)：5—9.

张京祥，何建颐. 西方国家区域规划公共政策属性演变及其启示 [J]. 经济地理，2010，30(1)：17—21.

张京祥，罗震东，何建颐. 体制转型与中国城市空间重构 [M]. 南京：东南大学出版社，2007.

张磊. 京津冀城际铁路运营管理模式的选择分析 [J]. 铁道运输与经济，2017(03)：80—84.

张伟标. 融入宁波大都市圈接轨宁波城市经济：宁海应对当前新形势的实践探索 [J]. 宁波经济丛刊，2014(2)：30—32.

张衔春，陈梓烽，许顺才，等. 跨界公共合作视角下珠三角一体化战略实施评估及启示 [J]. 城市发展研究，2017，24(8)：100—107.

张衔春，许顺才，陈浩，等. 中国城市群制度一体化评估框架构建：基于多层级治理理论 [J]. 城市规划，2017，41(8)：75—82.

张衔春，栾晓帆，马学广，等. 深汕特别合作区协同共治型区域治理模式研究 [J]. 地理科学，2018，38(9)：1466—1474.

章转轮. 数字经济时代的信用监管 [J]. 浙江经济，2018(10)：39.

赵庆杰. 大都市区交通规划与空间规划政策的协调 [J]. 国外社会科学，2015(5)：62—68.

赵艳莉. 余慈地区统筹协调发展的规划策略 [J]. 宁波通讯，2006(6)：22—23.

赵艳莉，谢晖，赵虎. 宁波城市发展战略与发展目标分析 [J]. 规划师，2012，28(5)：86—90.

赵翠霞，张于心，孙毅，等. 城际铁路发展模式研究 [J]. 北方交通大学学报，2004，28(2)：91—95.

赵崧淞，孙洪涛. 国内外轨道交通对我国发展城际铁路的启示 [J]. 铁道经济研究，2015(04)：11—15.

浙江省发展规划研究院. 杭绍台铁路国家 PPP 示范项目投融资方案研究. http://www.zdpri.cn/txtread.php? id=10069&sid=106005，2020-06-08

浙江省发展和改革委员会. 关于新建杭州经绍兴至台州铁路初步设计的批复(浙发改设计〔2017〕66 号) [R]. 2017.

浙江省发展和改革委员会. 关于新建杭州经绍兴至台州铁路全线初步设计的批复 [R]. 2018a.

浙江省发展和改革委员会. 关于新建杭州经绍兴至台州铁路温岭至玉环段初步设计的批复(浙发改设计〔2018〕85 号) [R]. 2018b.

浙江省发展和改革委员会. 关于新建铁路杭州经绍兴至台州线温岭至玉环段项目建议书的批复 [R]. 2018c.

浙江省发展和改革委员会. 新建铁路杭州经绍兴至台州线温岭至玉环段可行性研究报告获批.

浙江省发展和改革委员会，浙江省住房和城乡建设厅. 浙江省铁路网规划(2011—2030 年)

[R]. 2012.

浙江省人民政府. 浙江省城镇体系规划(2011—2020 年) [R]. 2009.

中共中央、国务院. 粤港澳大湾区发展规划纲要 [R]. 2019.

中国城市科学研究会,住房与城乡建设部城乡规划司,同济大学建筑与城市规划学院. 中国城市交通规划发展报告(2010) [M]. 北京:中国城市出版社,2012.

中国房地产金融. 基础设施投资之道. http://finance. eastmoney. com/news/1365,20170817767373591. html, 2018-12-12

中国工业新闻网. 浙江大湾区大花园大通道大都市区建设. http://www. cinn. cn/dfgy/zhejiang/201805/t20180529_193073. html, 2018-12-13

中国国家铁路集团有限公司. 中国国家铁路集团有限公司 2019 年统计公报 [R]. 2020a.

中国国家铁路集团有限公司. 2019 年国铁集团财务决算披露:实现收入 11348 亿元 同比增长 3. 6%, 2020b. http://www. china-railway. com. cn/xwzx/ywsl/202004/t20200430_103813. html, 2020-06-08

中国铁路经济规划研究院. 新建杭州至绍兴至台州铁路预可行性研究评估报告 [R]. 2016.

中国铁路总公司. 中国铁路总公司简介. http://www. china-railway. com. cn/zgsgk/gsjj/200303/t20030323_41984. html, 2020-06-12

中国投资咨询有限责任公司. 关于杭绍台城际铁路 PPP 项目投资意向征集公告 [R]. 2017.

中国玉环新闻网. 杭州经绍兴至台州铁路温岭至玉环段项目顺利通过省国土厅审查. http://yhnews. zjol. com. cn/yuhuan/system/2018/07/02/030983948. shtml, 2019-12-15

中国玉环新闻网. 温岭至玉环段铁路通过用地预审批复. http://yhnews. zjol. com. cn/yuhuan/system/2018/09/20/031156068. shtml, 2019-12-20

中华铁道网. 杭绍台高铁——杭温新通道. https://www. chnrailway. com/html/20170427/1622154. shtml, 2020-04-09

钟奕纯,冯健,何晓蓉. 轨道交通对不同区段土地利用影响差异研究:以武汉轨道交通 2 号线为例 [J]. 地域研究与开发, 2016,35(5):86—93.

仲建华,李闽榕. 中国轨道交通行业发展报告(2017) [M]. 北京:社会科学文献出版社,2017.

郑思齐,胡晓珂,张博,等. 城市轨道交通的溢价回收: 从理论到现实 [J]. 城市发展研究,2014(02):35—41.

周华庆,林雄斌,陈君娴,等. 走向更有效率的合作: 都市区城际巴士公交服务供给与治理 [J]. 城市发展研究, 2016,23(2):110—117.

周婕,陈虹桔,谢波. 基于多元数据的大都市区范围划定方法研究:以武汉为例 [J]. 上海城市规划, 2017(2):70—75.

周素红,陈慧玮. 美国大都市区规划组织的区域协调机制及其对中国的启示 [J]. 国际城市规划, 2008,23(6):93—98.

周伟林,郝前进,周吉节. 行政区划调整的政治经济学分析:以长江三角洲为例 [J]. 世界经济文汇, 2007(5):82—91.

周一星. 关于明确我国城镇概念和城镇人口统计口径的建议 [J]. 城市规划，1986，10(3)：10—15.
周一星. 城市规划寻路：周一星评论集 [M]. 北京：商务印书馆，2013.
周一星，魏心镇，冯长春，等. 济宁-曲阜都市区发展战略规划探讨 [J]. 城市规划，2001(12)：7—13.
周彧，龚松青，赵艳莉，等. 余慈地区与宁波中心城同城化发展探索 [Z]. 中国江苏南京：2011.
朱传耿，王振波，孟召宜. 我国省际边界区域的研究进展及展望 [J]. 经济地理，2007，27(2)：302—305.
朱勍，胡德. 分权化过程对都市区空间结构和规划的影响：基于两种分权模式的考察 [J]. 城市规划学刊，2011(3)：81—86.
谭国威，宗传苓，王检亮. 深莞惠都市圈轨道交通发展问题与对策 [J]. 城市交通，2018，16(5)：30—35.

后　记

本书内容是在我于北京大学读博期间针对珠三角地区城际公共交通学习和研究的基础上，结合参加工作以来对长三角地区城际公共交通供给与治理机制研究而形成的一个成果。拙著有幸能获得出版，得到了国家自然科学基金青年基金(42001174)、教育部人文社会科学研究青年基金(19YJC790074)、浙江省自然科学基金青年基金(LQ19D010003)、宁波市自然科学基金(2019A610042)等研究课题和相应单位的大力资助。在撰写和完善本书内容的过程中，也促使我进一步加深了对城市与区域规划、交通规划与政策、空间发展与治理等领域的学习和理解。回首这本书主题内容调研、实地考察和文本写作的过程，让我体会了学术研究所需的坚持和耐心，并得以有机会向各位师长、同学、朋友表达真诚的谢意。

本书是我在北京大学硕博连读期间，在博士论文选题过程中的一个收获。开展都市圈城际公共交通研究这一想法最早源自与我的导师——北京大学杨家文教授的一次交流。杨老师认为，在快速城镇化地区，尤其是我国高度城镇化和高密度开发的珠三角地区，城际交通是一个非常值得做的方向。虽然我博士论文最终选题聚焦公共交通与土地利用一体化，从溢价捕获的视角来理解公共交通与土地开发的互动关系，但我也一直关注多模式城际公共交通的规划、融资与建设过程，及其在引导都市圈一体化的积极作用。杨老师的睿智创新以及看待问题的深度，一直使我受益良多，始终都激励着我不断学习、不断探索。在读博期间，无论是学习、生活和研究等各方面都得到了杨老师的精心指导和帮助；参加工作以来，作为一名青年教师，我也依然不断得到杨老师的帮助，杨老师每次都会耐心又富有效率地帮我解答各种疑惑，帮助我尽快适应工作环境。得益于杨老师的精心指导，本书才能顺利出版。

我也非常感谢我硕士阶段的导师——北京大学李贵才教授，我很庆幸因为李老师的“知遇之恩”而进入北京大学地理学与城市区域规划研究的殿堂。李老师是珠三角城市与区域规划研究的知名专家，硕士阶段期间针对珠三角城市与区域规划的学习积累，使我能与博士期间交通规划与政策的研究方向融合，也为本书城际公共交通供给体系与治理机制研究奠定了良好的基础。尤其是李老师主持的广东省住房与建设厅项目《珠三角城际轨道交通 TOD 综合开发规划》(获 2014 年度全国优秀城乡规划设计二等奖)，为我开展多模式城际公共交通积累了最初的素材。在北京大学硕博连读期间，李老师经常关心我的研究进展，并且在研究选题、分析方法、研究案例解析等方面给予了我很多无私的帮助。

在北京大学求学期间，我也有幸聆听了王恩涌老师、胡兆量老师、周一星老师、冯长春老师、贺灿飞老师、柴彦威老师、吕斌老师、林坚老师、满燕云老师、孟晓晨老师、刘志老师、曾辉老师、吴健生老师、阴劼老师、仝德老师、李莉老师、龚岳老师、王钧老师、刘青老师、顾正江老师、张文佳老师、Ian MacLachlan 老师等一批学术造诣深厚又非常宽容的老师们的课程、讲座或交流指点，在轻松快乐的氛围里，收获很多。每次回想起来，都是一段段非常快乐充实的时光！

本书在选题、调研、访谈等过程中还得到了众多师长和朋友的热心帮助和支持。感谢栾晓帆师兄在我还在读硕士一年级的时候就和我分享珠三角城际轨道交通规划建设的过程和资料，帮助我较快地转入珠三角地区的城际轨道交通建设与区域空间治理的领域；感谢深圳市城市规划设计研究院刘龙胜师兄对珠三角城际轨道交通调研访谈的帮助和支持；感谢中山市自然资源局王峰师兄对珠三角空间规划与区域发展研究提供的帮助；感谢广西财经学院陈胜良研究员在我开展深惠汕捷运调研和访谈时给予的帮助；感谢周华庆和谢莹分别在深惠公交、广佛同城化交通调研访谈和论文撰写提供的帮助和支持；感谢徐可在杭绍台城际高铁研究中给予的帮助。参加工作以来，宁波大学地理科学(师范)专业本科生杨敏喆、李倩艳帮助梳理了长三角一体化、萧甬铁路通勤化等方面的内容，同时我也有幸得到了宁波大学各级领导、同人的热忱帮助和支持，在此一并表示感谢！我还特别感谢北京大学出版社的王树通老师的指导，王老师在拙著的撰写、修改、编辑、校对和出版过程中付出了非常多的精力，正是由于王老师的帮助，拙著才能顺利出版。

书山有路勤为径，学海无涯苦作舟。学术研究虽然很艰辛，而且经常面临较大的压力，但也因为与师长、同人、同门、学生的交流互动而变得生动有趣又充满动力。本书是针对多模式城际公共交通研究的一个总结，限于篇幅，在本书调研、撰写、出版过程中提供诸多帮助的师友同人名字未能一一列出，在此深表歉意。此外，笔者才学疏浅，本书难免有疏漏或错误之处，还请各位专家同人批评指正！

林雄斌
2020 年 8 月